纤维加筋盐渍土

司富安　柴寿喜　刘满杰　魏丽　陈之祥　著

中国水利水电出版社
www.waterpub.com.cn
·北京·

内 容 提 要

本书总结了人工纤维和天然纤维加筋处理盐渍土、纤维与石灰及粉煤灰等改性固化盐渍土的力学特性和强度变化机理，以及纤维加筋盐渍土在干湿循环和冻融循环作用下的力学特性演变及其机理；对季节冻融环境下盐渍土的热参数、温度场的测试与预测方法，以及纤维加筋盐渍土的三维应力状态测试技术进行了介绍。

本书可供地质工程、土木工程、道路工程、水利水电工程等专业的教师、研究生和工程技术人员参考使用。

图书在版编目（CIP）数据

纤维加筋盐渍土 / 司富安等著. -- 北京 ：中国水
利水电出版社，2021.5
ISBN 978-7-5170-9537-8

Ⅰ．①纤… Ⅱ．①司… Ⅲ．①纤维增强材料－盐渍土
Ⅳ．①TU5

中国版本图书馆CIP数据核字(2021)第075481号

书 名	**纤维加筋盐渍土** XIANWEI JIAJIN YANZI TU	
作 者	司富安　柴寿喜　刘满杰　魏丽　陈之祥　著	
出版发行	中国水利水电出版社 （北京市海淀区玉渊潭南路 1 号 D 座　100038） 网址：www.waterpub.com.cn E-mail：sales@waterpub.com.cn 电话：(010) 68367658（营销中心）	
经 售	北京科水图书销售中心（零售） 电话：(010) 88383994、63202643、68545874 全国各地新华书店和相关出版物销售网点	
排 版	中国水利水电出版社微机排版中心	
印 刷	天津嘉恒印务有限公司	
规 格	184mm×260mm　16 开本　13 印张　316 千字	
版 次	2021 年 5 月第 1 版　2021 年 5 月第 1 次印刷	
印 数	0001—1000 册	
定 价	**96.00 元**	

前　言

　　我国环渤海沿岸、西北地区地表广泛分布有盐渍土。空气湿度、地下水位、季节温度变化等都极易引起盐渍土的表层风化、溶陷、盐胀和冻胀，造成盐渍土地基、边坡和夯土结构的软化、强度降低和破坏问题。未经处理的盐渍土不能满足填筑高等级公路路堤的强度和变形要求，也不能满足基础设施建设的耐久性条件。因此，盐渍土的改性处理成为协调人地关系、保证工程安全的必要环节。

　　盐渍土的改性与固化方法包括物理方法、化学方法和物理化学方法。浆体固化、石灰固化、秸秆加筋技术等是千百年来劳动人民的智慧结晶，是最古典、应用历史最为悠久的盐渍土改性固化方法。加筋技术是目前提升土工结构整体性，降低土体易裂性的重要技术手段。采用科学手段解读并量化纤维加筋技术在盐渍土工程中的适用性，优化盐渍土加筋材料配比和施工工艺，对于降低环渤海与西北盐渍土地区工程建设投资，提升盐渍土地区工程设施的安全性和耐久性，助力古遗址工程的绿色修复和临时土工结构拆除后的无害化处理，具有重要的科学意义和应用价值。

　　加筋土是在土中掺加抗拉强度较高的材料而形成的一种筋土复合体，其基本原理为利用土与加筋材料之间的咬合作用和摩擦作用增强筋土摩擦力，限制土的变形，加筋土的强度和稳定性主要是依靠填土的密实度和筋土之间的摩擦力来实现的。加筋土技术具有对地形和土料的适应性强、抗震抗裂性好、对温度湿度灵敏度低，且具有一定的阻盐耐湿性能等特点。现有的土体加筋材料有土工织物、土工格栅、合成纤维等人工纤维，以及稻草、麦秸秆、棉麻材料等天然纤维。

　　为提升纤维加筋技术在盐渍土改性固化处理上的适用性，解决因遇湿溶陷和遇冷盐/冻胀引起的盐渍土强度降低和不均匀变形问题。在国家自然科学基金（No. 41140024、No. 41272335）、天津市自然科学基金（No. 12JCYBJC14500）、天津市建委科技项目（No. 2007-43），以及多项企业委托项目的联合资助下，对加筋材料、加筋区域、质量加筋率、加筋长度、筋材形状、加筋材料防腐处理、含水率、干密度、冻融条件等因素对盐渍土的抗压强度、抗剪强度、应力-应变关系、破坏型式、黏聚力、内摩擦角的影响进行了研究。

在此基础上，对纤维加筋盐渍土的破坏型式与强度机理进行了研究，揭示了纤维加筋前后盐渍土破坏型式，以及加筋土的破坏准则和变形规律。为满足季节冻融工况下盐渍土的耐久性和抗冻融及干湿循环性能，给出了不同纤维与石灰等固化材料加筋盐渍土的最优加筋率、最优加筋长度等。为提升冻融情况下纤维加筋土的温度及变形场预测精度，提高计算程序的收敛性，提出了考虑潜热影响的冻土导热系数确定方法，构建了配套冻土导热系数预测的土体矿物导热系数确定方法，推导并验证了季冻区纤维加筋条件下盐渍土导热系数和未冻水含量协同测试和预测方法。给出了考虑潜热影响的冻土比热系统性混合量热试验方法，提出了一种基于热线法的冻土导热系数测试修正方法。此外，为满足加筋盐渍土物理力学参数的高性能测试和研究成果的大规模应用，研制了相配套的监测、取样与室内外检测设备。

本书第1、5、6章由水利部水利水电规划设计总院司富安、天津城建大学柴寿喜、中水北方勘测设计研究有限责任公司刘满杰、大连理工大学陈之祥共同撰写；第2～4章由天津城建大学魏丽撰写。全书由司富安、柴寿喜统稿。书中部分资料得到了王沛、李顺群、李敏、石茜、李芳等人的支持和帮助，在此表示衷心感谢。

限于作者水平，时间仓促，书中的错误和不妥之处在所难免，敬请读者批评指正。

作者

2021 年 1 月

目　录

第 1 章 绪论

1.1 工程背景

盐渍土是含有一定数量盐分的土,含盐量以盐分质量与干土质量的百分比来表示[1]。盐渍土或盐碱土是盐土、碱土以及各种盐化、碱化土的总称[2]。盐渍土在我国分布广泛,按含盐类型,盐渍土分为内陆盐渍土、滨海盐渍土和冲积平原盐渍土三大类,内陆盐渍土多为硫酸盐渍土,少量为氯盐渍土;冲积平原盐渍土主要为碳酸盐渍土;而滨海盐渍土几乎全部为氯盐渍土[1]。我国的多年冻土与季节冻土区约占国土总面积的77%,季节冻土区与北方盐渍土分布区基本重合[3],两者共同分布区域占我国国土面积的50%以上。

常温状态下,盐渍土遇水易产生软化、溶陷、腐蚀金属结构和混凝土结构等病害,严重影响路基、地基、边坡等工程结构的稳定性和安全性[3]。受环境温度影响,季节冻融状态下盐渍土还会产生冻胀、盐胀和冻融引发的道路翻浆问题[4]。同时,在干旱区和干旱季条件下,地表水分蒸发剧烈,细粒软黏土极易产生表层裂缝[5]。"一带一路"地区、西气东输沿线、哈大铁路南段、天津滨海新区、京-雄-商高铁沿线等季节冻土区都广泛分布有盐渍土。上述地区的工程建设都需要针对盐渍土进行可靠处理和改性,以规避盐渍土的盐/冻胀、溶陷等灾害,防止土体产生不均匀变形和贯通性裂缝。

盐渍土及其附存的温湿度环境综合造成的盐胀、溶陷、腐蚀,以及冻胀等引发强度和变形问题,是影响盐渍土地区工程建设可靠性和耐久性的关键。常规土力学基本理论能够满足地基、边坡、挡土墙等工程结构的稳定性分析和工程预测,受盐渍土的多相性构成,且相态变化敏感性等因素影响,现有的土力学理论在盐渍土稳定性分析和预测中很难适用。同时,也无法对盐渍土存在的遇水软化、溶陷、腐蚀金属结构和混凝土结构等病害进行可靠处理。因此,发展盐渍土的力学特性研究成果,完善盐渍土可靠处理策略,对于助力国家基础设施建设,丰富土力学基本理论具有重要的工程价值和科学意义。

1.2 国内外研究进展概述

盐渍土的改性与固化方法包括物理方法、化学方法和物理化学方法。石灰和固化剂等固化方法能够显著提升盐渍土的强度和抗冻融性能,但是无法克服盐渍土在水、温度、荷载等多场作用下产生的受拉开裂问题。加筋技术是提升土工结构整体性,降低土体易裂性的重要技术手段。

在盐渍土的改性与固化处理领域,代表性研究成果有:赵庆新等[6]采用水泥和磨细矿渣制作复合固化剂固化滨海盐渍土;朱燕等[7]利用新型亲水性丙烯酸酯共聚乳液(ZM)

1

对盐渍土进行改良，探讨了固化条件对其力学性能的影响；南红兵等[8]进行了水泥石粉胶结盐渍土的抗剪强度试验，研究了水泥石粉掺量对盐渍土强度的影响；孙枭沁等[9]研究了施加生物质炭对盐渍土结构和水力特性的影响；Moayed 等[10]针对盐渍土、石灰和环氧树脂聚合物固化盐渍土、聚丙烯纤维固化盐渍土的体变行为进行研究，并对两种固化盐渍土和素盐渍土试验的结果进行比较；Al - Amoudi 等[11]采用水泥与石灰对高含水率条件下 sabkha 土进行了化学固化；Abduljauwad 等[12]采用土工织物（SFA）加筋方法，评估静态与动态荷载条件下 sabkha 路基的性能。

盐渍土的固化处理工艺和处理材料不同，但其实现的基本目标大致可分为：提升盐渍土强度、抗变形性能，以及环境工程适用性能。采用不同处理材料和处理工艺获取的盐渍土最优固化配比也存在一定差别，起到的加筋固化作用也存在差别。石灰、水泥等常规固化材料固化土的抗裂性较差，且并非绿色固化条件。针对同类盐渍土改性材料的力学特性研究不够全面，受地域条件和盐渍土工程环境所限，国际上针对季节冻融环境下的盐渍土加筋固化方案报道较少。针对麦秸秆、稻草等天然纤维的加筋防腐处理技术，以及纤维材料的最优加筋方案等问题鲜有其他团队报道。

1.3 含盐土的盐渍化特征

以滨海盐渍土为研究对象，采用原位取样、现场调查监测与室内测试相结合的方法，对盐渍土的特征进行研究[13]。本研究的取样点遍布环渤海盐渍土分布区，如图 1.1 所示。测试现场盐渍土含盐类型为氯盐渍土，少量为硫酸盐渍土。现场调查和取样在深秋季节进行，此时大气降水引起的土中水盐运动已经结束，处于水盐均衡时期，上层土的盐渍化受蒸发和降水影响的敏感深度在 1m 左右，见图 1.2。

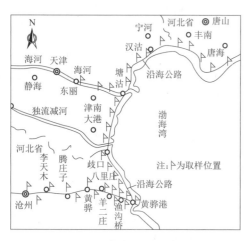

图 1.1 现场调查与取样位置

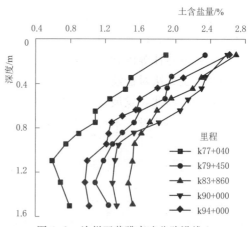

图 1.2 沧州至黄骅高速公路沿线土的含盐量沿深度的变化

将土盐渍化程度随气候条件的变化进行总结，见表 1.1 中。盐渍土含盐量与地下水位埋深和地下水矿化度的关系，以及不同地下水位埋深下的盐渍土含盐量与地下水矿化度的关系见图 1.3 和图 1.4。

表 1.1   土的盐渍化程度随气候条件的变化

季节	月份	盐 渍 化 程 度 表 述
春季	3—5	强烈蒸发，含盐的毛细水上升，表层土处于强烈积盐阶段
初夏	6	蒸发量和降水量接近，表层土处于水盐相对稳定阶段
夏季	7—8	降水淋洗，盐分下移，表层土处于脱盐阶段
秋季	9—11	蒸发，盐分略有上升，表层土处于一般积盐阶段
冬季	12 月至次年 2 月	表层土冻结，水分以气态形式向上凝固，水气运动基本不带动盐分，表层土处于盐量均衡稳定阶段

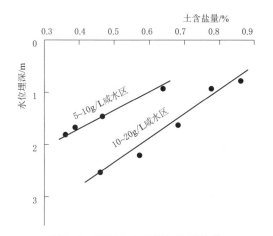

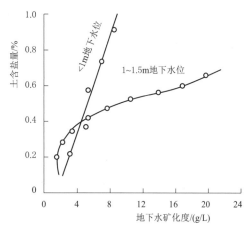

图 1.3 盐渍土含盐量与地下水位埋深和地下水矿化度的关系

图 1.4 盐渍土含盐量与地下水矿化度的关系

由图 1.3 和图 1.4 可知，地下水位埋深浅，毛细水上升高度占据整个上层土厚度的比例就大，上层土的盐渍化程度自然就高，反之则低。现场调查和试验结果表明，地下水位埋深小于 1m 时，土的盐渍化程度随地下水矿化度增加呈近乎直线上升，土中盐的积聚增长较快。地下水位埋深在 1～1.5m 时，蒸发作用相对减弱，土的盐渍化程度与地下水矿化度呈曲线关系。工程建设使用非盐渍土填筑盐渍土地区的场地，由于高矿化度地下水的毛细作用，若干年后还将出现土的盐渍化。如 1987 年天津经济技术开发区在一处盐田上填筑了 80cm 厚的弱盐渍土，1990 年取样测试，80cm 厚填土的含盐量从 0.40% 上升到 1.94%，说明地下水矿化度的高低和毛细水携带盐分的能力，对表层土盐渍化的影响十分显著。可见，换填处理，并不能从根本上解决盐渍土问题。

依据土的含盐量变化、地下水位埋深、受日照蒸发和大气降水的影响程度，自地表至地下水位，将滨海盐渍土划分为 3 个不同聚盐分区带，见表 1.2。

表 1.2   不同聚盐形态和含盐量的盐渍化程度分区带

分区	深度	聚 盐 形 态 描 述
浓缩聚盐带	0～0.5m	蒸发时，水分被蒸发，盐分结晶留在土中，不断累积而形成强盐渍化土；降水后，土的积盐程度有所缓解

续表

分区	深度	聚 盐 形 态 描 述
含盐量变动带	0.5~1.5m	蒸发时，以毛细管水向上输送易溶盐，逐渐将盐分移送到土的上部；降水时，盐、土颗粒吸附的盐分又被下移
饱水溶盐带	1.5~2.0m	土颗粒在物理化学作用下吸纳一定量的易溶盐，土的含盐量取决于地下水矿化度的高低和土自身的理化性状

1.4 盐渍土的物理与水理特征

采用 Sedi-Graph 5100 型 X 射线自动粒度分析仪进行颗粒级配分析试验[14]。用六偏磷酸钠作为样品的分散剂，试验前用超声波振荡悬液 20min，试验结果如图 1.5 所示。颗粒分析结果表明，随着含盐量的增加，黏粒组（<5μm）颗粒逐渐增多，胶粒组（<2μm）颗粒减少，土颗粒进入水中，即刻在颗粒周围形成结合水膜。土中的易溶盐含量越高，其溶液的电解质就较多，土粒表面的双电层受到抑制，使土粒间斥力减弱，吸引力增大，促进相互凝聚并加强了结构联结，使土的粒径变大，导致试验结果产生误差。所以，盐渍土的颗粒级配分析应该在洗盐后进行，反复清洗至溶液的电导率小于 1000μS/cm 为止。2% 的含盐量是影响细粒土颗分结果的起始值，通常决定细粒土工程特性的粒组主要是黏粒。盐渍土溶于水后，细小的土颗粒由于活性最强，在盐的作用下胶粒组的颗粒首先发生团聚引起颗粒变粗；随着含盐量的增加，黏粒组的颗粒相继发生团聚；25μm 及以上的各个粒组由于颗粒粗大，对土颗粒的吸附力较小，所以盐分对其团聚作用微弱。

图 1.6 给出了含盐量与液塑限指标之间的关系[15]。随着含盐量的增加，液限含水率逐渐降低。含盐量增加至 23% 时，液限总体下降了约 24%；含盐量在 11% 以内，液限平均下降约 10%；含盐量在 2% 以内，液限平均下降只有 1%。随着含盐量的增加，塑性指数总体上呈降低趋势。但只有在含盐量大于 11% 以后，塑性指数才发生明显下降，而实际工程中盐渍土的含盐量多小于 2%。因此，可以认为含盐量不影响利用稠度指标进行土的定名。

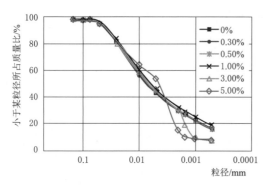

图 1.5 颗粒级配分析

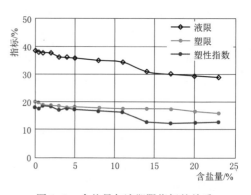

图 1.6 含盐量与液塑限指标的关系

1.5　盐渍土的工程问题

　　盐渍土常见的灾害有盐胀、溶陷和腐蚀,季冻区的盐渍土还存在冻胀与盐胀并存和冻融引发的道路翻浆问题,如图 1.7 所示。例如:河北省黄骅市沿海公路路堤发生的破坏就是典型的盐胀实例,该公路路堤填土为氯盐渍土,施工中采用石灰拌和固化盐渍土,运行 7 年后道路整修扩建时,发现鼓胀开裂路面下的灰土中存在很多结晶盐颗粒,最大者粒径达 10mm。经测试强度发现,块状灰土的强度较高,但整个灰土层的强度较低;地下水位以下及湿润部分的灰土中没有盐颗粒,但强度也很低[1,17]。这表明掺石灰虽能提高盐渍土的强度,但也存在石灰固化盐渍土遇水后软化、强度下降的问题。

(a)盐/冻胀

(b)溶陷

(c)混凝土桩腐蚀

(d)翻浆

图 1.7　盐渍土工程灾害

　　盐渍土中有吸附性的阳离子,遇水后能吸收较多的水分,使盐渍土具有较高的吸湿性和保水性[1-2]。地下水位以上的盐渍土会吸持水分造成盐渍土含水率的升高。地下水位以下,土中盐分溶于水中对埋设物与地下的混凝土、钢结构产生腐蚀性。季节性降温过程中,盐水中的盐分逐渐析出并形成固体盐,从而改变土颗粒间原有的结构状态,产生膨胀性[3]。随着温度的进一步降低,土中水或在原位结冰或以水/气形式逐渐向冻结缘迁移并冻结,从而造成地基的不均匀冻胀。随着春季温度的升高,土中冰融化使得盐水重新融合，盐渍土骨架逐渐软化，从而在外荷载作用下产生沉陷[3]。长期冻融循环作用下，路面硬化地表的蒸发性变差，水分预冷产生锅盖效应造成水分在近地表集聚，极易造成地基软化和来年地表的大面积冻胀[16]。

盐/冻胀、溶陷等灾害不仅直接降低了地基强度，还致使土体产生了不均匀变形和贯通性裂缝。同时，在干旱区和干旱季情况下，地表水分蒸发剧烈，细粒软黏土极易产生表层裂缝。可见，盐渍土及其赋存的温湿度环境综合造成的盐胀、溶陷、腐蚀以及冻胀等引发强度和变形问题，是影响盐渍土地区工程建设可靠性和耐久性的关键。因此，有必要对盐渍土的工程性质和环境敏感性进行研究，以提升盐渍土的力学性质，服务于工程建设和维护。

1.6　盐渍土灾害的解决途径与研究内容

盐渍土的改性与固化方法包括物理方法、化学方法和物理化学方法[1-2]。浆体固化、石灰固化、秸秆加筋技术等是千百年来劳动人民的智慧结晶，是最古典和应用历史最为悠久的盐渍土改性固化方法。石灰和固化剂等固化方法能够显著提升盐渍土的强度和抗冻融性能，但是无法克服盐渍土在水、温度、荷载等多场作用下产生的受拉开裂问题[17-18]。如地下水位以下的石灰土强度较低，无法保证盐渍土的干燥环境，无法维持盐分赋存状态的稳定性，一些化学固化剂不能抵抗土工结构的受拉状态。在此背景下，加筋处理盐渍土技术应运而生[19-21]。

加筋技术是提升土工结构整体性，降低土体易裂性的重要技术手段，其基本原理为利用土与加筋材料之间的咬合作用和摩擦作用增强筋土摩擦力，限制土的变形，加筋土的强度和稳定性主要是依靠填土的密实度和筋土之间的摩阻力实现的[1-2]。加筋土技术具有对地形和土料的适应性强、抗震性能好等特点。现有的加筋材料有钢材、土工织物、土工格栅、合成纤维、稻草、麦秸秆等。为解读并量化纤维加筋技术在盐渍土工程中的适用性，优化盐渍土加筋材料配比和施工工艺，提升加筋技术在季节冻土区盐渍土工程中的适用性。本研究针对聚丙烯纤维、麦秸秆、稻草等加筋材料，联合石灰、粉煤灰等固化材料对纤维加筋土的力学性质进行研究和工程实践。

参 考 文 献

［1］　柴寿喜，王晓燕，王沛．滨海盐渍土改性固化与加筋利用研究［M］．天津：天津大学出版社，2011.
［2］　徐攸在．盐渍土地基［M］．北京：中国建筑工业出版社，1993.
［3］　陈肖柏，刘建坤，刘鸿绪，等．土的冻结作用与地基［M］．北京：科学出版社，2006.
［4］　魏丽，柴寿喜，李敏，等．冻融与干湿循环对SH固土剂固化后土抗压性能的影响［J］．工业建筑，2017，47（1）：107-112.
［5］　邵龙潭，郑国锋，张钧达．压实高岭土干燥收缩特性试验［J］．建筑科学与工程学报，2018，35（5）：1-8.
［6］　赵庆新，才鸿伟，安赛，等．水泥-磨细矿渣固化滨海盐渍土强度及机理［J］．建筑材料学报，2020，23（3）：625-630.

［7］ 朱燕，甄祥，余湘娟，等．高分子材料固化盐渍土的强度试验研究［J］．公路，2020，65（5）：265-271.

［8］ 南红兵，许弟兵，刘宝文，等．水泥石粉胶结盐渍土的抗剪强度试验研究［J］．科学技术与工程，2019，19（16）：285-289.

［9］ 孙枭沁，房凯，费远航，等．施加生物质炭对盐渍土土壤结构和水力特性的影响［J］．农业机械学报，2019，50（2）：242-249.

［10］ MOAYED R Z, HARATIAN M, IZADI E. Improvement of Volume Change Characteristics of Saline Clayey Soils［J］. Journal of Applied ences, 2011, 11（1）：71-76.

［11］ AL - AMOUDI O S B. Chemical stabilization of sabkha soils at high moisture contents［J］. Engineering Geology, 1994, 36（3-4）：279-291.

［12］ ABDULJAUWAD S N, BAYOMY F, AL - SHAIKH A K M, et al. Influence of Geotextiles on Performance of Saline Sebkha Soils［J］. Journal of Geotechnical Engineering, 1994, 120（11）：1939-1960.

［13］ 柴寿喜，杨宝珠，王晓燕，等．渤海湾西岸滨海盐渍土的盐渍化特征分析［J］．岩土力学，2008，29（5）：1217-1221，1226.

［14］ 柴寿喜，王沛，魏丽，等．含盐量对滨海盐渍土物理及水理性质的影响［J］．煤田地质与勘探，2006，34（6）：47-50.

［15］ 柴寿喜，王晓燕，仲晓梅，等．含盐量对石灰固化滨海盐渍土稠度和击实性能的影响［J］．岩土力学，2008，29（11）：3066-3070.

［16］ 罗汀，曲啸，姚仰平，等．北京新机场"锅盖效应"一维现场试验［J］．土木工程学报，2019，52（S1）：233-239.

［17］ 柴寿喜，王晓燕，魏丽，等．滨海盐渍土的工程地质问题与防护固化方法［J］．工程勘察，2009，37（7）：5-8，30.

［18］ 柴寿喜，王晓燕，王沛，等．含盐量对石灰固化滨海盐渍土微结构参数的影响［J］．岩土力学，2009，30（2）：21-26.

［19］ 柴寿喜，杨宝珠，王晓燕，等．含盐量对石灰固化滨海盐渍土力学强度影响试验研究［J］．岩土力学，2008，29（7）：50-53，58.

［20］ 柴寿喜，王晓燕，王沛，等．六种固化滨海盐渍土的轴向应力应变特征［J］．辽宁工程技术大学学报（自然科学版），2009，28（6）：79-82.

［21］ 柴寿喜，王晓燕，魏丽，等．五种固化滨海盐渍土强度与工程适用性评价［J］．辽宁工程技术大学学报（自然科学版），2009，28（1）：59-62.

第 2 章 纤维加筋土的力学特性

2.1 纤维加筋土和纤维与石灰、粉煤灰加筋固化土的抗压特性

2.1.1 试验条件和方法概述

《公路路基设计规范》(JTG D30—2015)将无侧限抗压强度作为判定路基填筑质量等级的主要指标之一[1],无侧限抗压强度也常被用作土的强度检测指标[2-3]。因此,选择无侧限抗压强度,评价纤维加筋滨海盐渍土的强度特性及适宜的加筋方案。

1. 试验条件

选择适宜的纤维长度和质量加筋率,以不同的加筋位置为条件,开展纤维与石灰、粉煤灰加筋固化盐渍土的抗压试验,研究加筋位置对加筋土抗压性能的影响。分析不同纤维长度、质量加筋率、含水率、干密度对纤维加筋盐渍土抗压强度和抗变形性能的影响,确定适宜的纤维长度和质量加筋率。

试样直径×高为 61.8mm×125mm。制样模具、制样设备与脱模设备如图 2.1 (a)、图 2.1 (b)、图 2.1 (c) 所示[该制样设备已由立方通达实业(天津)有限公司进行成果转化]。养护设备采用天津市路达建筑仪器有限公司生产的 YH-60B 型标准恒温恒湿养护箱进行。无侧限抗压试验利用改装的 CBR 试验仪进行,仪器为南京土壤仪器厂生产的 CBR-1 型承载比试验仪,应变速率为 1mm/min,设备见图 2.1 (e)。

(a)制样模具　(b) 制样设备　(c)脱模设备　(d)养护设备　(e)抗压强度设备

图 2.1　抗压强度试验设备

试验用土取自天津滨海新区,烘干后用橡胶锤将干土砸碎,过 2mm 筛。其物理性质指标见表 2.1,最优含水率和最大干密度由重型击实试验获得。加筋材料为聚丙烯纤维,其物理力学参数见表 2.2。石灰采用蓟县灰粉厂袋装石灰,有效钙镁含量为 56.2%,符合三级石灰标准。

表 2.1　盐渍土的物理性质

含盐量/%	液限/%	塑限/%	塑性指数	最优含水率/%	最大干密度/(g/cm³)	初始含水率/%
3.65	30.9	19.4	11.5	15	1.92	2.5

表 2.2　　　　　　　　　　　　　聚丙烯纤维的物理力学参数

类　型	标准密度/(g/cm³)	直径/mm	抗拉强度/MPa	弹性模量/MPa
束状单丝	0.858	0.02～0.048	≥350	≥3500

2. 试验方法

根据《公路土工试验规程》（JTG E40—2007）[2]，采用双向静力压实法制备平行试样（4 个/组）。在制样过程中，需先在模具内壁涂抹润滑油以防止在脱模时由于试样与内壁的阻力而损坏试样，将纤维按照预定的质量加筋率掺加到盐渍土中，混合均匀。将模具放在下压柱上，把土分阶段倒入模具中，压实后刮毛，直至将土完全倒入模具中，上压柱放入装好土的模具内，将其放在千斤顶（上端放置长压柱）上，用千斤顶进行挤压，试样挤压成型后静置 10min，然后卸压，将其移至脱模设备上，将试样从模具中缓慢推出，并放入温度 20℃、相对湿度大于 95％的养护箱中养护。制样中遇到的问题和解决方案见表 2.3。

表 2.3　　　　　　　　　　　　　　土样制样问题及解决方案

序号	制 样 问 题	解 决 方 案
1	土样与制样桶侧壁间的阻力较大，试样侧壁不光滑	在模具内侧涂抹油脂，减少两者间的摩擦力
2	试样的尺寸大，试样各部分受力不均匀	采用分三层挤压的方法，控制每层挤压后的高度为整体高度的 1/3，并在层间刮毛
3	分层挤压不当，导致试样沿分层接触面断裂	加大层间的刮毛深度
4	试样脱模后顶面中部出现隆起	适当延长挤压后的静置时间，制作试样时进行多次挤压静置
5	纤维在土中分布不均匀，易在复合体内产生纤维之间的重叠及在顶面或某一侧产生集中	采用漏斗装样，将搅拌均匀的纤维、土、石灰、粉煤灰直接利用漏斗装入套筒底部，避免由于纤维较轻，在下落过程中产生悬浮
6	加筋位置不同时，筋土间分界面处易产生分裂面	制样时先装未加纤维的部分，进行深层刮毛，然后再装拌有纤维的部分

（1）盐渍土与纤维加筋盐渍土的抗压试验制样条件：含水率为 13％、15％和 17％；干密度为 1.84g/cm³（96％压实度）、1.80g/cm³（94％压实度）、1.77g/cm³（92％压实度）；纤维长度为 6mm、12mm、19mm、25mm、31mm；质量加筋率为 0％、0.1％、0.15％、0.2％、0.25％和 0.3％，开展无侧限抗压试验。确定最优的纤维长度和质量加筋率。

（2）石灰、粉煤灰固化土及纤维与石灰、粉煤灰加筋固化土的抗压试验制样条件：选择适宜的纤维长度和质量加筋率；石灰掺入量为 6％；粉煤灰掺量为 12％；加筋位置为试样的上 1/2 处、上 1/3 处、中 1/3 处、上 2/3 处及整体加筋；养护 7d、14d、21d 和 28d。

2.1.2　盐渍土与纤维加筋盐渍土的无侧限抗压特性

1. 含水率对抗压强度的影响

图 2.2 为 96％压实度、3 种含水率条件下，盐渍土与纤维加筋土的无侧限抗压强度。

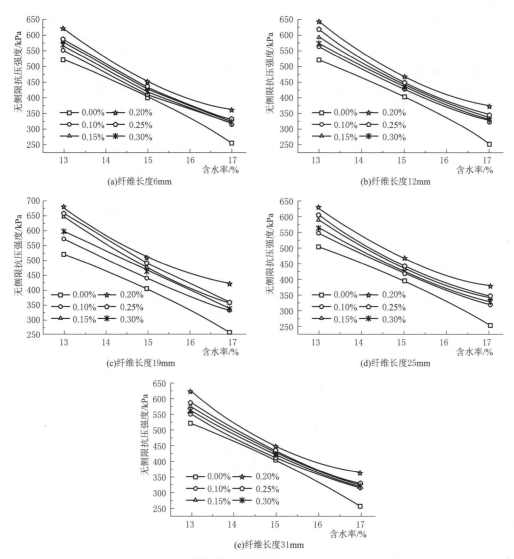

图 2.2　盐渍土与纤维加筋土无侧限抗压强度随含水率的变化曲线

由图 2.2 可看出，各纤维长度条件下，土的无侧限抗压强度随含水率的增大而减小。当纤维长度相同时，纤维加筋土的无侧限抗压强度明显大于盐渍土，加筋率在 0.2％时抗压强度达到最大值。以纤维长度 19mm 为例，含水率为 15％的盐渍土的无侧限抗压强度为 404kPa，质量加筋率为 0.2％的纤维加筋土无侧限抗压强度为 511kPa；含水率从 13％增加到 17％，质量加筋率为 0％、0.1％、0.15％、0.2％、0.25％和 0.3％的无侧限抗压强度分别减小了 51％、44％、45％、38％、46％和 44％。

　　土的抗压强度的大小取决于土颗粒之间的黏聚力和摩擦力。含水率增大，土界面之间的自由水增多，土颗粒之间的结合水膜增厚，润滑作用明显，造成土颗粒之间的黏聚力与摩擦力减小，土颗粒在受到挤压作用时，抗压和抗变形能力减弱。随含水率的增加，纤维与土颗粒之间的摩擦系数减小，导致筋土界面作用力减小，容易发生相对滑动，土受到主应力的作用产生纵向变形，纤维与土颗粒之间发生相对滑动时克服主应力方向上摩擦力所做的功减小；另一方面随含水率的增加，土体孔隙水压力增大，导致筋土间的有效应力减小。因此，加筋效果随着含水率的增加而减弱。

　　2. 干密度对抗压强度的影响

　　图 2.3 为含水率为 15% 和 3 种干密度条件下，盐渍土与纤维加筋土的无侧限抗压强度。

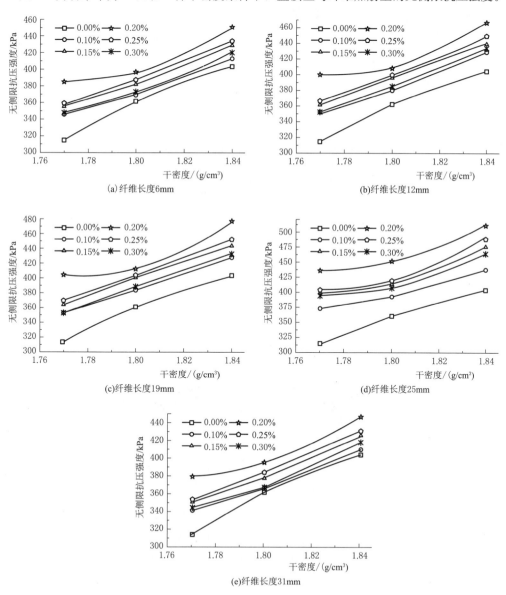

图 2.3　盐渍土与纤维加筋土无侧限抗压强度随干密度的变化曲线

由图 2.3 可见，在各纤维长度条件下，土的无侧限抗压强度随着干密度的增加而呈近线性增长，在干密度为 1.84g/cm³ 时达到最大值。纤维长度相同时，加筋率为 0.2％ 的加筋土无侧限抗压强度达到最大值。以 15％ 含水率为例，干密度由 1.77g/cm³ 增加到 1.84g/cm³ 时，质量加筋率 0％、0.1％、0.15％、0.2％、0.25％ 和 0.3％ 的无侧限抗压强度分别增加了 28％、18％、17％、17％、21％ 和 17％。原因在于：干密度大的试样在制样时需要的压实功较大，土附加给纤维表面的包裹力较大；土的干密度越大，筋土间的摩擦力也越大。此外，对同一种土质而言，增大土的干密度使其孔隙比减小，纤维表面与土颗粒的有效接触面积则增加，筋土间的作用力加强。因此，土的无侧限抗压强度随干密度的增大而增加。

3. 纤维长度对抗压强度的影响

图 2.4 为在三种干密度条件下，含水率为 15％ 的盐渍土与纤维加筋土的无侧限抗压强度随纤维长度的变化曲线。

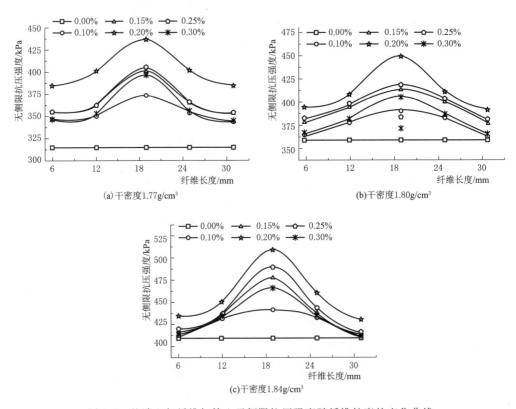

图 2.4　盐渍土与纤维加筋土无侧限抗压强度随纤维长度的变化曲线

由图 2.4 可见，在三种干密度条件下，纤维加筋土的无侧限抗压强度随纤维长度的增长均呈现先增大后减小的趋势，纤维长度为 19mm 时，无侧限抗压强度达到峰值。以干密度为 1.84g/cm³ 的土样为例，盐渍土的无侧限抗压强度为 404kPa，峰值时无侧限抗压强度为 511kPa；纤维长度由 6mm 增加到 19mm，质量加筋率为 0％、0.1％、0.15％、0.2％、0.25％、0.3％ 加筋土的无侧限抗压强度分别增加了 0％、8％、16％、18％、

18%、14%；纤维长度由19mm增加到31mm，其抗压强度分别减小了0%、7%、14%、16%、16%、13%。

原因在于：纤维长度过短，纤维和土的界面作用力相对较小，在外力作用下纤维与土颗粒发生相对滑动，减弱了土颗粒间的黏结力，破坏了土体的整体性，使强度降低；纤维越长，纤维与土间的摩擦力越大，纤维对土产生的空间约束作用也越强，加筋效果越明显。纤维长度超过某个值后，较长的纤维易在土中折叠、重合或缠绕，使纤维与土混合不均匀，形成薄弱面，土样易产生细微裂纹。另外，纤维过长导致筋土界面作用力增大，当作用力大于纤维本身的抗拉能力时纤维容易断裂，减弱加筋作用。

4. 质量加筋率对抗压强度的影响

图2.5为在三种干密度条件下，含水率为15%的盐渍土与纤维加筋土的无侧限抗压强度随质量加筋率的变化曲线。由图2.5可知，在三种干密度条件下，盐渍土与纤维加筋土的无侧限抗压强度随加筋率的变化趋势大致相同。干密度相同时，纤维加筋土的抗压强度明显大于盐渍土；随质量加筋率的增加，抗压强度呈现先增加后减小的趋势，加筋率为0.2%时抗压强度达到峰值。以干密度为1.84g/cm³、纤维长度为19mm的纤维加筋土为例，质量加筋率为0、0.1%、0.15%、0.2%、0.25%和0.3%的抗压强度值分别为404kPa、439kPa、476kPa、511kPa、491kPa和464kPa，质量加筋率由0%到0.2%时无侧限抗压强度值增幅较大，达到27%，然后增幅减小，分别为4%和9%。

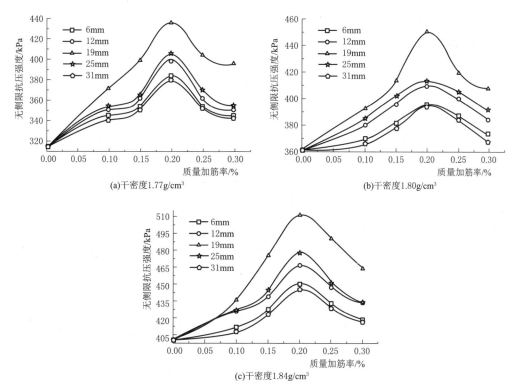

图2.5 盐渍土与纤维加筋土无侧限抗压强度随质量加筋率的变化曲线

由于纤维较细，纵横比较大，随机分布在土中可以使其内部形成一种均匀的"随机支撑体系"，纤维承担因荷载作用而产生的拉应力，减少了应力集中。若纤维掺量较少，纤维与土间的摩擦力较小，加筋效果不明显；随质量加筋率的增加，纤维与土的接触面积增大，筋土间的摩擦力和空间约束作用也增大，加筋效果显著。若纤维掺量过多，纤维与土搅拌不均匀，部分纤维吸附在一起或在某一处聚集，减弱筋土界面作用力对土体变形的约束能力，还影响了土的整体性，减弱加筋效果。

　　5. 纤维加筋土的应力应变

　　图 2.6 为不同含水率、干密度、纤维长度和质量加筋率条件下纤维加筋土的应力-应变曲线，纤维加筋土应力-应变曲线的变化趋势呈应变软化型。应变为 0.5% 左右时，试样开始破坏，到达峰值前应力均随着应变的增加而增大，土发生弹性变形。到达峰值后随着应变的增大，应力呈下降趋势。

　　图 2.6 (a) 为干密度为 1.84g/cm^3、纤维长度为 19mm、加筋率为 0.2% 条件下不同含水率加筋土的应力-应变曲线。含水率越大，试样破坏时的应力值越小，且三条曲线间距较大，表明含水率对试样变形的影响较为显著。

　　图 2.6 (b) 为含水率为 15%、纤维长度为 19mm、加筋率为 0.2% 条件下不同干密度加筋土的应力-应变曲线。在应变为 3.5% 时，应力达到峰值，且较大干密度的峰值应力最大；之后应力随应变的增加而降低，但降幅较小，表明干密度对试样变形的影响相对较小。

　　图 2.6 (c) 为含水率为 15%、干密度为 1.84g/cm^3、加筋率为 0.2% 条件下不同纤维长度加筋土的应力-应变曲线。纤维长度为 0、6mm、12mm、19mm、25mm 和 31mm 的加筋土

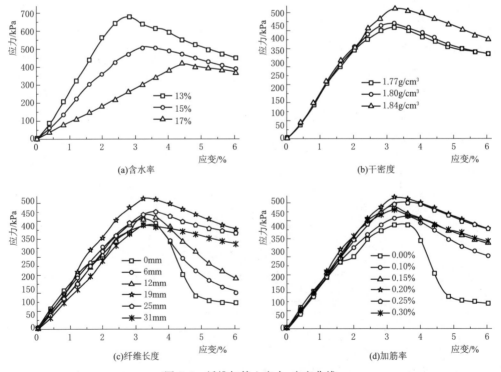

图 2.6　纤维加筋土应力-应变曲线

的峰值应力分别为 404kPa、432kPa、448kPa、511kPa、458kPa、427kPa，纤维长度为 19mm 时其抗压强度最大，加筋效果最好；应变为 3% 时，其应力达到峰值；之后随应变的增大，纤维长度小于 19mm 的加筋土的应力值降幅较大，而纤维长度大于 19mm 的加筋土应力值降幅相对较小，说明随加筋长度的增加，加筋土的应变软化趋势越来越不明显。

图 2.6（d）为含水率为 15%、干密度为 $1.84g/cm^3$、纤维长度为 19mm 条件下不同加筋率的加筋土应力-应变曲线。应变为 3% 左右时应力值最大；加筋率为 0.2% 的加筋土应力峰值最大。与盐渍土相比，加筋率为 0.1%、0.15%、0.2%、0.25% 和 0.3% 的加筋土抗压强度分别增加了 8.7%、17.8%、26.5%、21.5% 和 14.9%，当应力达到峰值强度后，盐渍土的应力迅速下降，而加筋土应力下降的速度相对较小，说明加筋提高了土体的抗变形能力，同时纤维加筋土的残余强度也高于盐渍土。

当轴向应变较小时，加筋土的应力-应变曲线较为接近，此时加筋率、纤维长度对加筋土的应力值影响较小，纤维加筋作用不明显。在相同应变条件下，加筋率为 0.2% 的纤维加筋土应力值最大。随着轴向应变的增大，加筋土与盐渍土应力-应变曲线之间的间距逐渐加大，加筋作用逐渐显现。在轴向应变较大处，加筋对强度的提高幅度更大，表明加筋作用是随着筋材变形的增大，较多筋材的抗拉力被调动而逐渐增大的。

2.1.3 石灰、粉煤灰固化土及纤维与石灰粉煤灰固化土的无侧限抗压特性

纤维与石灰粉煤灰加筋固化土主要用作路基填料，需考虑纤维的铺设厚度对土的抗压强度的影响。以含水率为 15%、干密度为 $1.84g/cm^3$、纤维长度为 19mm、质量加筋率为 0.2% 的制样条件，制备不同加筋位置的纤维与石灰、粉煤灰加筋固化土试样，加筋位置分别为试样整体、试样的上 1/2 处、上 1/3 处、中 1/3 处、上 2/3 处，同时制备石灰、粉煤灰固化土试样，以进行对比分析。养护龄期为 7d、14d、21d 和 28d。结果见表 2.4。

表 2.4 石灰、粉煤灰固化土及纤维与石灰、粉煤灰加筋固化土的无侧限抗压强度

加筋位置	养护龄期/d	抗压强度/kPa	加筋位置	养护龄期/d	抗压强度/kPa
石灰粉煤灰固化土	7	653.8	试样上 1/3 处	7	661.3
	14	732.8		14	748.9
	21	854.9		21	1056.8
	28	878.4		28	1096.2
试样整体	7	758.96	试样中 1/3 处	7	931.9
	14	852.8		14	1070.6
	21	1129.3		21	1249.2
	28	1153.7		28	1263.2
试样上 1/2 处	7	689.6	试样上 2/3 处	7	823.81
	14	837.5		14	1043.4
	21	1115.8		21	1164.2
	28	1134.3		28	1204.5

由表 2.4 可以看出，与盐渍土相比（无侧限抗压强度为 403.9kPa），石灰、粉煤灰固化土的无侧限抗压强度大幅提升，掺入聚丙烯纤维后，使得土的无侧限抗压强度进一步提

高。石灰、粉煤灰对盐渍土起到了固化作用，但土的高脆性问题没有得到解决，这一缺陷可依靠抗拉性能强的纤维加筋进行弥补，二者共同加筋固化盐渍土，能更有效地提高土的强度和抗变形性能，减少微裂纹的产生，提高土的抗疲劳性和耐久性。

1. 加筋位置对无侧限抗压强度的影响

图 2.7 为不同养护龄期条件下纤维与石灰粉煤灰加筋固化土的加筋位置与无侧限抗压强度关系曲线。对比试样整体、试样上 1/2 处、上 1/3 处、中 1/3 处、上 2/3 处加筋试样的抗压强度可以看出，相同养护龄期条件下，中 1/3 处加筋试样的无侧限抗压强度最大，其次是上 2/3 处加筋试样，上 1/3 处加筋试样的抗压强度最小。

产生该现象的原因在于：在抗压试验过程中，试样两端承受着加载装置的端部约束，越靠近试样中部位置，受到的约束作用越小，因此中部变形较大，两端变形较小，试样中部总是先发生破坏。对于中 1/3 处和上 2/3 处加筋的试样，破坏裂纹在延伸过程中，会受到中部纤维加筋作用的阻止，使得裂纹改变方向甚至终止，有效地约束了土的变形破坏。而对于上 1/3 处加筋的试样，破坏裂纹在延伸过程中未获得有效的阻止，纤维的加筋作用还未发挥，试样就已破坏，因此，上 1/3 处加筋试样的抗压强度最小。

2. 养护龄期对抗压强度的影响

图 2.8 为不同加筋位置条件下纤维与石灰、粉煤灰加筋固化土的养护龄期与无侧限抗压强度关系曲线，结合表 2.4 可知，养护龄期相同时，各加筋位置条件下纤维与石灰、粉煤灰加筋固化土的抗压强度均高于石灰、粉煤灰固化土的，各曲线的变化趋势基本相同。以试样整体加筋为例，养护龄期从 14d 增加到 21d 时，无侧限抗压强度提高了 32%；当养护龄期从 21d 增至 28d 时，抗压强度仅增加了 2%。这说明，当养护进行到 21d 时，纤维与石灰、粉煤灰加筋固化土已达到了绝大部分强度，实际工程中，养护 21d 后即可进行下一道工序的施工。

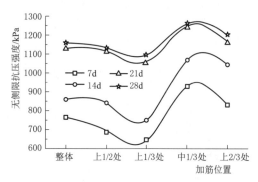

图 2.7　纤维与石灰、粉煤灰加筋固化土的加筋位置与抗压强度的关系

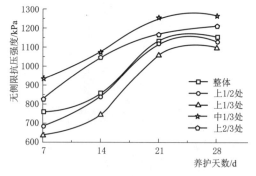

图 2.8　纤维与石灰、粉煤灰加筋固化土的养护龄期与抗压强度的关系

3. 纤维与石灰、粉煤灰加筋固化土的应力-应变

图 2.9 为不同养护龄期条件下纤维与石灰、粉煤灰加筋固化土的应力-应变关系曲线。

由图 2.9 可以看出，纤维与石灰、粉煤灰加筋固化土的应力-应变表现为脆性破坏，其应力-应变曲线为应变软化型。当应力达到峰值后，上 1/3 处和上 1/2 处加筋试样的应

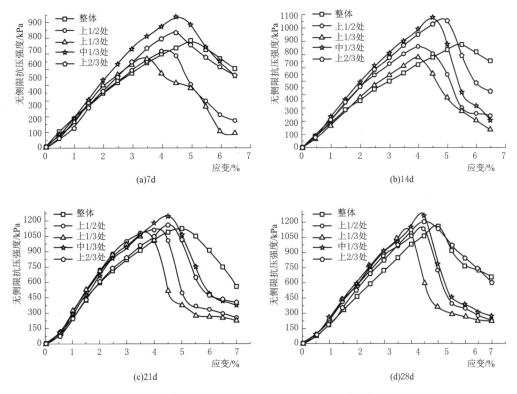

图 2.9 纤维与石灰、粉煤灰加筋固化土的应力-应变关系

力迅速下降，而中 1/3 处和上 2/3 处加筋试样的应力下降速度相对减小，整体加筋试样的应力下降最为缓慢。

以养护 21d 为例，中 1/3 处、上 2/3 处加筋试样的无侧限抗压强度分别为 1249.2kPa、1164.2kPa，整体加筋试样的无侧限抗压强度为 1129.3kPa，较中 1/3 处、上 2/3 处加筋试样的无侧限抗压强度分别降低了 10.6% 和 3.1%；中 1/3 处、上 2/3 处加筋试样的残余强度分别为 373.5kPa、400.2kPa，整体加筋试样的残余强度为 561.1kPa，较中 1/3 处、上 2/3 处加筋试样的残余强度分别提高了 33.4% 和 28.7%。可见，整体加筋试样的抗变形性能最佳。因此，综合考虑加筋位置与加筋土的强度与抗变形性能的关联性，在工程中建议选择整体加筋形式。

2.1.4 含盐量对土抗压强度的影响

为研究滨海地区公路路堤土因含盐量增加而引起的纤维与石灰、粉煤灰加筋固化土力学性质的变化规律，开展了不同含盐量和不同加筋位置的纤维与石灰、粉煤灰加筋固化土的无侧限抗压试验。首先将盐渍土洗盐，直至其含盐量近乎为零；然后按不同的含盐量将盐溶解在水中，按照最优含水率将水喷洒于土中，闷土 24 h；将土、石灰、粉煤灰和聚丙烯纤维拌和均匀，采用静压法制备试样，在标准养护箱中养护 21d，进行抗压试验。结果如图 2.10 和图 2.11 所示。

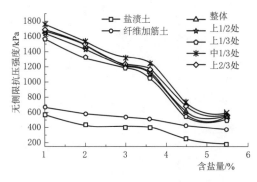

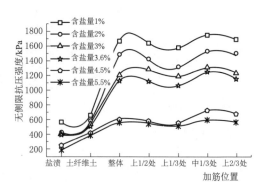

图 2.10 含盐量与无侧限抗压强度的关系   图 2.11 加筋位置对无侧限抗压强度的影响

由图 2.10 可以看出，盐渍土、纤维加筋土及纤维与石灰、粉煤灰固化土的无侧限抗压强度随含盐量的增加而降低。原因在于：氯化钠的结晶和溶解主要受溶液浓度的影响，含水率相同时，土的含盐量越高，结晶析出的盐颗粒越多，对土强度的影响也就越大。滨海盐渍土中水化作用强烈的钠离子较多，土的含盐量高，试样在养护过程中所吸收的水分较多，导致试样软化，抗压强度降低。盐渍土、纤维加筋土及纤维与石灰、粉煤灰加筋固化土的无侧限抗压强度随含盐量的变化趋势基本相同，盐渍土与纤维加筋土的变化幅度相对较小。含盐量小于 4.5% 时，纤维与石灰、粉煤灰固化土的无侧限抗压强度明显高于盐渍土和纤维加筋土；含盐量大于 4.5% 时，各曲线间距减小，无侧限抗压强度的差值也减小。含盐量大于 3.6% 时，纤维与石灰、粉煤灰固化土无侧限抗压强度值降幅迅速增大，主要是因为氯化钠结晶形成了大颗粒，盐胀作用导致试样产生了一些微小裂纹；同时含盐量越高，固化土吸湿软化也越严重。含盐量越低，纤维的加筋效果越好。因此，对含盐量超过 3.6% 的盐渍土加筋固化时，应考虑适当的防水或封闭措施，避免固化土的吸湿软化。

由图 2.11 可以看出，在不同含盐量条件下，中 1/3 处加筋试样的无侧限抗压强度最大，其次为上 2/3 处加筋试样、整体加筋试样、上 1/2 处加筋试样、上 1/3 处加筋试样，这与不考虑含盐量时的试验结果一致。随含盐量的增加，纤维加筋土及纤维与石灰、粉煤灰加筋固化土的无侧限抗压强度降低。毛细作用和蒸发作用影响下，工程用土易发生次生盐渍化，导致土的总体含盐量增加，引起加筋固化土强度下降。因此，在盐渍土的工程设计中应预留一定的强度安全储备。

2.1.5 盐渍土、纤维加筋土及纤维与石灰、粉煤灰加筋固化土的破坏形态

图 2.12 为盐渍土（含水率为 15%、干密度为 1.84g/cm³）、纤维加筋土（含水率为 15%、干密度为 1.84g/cm³、纤维长度为 19mm、质量加筋率为 0.2%）、纤维与石灰、粉煤灰加筋固化土（含水率为 15%、干密度为 1.84g/cm³、纤维长度为 19mm、质量加筋率为 0.2%、整体加筋、养护龄期为 21d）破坏后的形态。由图 2.12 可以看出，盐渍土试样破坏较为严重，裂纹贯通整个试样。纤维加筋土及纤维与石灰、粉煤灰加筋固化土试样表面出现微裂纹，裂纹遇到纤维加筋时改变方向，并未贯通，试样还保持较好的完整性。

纤维在土中起到抗拉作用的同时，还可以减小土的侧向变形。纤维加筋土及纤维与石

灰、粉煤灰加筋固化土试样破坏后的横向变形较小，试样的破坏部位为中下部，上部几乎没有裂纹。纤维对土的横向变形有约束作用，纤维与土、石灰、粉煤灰组成筋土复合体，它们共同受力、协调变形。当受到外荷载作用时，土颗粒之间发生相互错动，纤维与土及固化物之间产生摩擦力，同时相互交织的纤维对土产生约束作用，充分发挥纤维的抗拉作用，以阻止土颗粒间错动的发生，从而提高土的强度，减小土的变形。因此，纤维加筋提高了土的整体性，有效地改善了石灰、粉煤灰固化土抗拉强度较弱的状况。不同布筋方式加筋固化土的破坏形态照片见图 2.13。

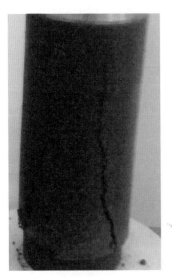

(a)盐渍土　　　　　　　(b)纤维加筋土　　　　　(c)纤维与石灰、粉煤灰加筋固化土

图 2.12　盐渍土、纤维加筋土及纤维与石灰粉、煤灰加筋固化土试样破坏后形态

(a)中1/3处加筋　　　　(b)整体加筋　　　　(c)上1/2处加筋　　　　(d)上1/3处加筋

图 2.13　不同布筋方式加筋固化土的破坏形态

加载过程中，试样下部或上部最先产生裂隙，对于上部加筋和下部加筋固化土，产生初始微裂隙后未加筋部位的裂隙迅速扩展，至布筋位置时试样的绝大多数已发生破坏。裂

隙继续扩展，加筋作用还没有充分发挥，试样就完全破坏了。中部加筋固化土试样上下两端先产生微裂隙，裂隙扩展至中 1/3 处时，在纤维的阻止下裂隙改变方向或停止发展，很难贯通并形成滑动面，增强了土的稳定性，有效地约束了土的变形破坏。纤维位于试样的下 1/2 处、上 1/2 处、下 1/3 处、上 1/3 处、中 1/3 处时试样一部分呈现固化土的性质，另一部分具有加筋土的性质，为非均质土。整体加筋试样中的纤维分散相对均匀，试样近似于各向均质，纤维对土的空间约束作用更为突出，有利于发挥纤维的加筋作用，整体加筋试样的抗压强度也相对较高。因此，试样中部和整体加筋时更有利于发挥纤维的加筋作用。

2.1.6　小结

（1）抗压强度随含水率的增加而减小，随干密度的增大而增大，随加筋长度和质量加筋率的增加先增大后减小，在加筋长度为 19mm 和质量加筋率为 0.2% 时强度达到峰值。

（2）随含盐量的增加，固化土及纤维加筋固化土的抗压强度先减小后增大。存在一个临界含盐量，为 7% 左右。含盐量大于临界含盐量后盐颗粒及难溶盐的骨架作用与盐渍土的吸湿软化作用部分抵消，使固化土抗压强度的增幅较为平缓。纤维对土颗粒的空间约束作用，在一定程度上抑制了盐颗粒结晶引起的盐胀作用，使得加筋固化土的强度增幅明显高于固化土的。

（3）布筋方式为试样的中 1/3 处时加筋固化土的抗压强度最大，试样整体、下 1/2 处、上 1/2 处、下 1/3 处与上 1/3 处加筋时抗压强度依次减小，布筋方式为试样的下 1/2 处与上 1/2 处、下 1/3 处与上 1/3 处时抗压强度基本相同。

（4）不同布筋方式的加筋固化土应力-应变曲线均为应变软化型，随养护龄期的增加，峰值应力增加，破坏应变增大。相同条件下整体加筋固化土的破坏应变最大，即抗变形性能最优。

2.2　纤维加筋土及纤维与石灰、粉煤灰加筋固化土的三轴压缩特性

2.2.1　试验条件与方法

以质量加筋率、养护龄期和布筋方式为影响因素，研究盐渍土、聚丙烯纤维加筋土、石灰、粉煤灰固化土及纤维与石灰、粉煤灰加筋固化土的抗剪强度和应力-应变特性。

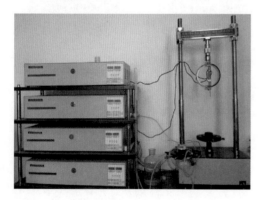

图 2.14　三轴压缩试验仪

试样尺寸：$\phi = 61.8mm$、$H = 125mm$。采用的制样与脱模、养护等设备见图 2.1。三轴压缩试验仪为 SLB-1 型应力-应变控制式三轴剪切渗透试验仪[2-3]，如图 2.14 所示。在公路路堤的现场施工过程中，路堤已完成压密固结，且毛细水的上升在施工期已经完成，路堤处于潮湿状态。施工通车时，荷载将一次性施加，因此在室内进行三轴压缩试验时，为模拟施工现场的条件而选择不固结不排水剪（UU）试验。

制样条件：根据纤维加筋土的无侧限抗压试验选择适宜的质量加筋率（0.2%）和纤维长度（19mm）；石灰掺入量为6%；粉煤灰掺量为12%；加筋位置为试样的上1/2处、上1/3处、中1/3处、下1/3处及整体加筋，放入温度为20℃、相对湿度大于95%的养护箱中养护7d、14d、21d和28d。

　　每组试验需3个试样。试验围压分别为100kPa、200kPa、300kPa。试样的应变加载速率为0.8mm/min。采用计算机采集处理系统记录数据以（$\sigma_1 - \sigma_3$）的峰值为破坏点，无峰值时，取15%轴向应变所对应的偏应力为破坏点。

2.2.2　纤维与石灰、粉煤灰加筋固化土的三轴试验结果

1. 抗剪强度指标

　　纤维与石灰、粉煤灰加筋固化土的黏聚力C、内摩擦角φ，以及加筋引起的黏聚力增长率ΔC和内摩擦角增长率$\Delta \varphi$见表2.5。由表2.5可知，纤维与石灰、粉煤灰加筋固化土整体加筋状态下的黏聚力较石灰粉煤灰固化土的增长最为显著，最大增长率可达131.6%；其内摩擦角与石灰、粉煤灰固化土的相比增长率较小，增长范围为1.1%～5.3%。在其他四种加筋位置条件下，与石灰、粉煤灰固化土相比，黏聚力的增幅较大；内摩擦角增幅很小，增长范围为0%～4.3%。说明在各种加筋位置条件下，纤维的加筋作用均体现为提高土的黏聚力，而对内摩擦角的影响很小。

表2.5　　　　　　　　　　纤维与石灰、粉煤灰加筋固化土的抗剪强度指标

加筋位置	养护龄期/d	黏聚力 C/kPa	内摩擦角 φ/(°)	ΔC/%	$\Delta \varphi$/%
无加筋	7	140.6	41.5	—	—
	14	206.4	44.3	—	—
	21	282.1	45.2	—	—
	28	290.5	46.1	—	—
整体加筋	7	325.6	43.7	131.6	5.3
	14	372.8	44.8	80.6	1.1
	21	445.7	46.3	58.0	2.4
	28	384.0	47.1	32.2	2.2
上1/3处加筋	7	166.3	41.8	18.3	0.7
	14	296.4	45.6	43.6	2.9
	21	339.2	46.9	20.2	3.8
	28	305.4	46.5	5.1	0.9
上1/2处加筋	7	195.9	41.5	39.3	0.0
	14	330.9	45.1	60.3	1.8
	21	366.1	46.8	29.8	3.5
	28	342.9	46.4	18.0	0.7

续表

加筋位置	养护龄期/d	黏聚力 C/kPa	内摩擦角 φ/(°)	ΔC/%	$\Delta\varphi$/%
下 1/3 处加筋	7	301.8	42.7	114.7	2.9
	14	341.1	45.8	65.3	3.4
	21	397.3	46.9	40.8	3.8
	28	363.6	46.5	25.2	0.9
中 1/3 处加筋	7	279.1	42.3	98.5	1.9
	14	323.9	46.2	56.9	4.3
	21	386.7	46.6	37.1	3.1
	28	349.1	47.1	20.2	2.2

不同养护龄期条件下，养护 7d 时，纤维对加筋土的黏聚力的贡献最大，随着养护龄期的增长，纤维的加筋作用降低，黏聚力的增长率基本上呈递减趋势，在养护 21d 和 28d 时，黏聚力增长率趋于稳定。5 种加筋位置条件下，加筋效果最好的为整体加筋，依次为下 1/3 处、中 1/3 处、上 1/2 处和上 1/3 处，这与无侧限抗压试验结果基本吻合。原因在于：剪切过程中，试样的下部、中下部总是先发生破坏。对于整体加筋和下 1/3 处加筋的试样，破坏裂纹在延伸过程中，会受到下部纤维加筋作用的阻止，使得裂纹改变方向甚至终止，有效地约束了土的变形破坏。而对于上 1/3 处加筋的试样，纤维的加筋作用还未发挥，试样就已经破坏了，因此上 1/3 处加筋试样的抗剪强度最小。

2. 应力-应变特征

由图 2.15～图 2.20 可知：当应变较小（0%～2%）时，在不同围压下，纤维与石灰、粉煤灰加筋土的应力-应变关系曲线很接近，随着轴向应变的逐渐增大，应力-应变关系曲线的间距逐渐加大且最终趋向于一定值，说明纤维的加筋作用只有当轴向应变较大时才比较明显。在相同应变条件下，纤维与石灰、粉煤灰加筋固化土的偏应力较石灰土的有显著的提高，表明纤维与石灰、粉煤灰加筋固化土的强度和抗变形的能力有所增强。当应变较小（0%～2%）时，不同围压下纤维与石灰、粉煤灰加筋土的应力-应变关系曲线很接近；随着轴向应变的逐渐增大，应力-应变关系曲线的间距逐渐加大且最终趋向于一定值。表明纤维加筋作用在轴向应变较大时才比较明显。相同应变条件下，纤维与石灰、粉煤灰加筋固化土的偏应力较石灰土的有显著提高，纤维与石灰、粉煤灰加筋固化土的强度和抗变形能力有所增强。

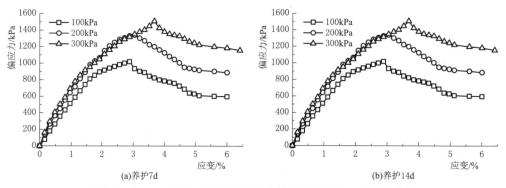

(a)养护7d　　　　　　　　　　　　　(b)养护14d

图 2.15（一）　石灰、粉煤灰固化土的偏应力与轴向应变的关系

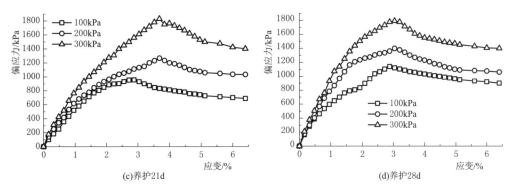

图 2.15（二）　石灰、粉煤灰固化土的偏应力与轴向应变的关系

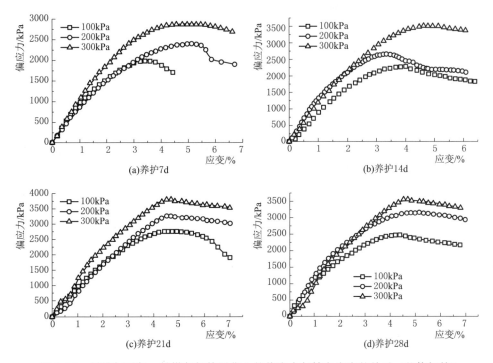

图 2.16　纤维与石灰、粉煤灰加筋固化土的偏应力与轴向应变的关系（整体加筋）

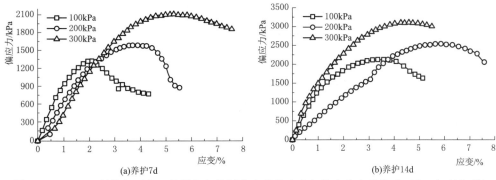

图 2.17（一）　纤维与石灰、粉煤灰加筋固化土的偏应力与轴向应变的关系（上 1/2 处加筋）

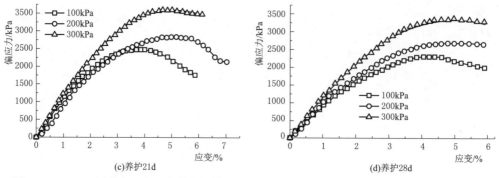

图 2.17（二）　纤维与石灰、粉煤灰加筋固化土的偏应力与轴向应变的关系（上 1/2 处加筋）

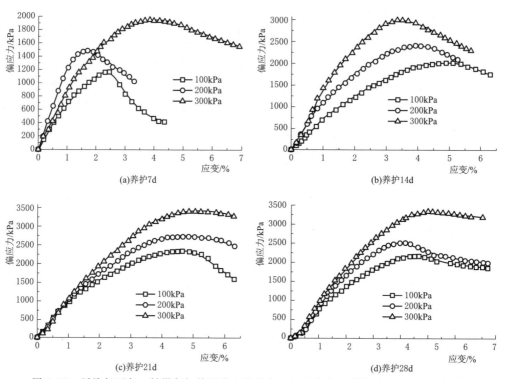

图 2.18　纤维与石灰、粉煤灰加筋固化土的偏应力与轴向应变的关系（上 1/3 处加筋）

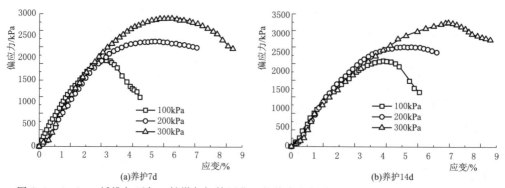

图 2.19（一）　纤维与石灰、粉煤灰加筋固化土的偏应力与轴向应变的关系（下 1/3 处加筋）

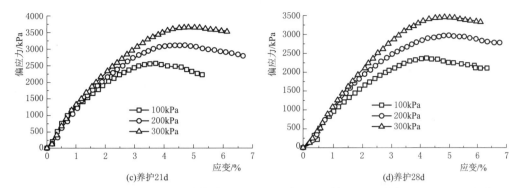

图 2.19（二） 纤维与石灰、粉煤灰加筋固化土的偏应力与轴向应变的关系（下 1/3 处加筋）

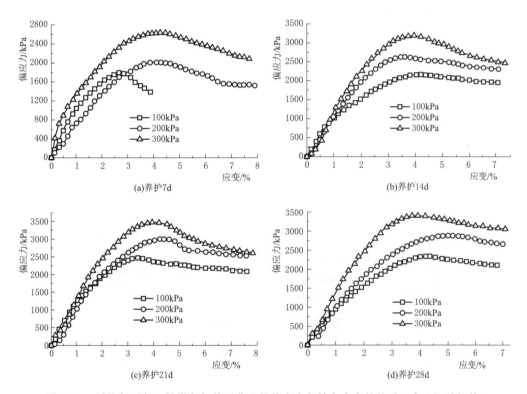

图 2.20 纤维与石灰、粉煤灰加筋固化土的偏应力与轴向应变的关系（中 1/3 处加筋）

对比不同养护龄期下偏应力与轴向应变关系曲线可以看出：养护前期，各围压下的曲线出现峰值，体现出一定的弹性变形，随养护龄期的延长，应力-应变曲线由应变软化向应变硬化转变；小围压下的峰值一般都出现得较早，约出现在轴向应变为 3% 时，随着围压的增大，试验转变为无明显的应力峰值，纤维与石灰、粉煤灰加筋固化土的偏应力随轴向应变的变化逐渐减小，最后趋于定值。可见，围压越大，剪切破坏过程中对土颗粒的约束力越大，应力达到最大值的应变值越大；相反，围压越小，对土颗粒移动的阻力越小，土体易产生剪胀变形，在较小的应变下应力达到最大值。

养护龄期为 7d、14d、21d、28d 时，纤维与石灰、粉煤灰加筋固化盐渍土的破坏应变与石灰、粉煤灰固化土相比有大幅提高。石灰、粉煤灰固化土为脆性破坏，而纤维与石灰、粉煤灰加筋固化盐渍土养护21d后变为塑性破坏，表明加筋改变了土的破坏型式，延长了土体出现破坏的时间。当荷载作用于纤维与石灰、粉煤灰加筋固化土时，筋土间产生相互错动的趋势，筋土间的摩阻力增大，对土的约束力增强，导致土的抗剪强度提高。另外，纤维在土中无序分布，相互交织在一起，任何一段纤维的位移都会牵动与其交织的各个方向的纤维，形成空间约束作用。因此，加筋不仅提高土的抗剪强度，还约束了土的变形。

2.2.3　纤维加筋土及纤维与石灰、粉煤灰加筋固化土的破坏形态

由图2.21可以看出：盐渍土与纤维加筋土试样横向变形均呈鼓胀形，这是由于试样的两端与加载装置之间存在摩擦力，使试样的两端受到了约束作用，越靠近试样的中间，受到的约束作用越小。纤维加筋土试样的横向变形明显减小，试样中间和两端的变形大致相当，表明纤维的掺加可以提高土的抗变形性能。石灰、粉煤灰固化土及纤维与石灰、粉煤灰加筋固化土破坏后的横向变形均较小。因为石灰、粉煤灰在土中产生固化作用，土体的刚性增强。石灰、粉煤灰固化土试样破坏后侧面产生了许多纵横交叉的裂纹，并存在明显的45°破坏面；纤维与石灰、粉煤灰加筋固化土（养护21d）的破坏形态介于纤维加筋土和石灰、粉煤灰固化土破坏形态之间，呈中间大、两边小的鼓胀状态，同时，也产生纵横交叉的微裂纹和45°破坏倾角。表明掺加纤维能改善石灰、粉煤灰固化土的变形性能，使得纤维与石灰、粉煤灰加筋固化土表现为一定的塑性破坏。

破坏前　　　　破坏后　　　　　破坏前　　　　破坏后
(a)盐渍土　　　　　　　　　　(b)纤维加筋土

破坏前　　　　破坏后　　　　　破坏前　　　　破坏后
(c)石灰、粉煤灰固化土　　　　(d)纤维与石灰、粉煤灰加筋固化土

图2.21　不同处理方法下盐渍土的破坏形态

2.2.4 四种固化剂处理盐渍土的性能比较

上述研究表明，纤维加筋土的物理力学性质能够得到显著改善，采用石灰、粉煤灰也能提升盐渍土的物理力学性质。为评价纤维加筋与常规固化剂处理盐渍土的差别，本节对石灰、粉煤灰、水泥、SH 固化剂固化盐渍土的强度演变及其机理进行研究。

1. 四种固化剂处理盐渍土的力学性能

将浸水前后不同固化剂固化土的无侧限抗压强度、三轴试验结果见图 2.22 和图 2.23。

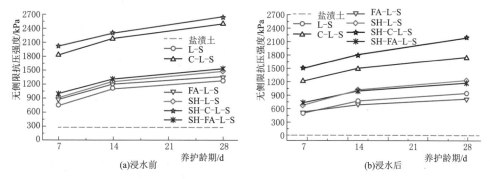

图 2.22 不同固化方法盐渍土的无侧限抗压强度

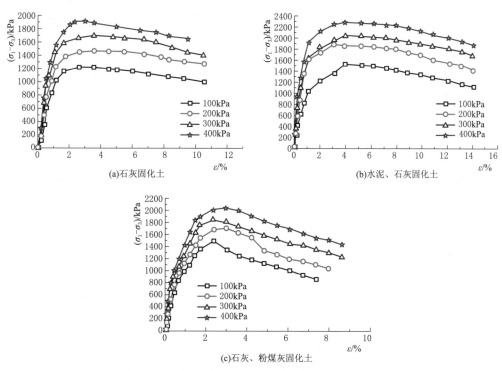

图 2.23 不同固化方法处理盐渍土的应力-应变特性

如图 2.22 和图 2.23 所示，固化土的无侧限抗压强度随养护龄期的增加而增加，养护 14d 后增加缓慢。此外还可看出，任何固化土方式在添加 SH 固化剂后，其强度将进一步增加。水泥固化土的强度值最高达到 300kPa。浸水后，盐渍土样完全破坏，无论是否加入 SH 固化剂，固化土无侧限抗压强度均降低。与盐渍土相比，固化土的强度减小量较小。在 100kPa、200kPa、300kPa 和 400kPa 的围压下，不同固化土的峰值强度不同。水泥、石灰固化土的强度均比石灰固化土及石灰、粉煤灰固化土的强度大。

　　2. 四种固化剂处理盐渍土的微观结构演变

　　四种固化材料处理后的盐渍土微观结构见图 2.24。盐渍土结构松散，固化土结构致密，养护 28d 后，石灰的化学反应基本完成，生成硅酸钙、铝酸钙和碳酸钙，产生大量的膜和团聚体压实了土的结构。图 2.24（b）、（d）、（f）、（h）表明，SH 固化剂产生了一层包裹土颗粒的膜，并在孔隙中产生一个丝状网，从而使土颗粒之间的胶结更好，但块状团聚之间仍存在潜在裂隙，这就为加筋土在干湿循环和冻融作用下的开裂埋下了隐患。可见，SH 固化剂处理后任意固化方案下土的强度显著高于石灰固化土和水泥石灰固化土，但从温度、湿度作用下的防开裂需求来看，有必要提升固化土的整体性能。因此，固化土不能代替纤维加筋土的应用范围，不过可以采用加筋材料和固化剂同时应用的方式，提升盐渍土的力学性能。

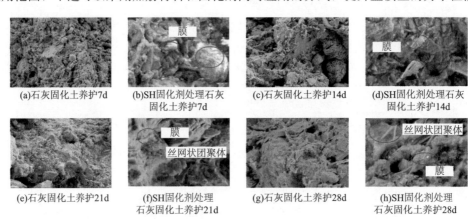

(a)石灰固化土养护7d　　(b)SH固化剂处理石灰　　(c)石灰固化土养护14d　　(d)SH固化剂处理石灰
　　　　　　　　　　　　　固化土养护7d　　　　　　　　　　　　　　　　　　固化土养护14d

(e)石灰固化土养护21d　　(f)SH固化剂处理　　(g)石灰固化土养护28d　　(h)SH固化剂处理
　　　　　　　　　　　　石灰固化土养护21d　　　　　　　　　　　　　　石灰固化土养护28d

图 2.24　不同养护龄期下石灰固化土与 SH 固化剂处理石灰土的微观结构

2.2.5　小结

　　采用三轴试验方法研究了纤维加筋土、纤维与石灰、粉煤灰加筋固化土的三轴压缩性能，揭示了加筋位置、养护龄期等对两种处理盐渍土的强度参数、应力-应变特征、破坏形态的影响。研究发现：纤维的加筋作用均体现为提高土的黏聚力，而对内摩擦角的影响很小；纤维与石灰、粉煤灰加筋固化盐渍土的破坏应变比石灰、粉煤灰固化土有大幅提高；加筋改变了土的破坏型式，延长了土的破坏时间；土样的整体加筋能够抵抗裂缝的扩展；纤维的加筋作用在轴向应变较大时比较明显。加筋不仅提高土的抗剪强度，还约束了土的变形。

2.3　纤维加筋盐渍土的筋土界面性能

　　土的强度来源于土颗粒间的摩擦和咬合作用[4]。加筋土为筋土复合体，纤维加筋属于物理作用，没有改变土颗粒的大小和表面性状，纤维加筋土的强度源于土颗粒间的摩擦和咬合作用及筋土间的摩擦作用和空间约束作用。因此，开展纤维加筋土的直剪试验和纤维在盐渍土中的拉拔摩擦试验，研究筋土界面性能。筋土界面特性需要采用大批量试样测试，研制了四联直剪仪和气压自动控制直剪仪，实现了大批量试样的同步测试。

2.3.1　试验条件与材料

以土的含水率、干密度、纤维的加筋间距为影响因素，研究纤维加筋土的界面抗剪强度和应力-应变特性。试样尺寸为直径 61.8mm、高 20mm，采用挤压法制备试样，利用研制的直剪仪进行纤维加筋土的直剪试验[2-3]，见图 2.25。

(a)常规应变控制式直剪仪　　(b)制作的四联直剪仪　　(c)气压控制自动直剪仪(研制)

图 2.25　常规直剪仪与研制的直剪仪

试验用土取自天津滨海新区，风干，用橡胶锤将干土砸碎，过 2mm 筛。盐渍土的塑性指数 I_p=11.2，为粉质黏土，基本物理力学指标见表 2.6。试验用盐渍土的最优含水率和最大干密度由重型击实试验获得。纤维加筋土直剪试验选择的含水率和干密度见表 2.7。

表 2.6　　　　　　　　　　盐渍土的基本物理力学指标

液限/%	塑限/%	塑性指数	最大干密度/(g/cm³)	最优含水率/%
31.6	20.4	11.2	1.81	17.6

试验土样的纤维加筋间距设定为 5mm、10mm、15mm，如图 2.26 所示。竖向压力为 100kPa、200kPa、300kPa、400kPa，剪切速率为 0.8mm/min，试验过程中实时采集剪切位移和剪应力。当测力计读数达到稳定或有显著后退，或剪切变形达到 4mm 时，试验结束。

表 2.7　　　　　　　　　　试验土样的含水率与干密度

编号	含水率/%	干密度/(g/cm³)	编号	含水率/%	干密度/(g/cm³)
ST1	17.6	1.74（96%压实度）	ST6	16	1.67
ST2	17.6	1.70（94%压实度）	ST7	20	1.74
ST3	17.6	1.67（92%压实度）	ST8	20	1.70
ST4	16	1.74	ST9	20	1.67
ST5	16	1.70			

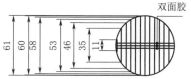
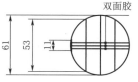
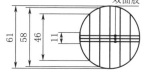

图 2.26　不同间距的纤维加筋试样

2.3.2 直剪试验结果分析

1. 抗剪强度指标

抗剪强度指标包括：综合黏聚力 C 和综合内摩擦角 φ。在剪切过程中纤维和土没有明显的界面分层，土和纤维同时参与剪切，由此产生的黏聚力和内摩擦角并不完全是筋土界面的黏聚力和内摩擦角，在此命名为综合黏聚力和综合内摩擦角。表 2.8 为纤维加筋土的直剪试验结果。

2. 含水率、干密度与加筋间距对抗剪强度指标的影响

图 2.27 和图 2.28 分别为综合黏聚力和综合内摩擦角随含水率变化曲线。从表 2.8、图 2.27 和图 2.28 中可以看出，加筋间距相同时，在同一干密度条件下，纤维加筋土的综合黏聚力和综合内摩擦角均随含水率的增大而减小。原因在于：含水率的增加使土体自身的强度降低，而且纤维表面光滑，当含水率增大后，纤维与土之间的摩擦力减小，水的润滑作用导致综合黏聚力和综合内摩擦角降低。

表 2.8　　　　　　　　　不同加筋条件下纤维加筋土的抗剪强度指标

加筋间距 /mm	含水率-干密度 /% - (g/cm³)	综合黏聚力 /kPa	综合内摩擦角/(°)	加筋间距 /mm	含水率-干密度 /% - (g/cm³)	综合黏聚力 /kPa	综合内摩擦角/(°)
5	16 - 1.74	30.7	31.9	10	16 - 1.74	31.8	33.1
	16 - 1.70	25.6	29.9		16 - 1.70	27.8	30.5
	16 - 1.67	24.3	28.5		16 - 1.67	25.2	28.8
	17.6 - 1.74	28.9	30.4		17.6 - 1.74	30.7	30.9
	17.6 - 1.70	24.1	29.9		17.6 - 1.70	26.8	29.9
	17.6 - 1.67	21.4	26		17.6 - 1.67	23.1	26.6
	20 - 1.74	20.1	24.8		20 - 1.74	23	25.1
	20 - 1.70	18.6	24.5		20 - 1.70	21.2	24.9
	20 - 1.67	14.7	22		20 - 1.67	15.3	23.1
15	16 - 1.74	33.5	34.2	15	17.6 - 1.67	23.5	27.0
	16 - 1.70	29.8	32.5		20 - 1.74	25.2	25.7
	16 - 1.67	26.2	29.3		20 - 1.70	24.5	25.3
	17.6 - 1.74	31.3	31.4		20 - 1.67	17.6	24.7
	17.6 - 1.70	28.4	30.1				

由表 2.8 可知，以加筋间距为 5mm、干密度为 1.74g/cm³ 的纤维加筋土为例，含水率为 16% 的综合黏聚力为 30.7kPa，综合内摩擦角为 31.9°。与之相比，含水率为 17.6%、20% 纤维加筋土的综合黏聚力分别降低了 5.9%、34.5%；综合内摩擦角分别降低了 4.7% 和 23%。可见，含水率对综合黏聚力的影响程度大于对综合内摩擦角的影响。

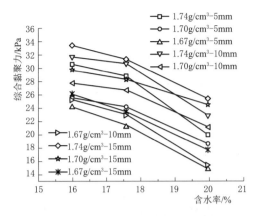

图 2.27　综合黏聚力随含水率的变化

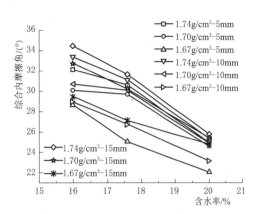

图 2.28　综合内摩擦角随含水率的变化

图 2.29 和图 2.30 分别为综合黏聚力和综合内摩擦角随干密度变化曲线。由图 2.29 和图 2.30 可以看出，加筋间距相同时，在同一含水率条件下，纤维加筋土的综合黏聚力和综合内摩擦角随干密度的增大而增大。主要是因为：干密度大的土样在制样时需要较大的压实功，土体附加给纤维表面的包裹力增大，而且增大干密度势必导致土样孔隙比减小，纤维表面与土颗粒的有效接触面积增加，使得界面作用力加强。直剪试验过程中，土体在较为疏松的情况下，由于纤维表面比较光滑，纤维与填土之间的摩擦角较小，欠密实土对纤维的嵌固作用比较弱。随着填土压实度的提高，综合内摩擦角逐渐增加。

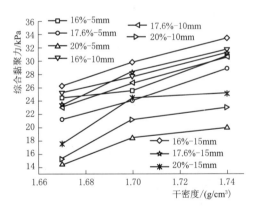

图 2.29　综合黏聚力随干密度的变化

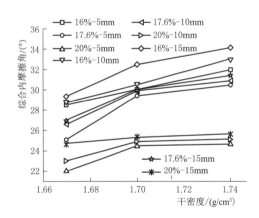

图 2.30　综合内摩擦角随干密度的变化

图 2.31 为综合黏聚力随加筋间距变化曲线。图 2.32 为综合内摩擦角随加筋间距变化曲线。由图 2.31 和图 2.32 可知，含水率和干密度相同时，纤维加筋土的综合黏聚力与综合内摩擦角均随加筋间距的增大而增大。原因在于：纤维表面光滑，土体与纤维之间的嵌锁咬合作用较弱，很可能小于土颗粒之间的嵌锁咬合作用，导致加筋间距越大，综合黏聚力和综合内摩擦角越大。以含水率为 17.6%、干密度为 1.74g/cm³ 的纤维加筋土为例，加筋间距为 5mm 的综合黏聚力为 28.9kPa，综合内摩擦角为 30.4°。与之相比，加筋间距为 10mm、15mm 的综合黏聚力分别提高了 6.2%、8.4%；综合内摩擦角分别提高了 1.6% 和 3.3%。说明加筋间距对综合黏聚力的影响大于对综合内摩擦角的影响。

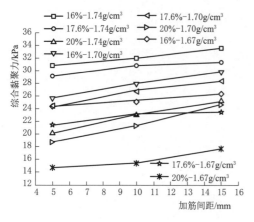

图 2.31　综合黏聚力随加筋间距的变化　　　图 2.32　综合内摩擦角随加筋间距的变化

　　总体上来说，含水率、干密度及加筋间距对纤维加筋土的综合黏聚力的影响较为显著，而对综合内摩擦角的影响相对较小。影响程度由大到小排列顺序依次为：含水率大于干密度大于加筋间距。

　　3. 应力应变特性

　　以加筋间距 5mm 纤维加筋土为例（图 2.33），分析界面剪应力与剪切位移的关系。

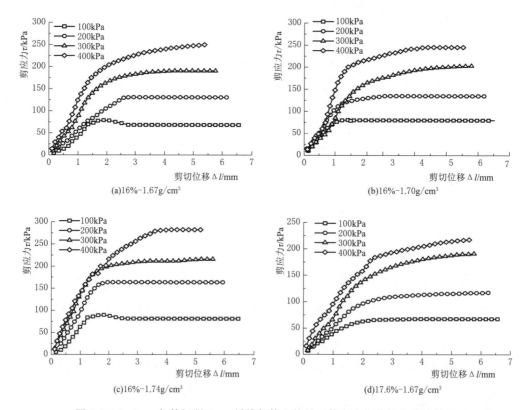

图 2.33（一）　加筋间距 5mm 纤维加筋土的界面剪应力与剪切位移的关系

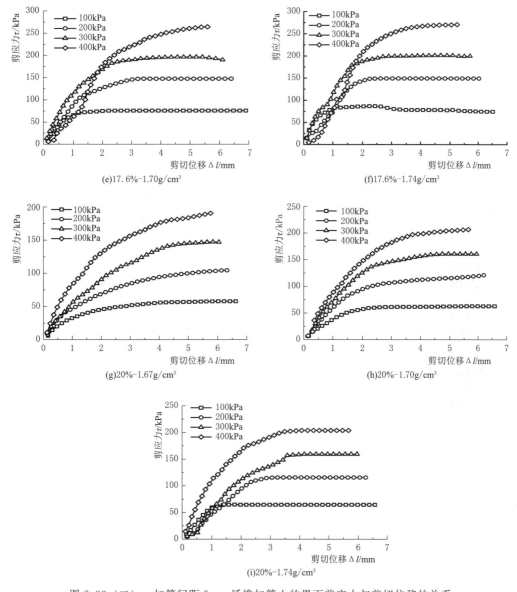

图 2.33（二）　加筋间距 5mm 纤维加筋土的界面剪应力与剪切位移的关系

由图 2.33 可以看出：不同含水率和干密度的纤维加筋土的界面剪应力和剪切位移关系曲线均表现为应变硬化型，随着剪切位移的增加，界面剪应力不断增加，并没有出现明显的峰值。但随着剪切位移的增加，剪应力的增长率减小并趋于平缓，即筋土之间的剪应力收敛于某一上限值。界面剪应力随垂直压力的增加而增大，达到峰值强度时的变形也增大，主要因为垂直压力较小时，土颗粒对纤维施加的正压力较小，界面剪应力主要来源于筋土间的摩擦作用，从而界面剪应力较小；随着垂直压力的增大，土颗粒对纤维施加的正压力逐渐增大，使得界面剪应力持续增加。施加的垂直压力越大，界面约束作用越强，界面剪应力达到抗剪强度所需的位移就越大。轴向应变较小时，不同条件的剪应力-剪切位

33

移关系曲线相互接近，随着轴向应变的增加，各曲线的间距才逐渐增大，说明纤维的加筋作用只有在达到一定的轴向应变时才能发挥出来。

2.3.3　加筋固化土的拉拔摩擦试验

以土的含水率、干密度、纤维埋入土中的深度为影响因素，对单束纤维（10 根）进行拉拔摩擦试验，分析单束纤维与土之间的界面摩擦强度及三因素对其影响。试验采用全自动多量程拉拔弯折试验机，型号为 LTW－2000N。纤维一端为自由端，另一端按指定长度埋入土内，制成土样进行拉拔摩擦试验。对拉拔弯折试验机的夹具进行改装，如图 2.34 所示。试验用土取自天津滨海新区，风干，用橡胶锤将干土砸碎，过 2mm 筛，其基本力学性质指标见表 2.6。纤维在盐渍土中拉拔时产生的界面摩擦强度 τ_f 见表 2.9。

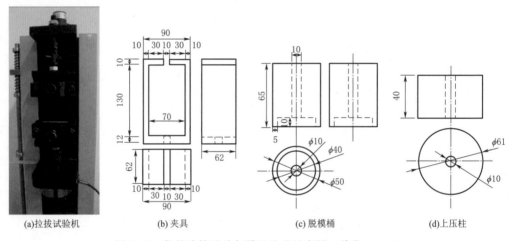

图 2.34　拉拔摩擦试验与模具改进示意图（单位：mm）

表 2.9　　　　　　　　　　　　　单束纤维拉拔摩擦试验结果

埋深/mm	含水率/%	干密度/(g/cm³)	界面摩擦强度/kPa	埋深/mm	含水率/%	干密度/(g/cm³)	界面摩擦强度/kPa	埋深/mm	含水率/%	干密度/(g/cm³)	界面摩擦强度/kPa
		1.74	25.48			1.74	25.88			1.74	26.23
	16	1.70	23.89		16	1.70	24.48		16	1.70	24.67
		1.67	21.10			1.67	22.09			1.67	22.32
		1.74	24.28			1.74	24.48			1.74	24.82
20	17.6	1.70	22.29	40	17.6	1.70	22.49	60	17.6	1.70	22.79
		1.67	19.51			1.67	20.30			1.67	20.76
		1.74	21.89			1.74	22.29			1.74	22.79
	20	1.70	19.90		20	1.70	20.30		20	1.70	20.92
		1.67	16.72			1.67	19.11			1.67	19.36

埋深 /mm	含水率 /%	干密度 /(g/cm³)	界面摩擦强度 /kPa	埋深 /mm	含水率 /%	干密度 /(g/cm³)	界面摩擦强度 /kPa	埋深 /mm	含水率 /%	干密度 /(g/cm³)	界面摩擦强度 /kPa
80	16	1.74	26.41	100	16	1.74	27.30	125	16	1.74	27.41
		1.70	24.75			1.70	24.80			1.70	24.87
		1.67	22.69			1.67	22.98			1.67	23.44
	17.6	1.74	24.95		17.6	1.74	25.14		17.6	1.74	25.48
		1.70	22.96			1.70	23.32			1.70	23.44
		1.67	21.89			1.67	21.95			1.67	22.22
	20	1.74	23.09		20	1.74	23.32		20	1.74	23.44
		1.70	21.10			1.70	21.50			1.70	21.74
		1.67	20.83			1.67	21.04			1.67	21.30

1. 含水率对界面摩擦强度的影响

图 2.35 为筋土界面摩擦强度随含水率变化曲线。由图 2.35 可知，在同一干密度条件下，筋土界面摩擦强度随土样含水率的增加而减小。含水率相同时，纤维埋深 125mm 时，界面摩擦强度最大；埋深 20mm 时，界面摩擦强度最小。以干密度为 1.74g/cm³ 的土样为例，当含水率从 16% 增加到 20% 时，纤维埋深 20mm、40mm、60mm、80mm、

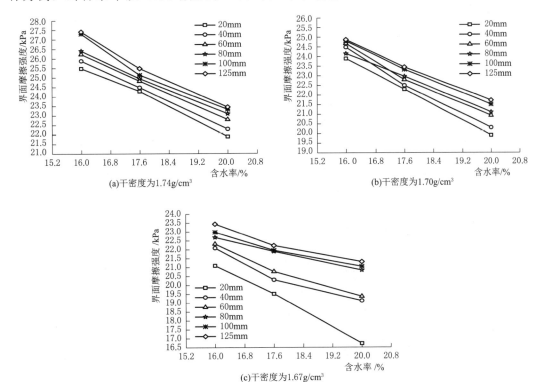

(a)干密度为 1.74g/cm³

(b)干密度为 1.70g/cm³

(c)干密度为 1.67g/cm³

图 2.35 筋土界面摩擦强度随含水率的变化

100mm、125mm 的界面摩擦强度 τ_f 分别减小了 14.1%、13.9%、13.1%、12.6%、14.6%、14.5%。产生该现象的原因在于：纤维与土接触面的强度主要由综合黏聚力和摩擦力两部分组成。综合黏聚力的大小主要受土中黏粒含量和天然胶结物质的影响，而界面摩擦力的大小除与土的颗粒形状与级配有关外，还取决于界面的摩擦系数（粗糙程度）、土的含水率和界面有效接触面积等因素。由于试样的土质成分、干密度和体积均相同，那么筋土界面强度的变化主要受界面摩擦力的影响。当土样含水率增大时，界面自由水分增多，对纤维表面有一定的润滑作用，从而减小了筋土接触面的摩擦力。此外，由于黏土颗粒的结合水膜变厚，拉拔过程中界面土颗粒重新排列所需的摩擦功也相应减小。因此，纤维加筋土的界面摩擦强度随含水率的增加而呈下降趋势。

2. 干密度对界面摩擦强度的影响

图 2.36 为筋土界面摩擦强度与干密度的关系。

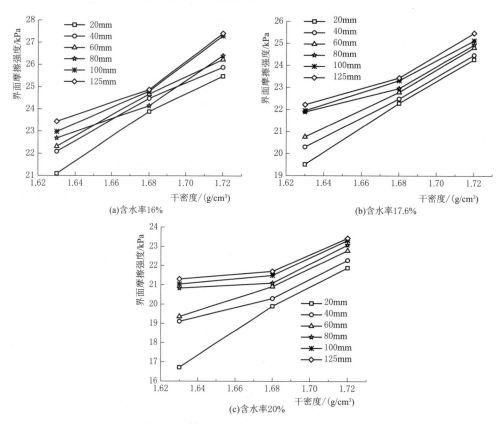

图 2.36　筋土界面摩擦强度与干密度的关系

从图 2.36 中可以看出，筋土界面摩擦强度 τ_f 随干密度的增加而增大。干密度相同时，纤维埋深 125mm 时，界面摩擦强度最大；埋深 20mm 时，界面摩擦强度最小。这主要是因为：干密度大的土样在制样时需要较大的压实功，土体附加给纤维表面的包裹力较大，而且土样的干密度越大，筋土界面发生松动所需的拉力越大，使得界面摩擦强度也越大。此外，对于同一种土质而言，增大干密度势必导致土样孔隙比减小，从而纤维表面与土颗粒的有效接触面积增加，界面作用力加强。

以含水率为 17.6% 的土样为例，当干密度从 $1.67\mathrm{g/cm^3}$ 增加到 $1.74\mathrm{g/cm^3}$ 时，纤维埋深 20mm、40mm、60mm、80mm、100mm、125mm 的界面摩擦强度 τ_f 分别增加了 19.6%、17.1%、16.4%、12.2%、12.7%、12.8%，表明界面摩擦强度的提高幅度随着埋深的增加而降低，这也说明了干密度对界面摩擦强度的影响程度随着纤维埋入深度的增加而逐渐减小。

3. 纤维的埋入深度对界面摩擦强度的影响

筋土界面摩擦强度与纤维埋入深度关系见图 2.37。

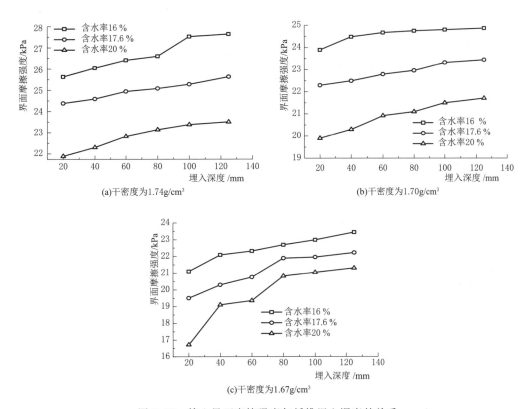

图 2.37　筋土界面摩擦强度与纤维埋入深度的关系

由图 2.37 可以看出，筋土界面摩擦强度随纤维埋入深度的增加而增大。原因在于：纤维在土中的埋入深度越大，土体附加给纤维表面的正压力越大，纤维表面与土颗粒的接触面积增加，拉拔过程中纤维发生松动时所需的拉力增大，使得界面剪切作用加强。以干密度为 $1.74\ \mathrm{g/cm^3}$、含水率为 16%、埋深 20mm 的土样为例，埋深 40mm、60mm、80mm、100mm、125mm 的界面摩擦强度分别增加了 1.6%、2.9%、3.6%、7.1% 和 7.6%。再次验证了纤维埋深对界面摩擦强度的影响程度随着埋深的增加而增大。另外，在不同含水率条件下，界面摩擦强度与纤维埋入深度关系曲线的变化趋势均较为平缓，而不同含水率的每组曲线之间的间距相对较大，说明含水率对筋土界面摩擦强度的影响远大于纤维的埋入深度。分析可知，土样的干密度对界面摩擦强度的影响程度最大，含水率次之，纤维的埋入深度影响最小。

4. 含水率、干密度、纤维埋深对拉拔力-位移关系的影响

图 2.38～图 2.40 分别为在不同含水率、干密度、纤维埋入深度条件下，纤维所承受的最大拉拔力与位移的关系曲线。

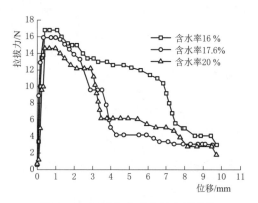

图 2.38　不同含水率土样中纤维的
拉拔力与位移的关系

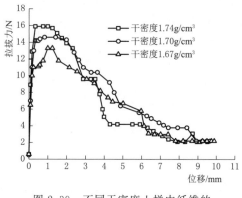

图 2.39　不同干密度土样中纤维的
拉拔力与位移的关系

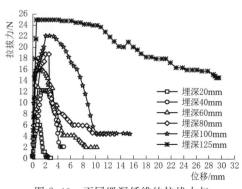

图 2.40　不同埋深纤维的拉拔力与
位移的关系

由图 2.38～图 2.40 可知，纤维被拉动之前所受的拉力随着拉伸位移的增大而近线性增大，纤维以发生弹性变形为主，此阶段由于纤维所承受的荷载小于 τ_f，荷载作用以应变能的形式储存在纤维受拉端的自由长度内。当拉力达到峰值后，筋土接触面开始松动滑移，拉力骤减，纤维的应变能绝大部分得到释放。随着拉伸位移的进一步增加，曲线逐渐水平，纤维所承受的拉力趋于定值，此时纤维在土体中滑动，界面作用力以滑动摩擦力为主。

从图 2.38～图 2.40 中还可以看出，最大拉力 N_{max} 及曲线水平时对应的拉力随土样含水率的增加而减小，随干密度的增加而增大，随纤维埋入深度的增加而增大。主要原因是纤维与土之间的作用力越大，纤维越不容易拉动，积聚的应变能越多，这与图 2.38～图 2.40 中的界面摩擦强度是对应的。尽管纤维被拉动后，界面之间的作用力并未完全消失，仍存在一定大小的残余强度。这说明当土体在外力作用下出现张拉裂缝或者剪切错动面时，纤维加筋能够延缓或者阻止裂缝的进一步发展，提高土体的韧性，这与抗压试验中纤维加筋土呈现较大的破坏应变是对应的。

2.3.4　小结

加筋间距相同时，在同一干密度条件下，纤维加筋土的综合黏聚力和综合内摩擦角均随含水率的增大而减小。含水率对综合黏聚力的影响程度大于对综合内摩擦角的影

响。在同一含水率条件下，加筋间距相同土的综合黏聚力和综合内摩擦角随干密度的增大而增大。含水率和干密度相同时，纤维加筋土的综合黏聚力与综合内摩擦角均随加筋间距的增大而增大。纤维加筋土的综合黏聚力的影响因素排序为：含水率大于干密度大于加筋间距。

纤维加筋土的界面剪应力和剪切位移关系曲线均表现为应变硬化型，随着剪切位移的增加，界面剪应力不断增加，并没有出现明显的峰值。但随着剪切位移的增加，筋土之间的剪应力收敛于某一上限值。界面剪应力随垂直压力的增加而增大，达到峰值强度时的变形也增大；纤维加筋作用只有在达到一定的轴向应变时才能发挥出来。加筋间距对纤维加筋土的应力-应变特性无明显影响。

同一干密度条件下，筋土界面摩擦强度随土样含水率的增加而减小。筋土界面摩擦强度 τ_f 随干密度的增加而增大。干密度对界面摩擦强度的影响程度随着纤维埋入深度的增加而逐渐减小。含水率对筋土界面摩擦强度的影响远大于纤维的埋入深度。界面摩擦强度的影响因素排序为：干密度大于含水率大于纤维埋入深度。

2.4 冻融过程中纤维加筋固化土的抗压性能

冻融作用下土中水的相态会发生变化，引发土体的冻胀或融沉，从而影响土工结构的稳定性和抗变形性能[5]。含盐后，土体的起始冻结温度、未冻水含量演变规律均存在不同，从而土体的力学性能也存在差异[6]。本章通过抗压性能试验，对冻融作用下纤维加筋固化土的抗压性能进行研究。

2.4.1 试验条件与试验方法

试验中按照 2% 为间隔设置 20%、22% 和 24% 三个含水率。为排除生石灰在养护过程中消耗的水分对土样整体含水率的影响，在试验开始前应将石灰反应所需水分充分按照石灰质量的 20% 进行补充。通过重型击实试验获得土的最优含水率与最大干密度，试验过程中石灰固化土、纤维加筋固化土均选择 28d 的养护龄期。

冻结温度为 −20℃，融化温度为 20℃。冻结—融化 12h 为一次完整冻融。冻融次数选为 0 次、1 次、2 次、……、15 次。在将养护完成的土样放入冻融箱之前，用保鲜膜将土样整体包裹，并称取质量，通过冻融前后的质量差值来验证土中水分含量的稳定性。试验使用的石灰中 CaO 与 MgO 含量超过 70%，密封避光保存，过 1mm 筛后使用，掺量为 12%。试验使用的聚丙烯纤维为束状纤维，色白有光泽，质地光滑细腻，抗拉强度高。试验选取的纤维长度为 19mm，加筋率为 0.25%，聚丙烯纤维的主要物理力学参数见表 2.10。

表 2.10　　　　　聚丙烯纤维的主要物理力学参数

密度	弹性模量/MPa	抗拉强度/MPa	直径/μm	断裂延伸率/%	导热性
0.91	3500	500	20	15	极低

试验使用 SHBY-60B 型恒温恒湿数控标准养护箱，温度控制在（20±1）℃，湿度控

制为大于等于 90％。冻融试验使用无锡市华南试验仪器有限公司制造的 DR－2A 型冻融试验箱。温度控制范围为 $-25\sim+70\text{℃}$。无侧限抗压试验使用南京土壤仪器厂生产的无侧限抗压试验仪。试验材料与装置如图 2.41 所示。试验仪的量力环系数为 31.8N/0.01mm，试验速率为 1mm/min，以 0.5mm 为间隔读取轴向变形量。

(a)聚丙烯纤维束

(b)恒温恒湿数控养护箱

(c)冻融试验箱

(d)无侧限抗压
强度试验仪

图 2.41　试验材料与装置

2.4.2　冻融条件下加筋盐渍土的无侧限抗压强度

图 2.42 为 20％、22％、24％三个含水率条件下，石灰固化土与纤维加筋固化土的无侧限抗压强度随冻融次数的关系曲线。由图 2.42 可知，三种含水率下土的无侧限抗压强度的变化规律相近，无侧限抗压强度随冻融次数增加呈下降趋势。冻融 1 次时，

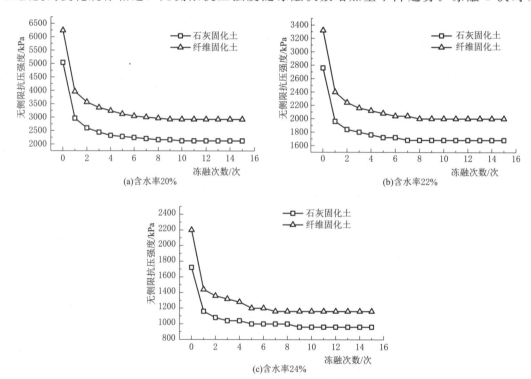

图 2.42　不同含水率下土的抗压强度随冻融次数的关系

含水率为 20% 的石灰固化土的无侧限抗压强度降低 41%；纤维加筋固化土强度降低 36%；含水率为 22% 时，两种固化土的无侧限抗压强度降幅分别为 29% 和 27%；含水率为 24% 时，两种固化土的无侧限抗压强度降幅分别为 32% 和 34%。通过对比发现，在含水率较低时，纤维加筋固化土的抗冻融效果较石灰固化土明显，1 次冻融后，无侧限抗压强度降低幅度最小，石灰固化土经 1 次冻融后的无侧限抗压强度降幅最大。可见，石灰固化土中加入聚丙烯纤维可显著提高其无侧限抗压强度以及抗冻融性能。

由图 2.42 可知，在第 2 次至第 7 次冻融中，两种固化土的抗压强度仍持续下降，但降幅比第 1 次冻融的明显减小；第 7 次至第 10 次冻融中，抗压强度基本趋于稳定；石灰土冻融 11 次、纤维加筋固化土冻融 9 次后，土的抗压强度基本保持不变。据此，随冻融次数的增加，土的抗压强度与抗剪强度呈现先快速降低，再缓慢降低，最终趋于稳定的阶段性变化，可把冻融过程划分为四个阶段，即降幅较大阶段、降幅较小阶段、降幅平缓阶段、强度稳定阶段。

含水率对固化土的无侧限抗压强度影响显著。在各冻融阶段，固化土的无侧限抗压强度均存在随着含水率增加而减小，且随冻融次数的增加，含水率对抗压强度的影响逐渐减小。这主要是因为，含水率决定了土中冰的总量及冰对土的结构破坏程度，含水率越大，土的冻胀越强烈，对土结构的破坏也就越显著。在各冻融阶段，纤维加筋固化土的无侧限抗压强度均大于石灰固化土。含水率为 20% 的情况下，冻融 0 次时，纤维加筋固化土的抗压强度为石灰固化土的 1.24 倍；冻融 1 次时，纤维加筋固化土的抗压强度为石灰固化土的 1.34 倍；冻融 10 次后，抗压强度基本保持不变，纤维加筋固化土的抗压强度为石灰固化土的 1.37 倍。可以看出，含水率相同时，随冻融次数的增加，纤维加筋固化土的抗冻融性能增强。

冻融作用下，纤维加筋增强了土的强度与抗变形性能，减少土的冻胀。纤维与土颗粒间的摩擦作用及纤维对土的空间约束作用抑制了土颗粒间的相对滑动，限制了孔隙的进一步扩展，约束了土的变形，从而提高了土的抗冻融性能。另外，均匀分散在土中的纤维发挥着筋土摩擦作用，在一定程度上延缓了微裂隙的形成和发展，减小了裂隙数量与裂隙宽度，改变了裂隙方向，降低了裂隙贯通率，减弱了冻融对土的结构破坏程度。

2.4.3 冻融条件下加筋盐渍土的破坏型式

图 2.43 为素盐渍土的破坏形态，图 2.44、图 2.45、图 2.46 分别为含水率 20%、22%、24% 条件下，石灰固化土与纤维加筋固化土（简称纤维固化土）在冻融 0 次、1 次、7 次、15 次时的破坏形态。

由图 2.44~图 2.46 对比可知，不同含水率情况下，两种固化土经过不同冻融循环次数后，其试样破坏程度均出现明显变化。0 次冻融固化土的强度最大，发生破坏时的轴向位移最大，破坏程度亦最大，裂隙最多且较宽。经过冻融循环后固化土塑性增大，裂隙数量和尺寸减小。其中，石灰固化土经多次冻融后试样表面泥质化显著加重，边角不完整，碎屑明显增多，裂缝贯穿整个试样，试样侧壁沿裂缝处有起皮、剥落现象，完整性最差；

纤维固化土冻融后破坏形态差异相对较小，表面存在松软和起皮现象，整体受破坏程度最小。受冻融次数增加引起的冻胀加剧，试样内部结构遭到破坏，且冻融造成水盐分布不均，使得试样强度降低。各试样随冻融循环次数的抗压破坏程度与其无侧限抗压强度曲线表现一致。

(a)含水率20%　　　　　　　　(b)含水率22%　　　　　　　　(c)含水率24%

图 2.43　不同含水率素盐渍土的破坏形态

(a)石灰固化土冻融0次　　(b)石灰固化土冻融1次　　(c)石灰固化土冻融7次　　(d)石灰固化土冻融15次

(e)纤维固化土冻融0次　　(f)纤维固化土冻融1次　　(g)纤维固化土冻融7次　　(h)纤维固化土冻融15次

图 2.44　含水率为 20％的固化土破坏形态

(a)石灰固化土冻融0次　　(b)石灰固化土冻融1次　　(c)石灰固化土冻融7次　　(d)石灰固化土冻融15次

(e)纤维固化土冻融0次　　(f)纤维固化土冻融1次　　(g)纤维固化土冻融7次　　(h)纤维固化土冻融15次

图 2.45　含水率为 22% 的固化土破坏形态

(a)石灰固化土冻融0次　　(b)石灰固化土冻融1次　　(c)石灰固化土冻融7次　　(d)石灰固化土冻融15次

(e)纤维固化土冻融0次　　(f)纤维固化土冻融1次　　(g)纤维固化土冻融7次　　(h)纤维固化土冻融15次

图 2.46　含水率为 24% 的固化土破坏形态

由图 2.44 可知，含水率为 20％时，石灰固化土表现为脆性破坏，随应力的增大，应变值在达到最大变形量后瞬间降至零，裂缝较宽且贯穿整个土样，剥落的部分呈粉末状。由图 2.45 可知，含水率为 22％时，石灰固化土偏塑性变形破坏，随应力的增大，应变值先增大至最大变形量后逐渐减小，土样裂隙较窄，表面可见微裂纹，边角有剥落现象。由图 2.46 可知，含水率为 24％时，土样呈塑性破坏，随应力值增大，未出现明显应变峰值，裂隙较窄且数量较少，表面微裂纹不明显，起皮剥落严重，泥质化明显，易粘于仪器底座。

综上可知，纤维加筋固化土的破坏程度明显优于石灰固化土。裂隙窄且数量少，表面存在一定微裂纹，剥落现象不明显，边角完整，整体形变幅度较小。其原因在于：聚丙烯纤维分布在裂隙两侧，土与纤维的筋土摩擦作用限制了土颗粒间的相互错动，减小了土颗粒间的位移，避免或减少裂隙的扩展与贯通；另外，纤维对土的空间约束作用，增强了土样的整体性，减弱了冻融对土的结构破坏程度，提高了土的强度和抗冻融性能。

2.4.4　冻融条件下加筋盐渍土的应力-应变

根据无侧限抗压强度研究结果，分别选取 0 次、1 次、7 次、15 次各冻融阶段下的固化土试样的应力-应变曲线，探究不同冻融循环次数、不同含水率、不同工况对无侧限抗压性能的影响。不同含水率状态下，各冻融次数下石灰固化土、纤维加筋固化土的应力-应变曲线如图 2.47 所示。

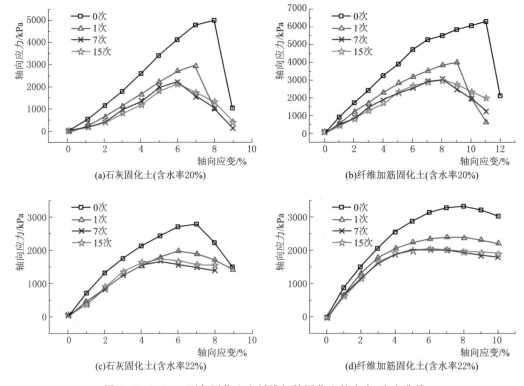

图 2.47（一）　石灰固化土和纤维加筋固化土的应力-应变曲线

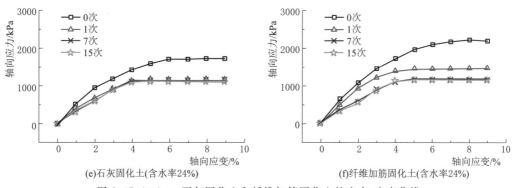

图 2.47（二） 石灰固化土和纤维加筋固化土的应力-应变曲线

由图 2.47 可知，随冻融次数的增加，固化土试样的抗压强度总体上呈递减变化趋势。未进行冻融的情况下，固化土脆性较强，含水率偏低时，抗压强度达到峰值后，试样瞬间破坏，应力随之瞬降；冻融 1 次后，固化土呈脆性变形，抗压强度达到峰值后，土样瞬间破坏，应力值随之快速降低；随冻融次数的增加，破坏趋于塑性，当抗压强度接近峰值时，应力值随应变的持续增加而减小。说明冻融作用可导致固化土发生泥质化，降低土的脆性与抗压强度。

当冻融次数相同时，随含水率的增大，固化土的峰值应力降低，应力-应变曲线的切线斜率减小，曲线趋于平缓，曲线整体呈低应力水平发展，土的脆性减弱。含水率为 20％的固化土试样变形过程接近脆性破坏。含水率为 24％的固化土试样变形过程为塑性变形，随着轴向应变的增加，试样变形明显，轴向应力值缓慢增长且趋于稳定。含水率为 22％的固化试样变形情况介于 20％与 24％含水率固化土之间。

含水率相同时，同一冻融次数条件下，纤维加筋固化土的应力峰值高于石灰固化土；经 1 次冻融后，石灰固化土更贴近多次冻融的结果，而纤维加筋固化土的区分较为明显，这是由于冻融作用对石灰固化土的影响更大，而纤维明显地提高了 1 次冻融后固化土的强度。由此可见，聚丙烯纤维可显著提高固化土的抗压性能和抗冻融性能。

2.4.5 小结

研究发现，不同含水率土的无侧限抗压强度变化规律相近，抗压强度随冻融次数增加呈下降趋势。纤维加筋固化土的抗冻融效果明显，1 次冻融后石灰固化土冻融后的强度降幅最大。石灰固化土中加入聚丙烯纤维可显著提高固化土的无侧限抗压强度以及抗冻融性能。随冻融次数的增加，土的抗压强度与抗剪强度呈现先快速降低，再缓慢降低，最终趋于稳定的阶段性变化。石灰固化土经多次冻融后试样表面泥质化显著加剧，纤维固化土冻融后破坏形态差异相对较小。随冻融次数的增加，固化土试样的抗压强度总体上呈递减的变化趋势。聚丙烯纤维可显著提高固化土的抗压性能和抗冻融性能。

2.5 纤维加筋固化土在冻融过程中的筋土摩擦性能

土体的物质构成不同，其呈现的物理力学状态和变形相应会存在差别[7]。不同温度状态下，盐渍土中的盐分析出情况存在差别[8-9]，引发了不同的盐胀和冻胀反馈。该类物质构成的差别进一步影响了受力状态下加筋盐渍土的筋土界面力学性能。

2.5.1　试验条件与材料

设置 5 个含水率（15%、18%、21%、24%、27%）、5 个加筋纤维埋置深度（50mm、70mm、90mm、110mm、125mm）为制样条件。设定冻结温度为－20℃，融化温度为20℃；冻结融化各 12h 为一次冻融，分别进行冻融 0 次、1 次、2 次、3 次、4 次、5 次、6 次、7 次、8 次、9 次、10 次、11 次、12 次循环，并测定冻融循环后的筋土摩擦性能。试验仪器为 LTW-2000N 的多功能拉拔试验仪，组成构件包括底座、传动轴、立柱、横梁、置样装置、夹具、动力模块，如图 2.48 所示。

(a)拉拔试验夹具　　　　　　　　　　　(b)土样安装

图 2.48　多功能拉拔试验仪

将风干之后的盐渍土过 2mm 筛，测量此时土的含水率，并按照配置的含水率计算单个土样需要的干土和水的质量。试验过程中，称取相应质量的土料和水并将其搅拌均匀，装入密封的袋中闷料 24h。聚丙烯纤维束直径约为 3mm，称取相应质量和长度的纤维以及 8% 含量的石灰与土料搅拌，并将束状纤维埋置于不同的深度，并确保聚丙烯纤维能均匀地分布其中。采用分层双向静力挤压法制备土样。而后将土样置入冻融箱中进行冻融循环，直至完成冻融后测定其筋土摩擦性能。

2.5.2　含水率与纤维埋置深度对筋土摩擦性能的影响

图 2.49 为不同含水率条件下，纤维埋置深度为 50mm、70mm、90mm、110mm、125mm 时拉拔摩擦力与应变的关系的曲线。

由图 2.49 可知，拉拔摩擦力峰值随埋置深度增加而增大，埋置深度达到 90mm 后，其拉拔摩擦力的峰值增长不明显。当拉拔应变较小时，拉拔摩擦力较小，纤维与土的应

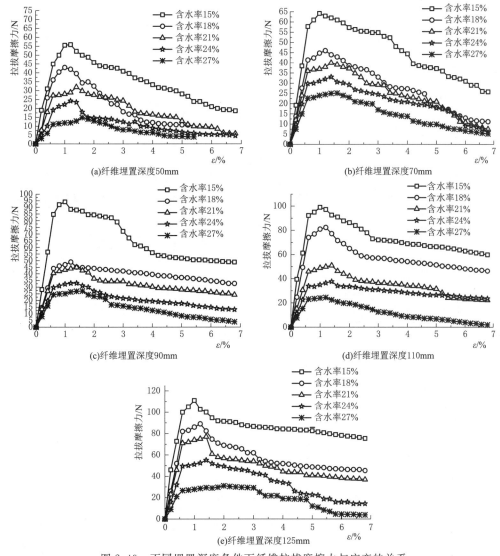

图 2.49 不同埋置深度条件下纤维拉拔摩擦力与应变的关系

力-应变呈线性变化，纤维以弹性变形为主；当位移继续增大时，纤维前端区域开始软化，后端仍处于弹性变形阶段，则前端纤维内力主要为筋土的滑动摩擦力，后端内力以应变能的形式存在。待后端区域软化后，整个纤维内力全部转变为筋土之间滑动摩擦力，最后前端和后端内力变为残余应力，并趋于稳定。

图 2.50 为五种埋置深度条件下拉拔摩擦力与含水率的关系曲线。可见，拉拔摩擦力随含水率增加而降低，其中含水率由 18% 增

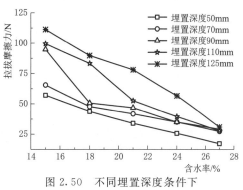

图 2.50 不同埋置深度条件下
拉拔摩擦力与含水率的关系

大到 27％时的降幅比含水率由 15％增大 18％时的低。产生该现象的原因为：筋土界面中的自由水随含水率的增加而增多，纤维与土的接触水膜变厚，纤维与土的摩擦系数减小。含水率相同时，纤维的埋置深度越大，拉拔摩擦力就越高。可见，纤维与土的接触面随埋置深度的增加而增大，筋土界面的摩擦力也随之提高。

2.5.3　冻融次数对筋土摩擦性能的影响

图 2.51 为不同含水率条件下冻融 0 次、2 次、4 次、6 次、8 次、10 次、12 次纤维的拉拔摩擦力与应变的关系曲线。

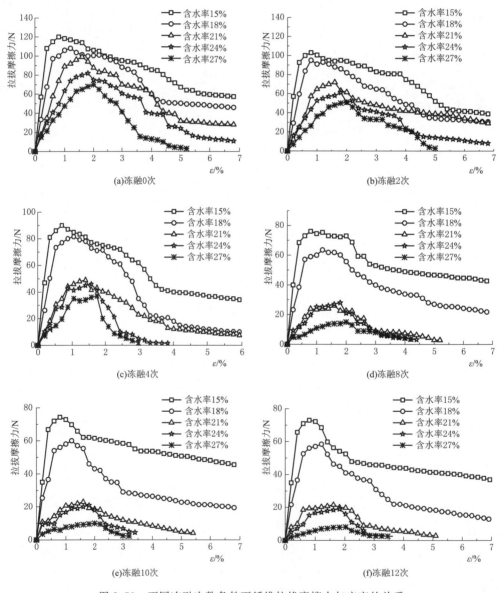

图 2.51　不同冻融次数条件下纤维拉拔摩擦力与应变的关系

图 2.52 为不同冻融次数条件下拉拔摩擦力与含水率的关系。由图 2.51 结合图 2.52 可知，冻融 0 次时，含水率为 15% 土样的拉拔摩擦力为 124.6N，当含水率从 15% 增加到 24% 时，冻融次数 0 次、2 次、4 次、6 次、8 次、10 次、12 次的筋土拉拔摩擦力分别降低了 32%、41%、49%、57%、63%、72%、74%。原因在于：纤维的拉拔摩擦力主要来自于土样的黏聚力和筋土间的摩擦力。黏聚力的大小与含水率密切相关。当含水率较大时，结合水膜增厚，导致筋土摩擦系数降低；孔隙水增多，水冻结成冰导致孔隙增大，纤维与土颗粒的接触面减小，筋土间的摩擦力降低，因此，冻融作用下，拉拔摩擦力随含水率增大而减小。

图 2.53 为五种含水率条件下土的拉拔摩擦力与冻融次数的关系曲线。冻融前 5 次，筋土间的拉拔摩擦力降幅较大；冻融 10 次后，拉拔摩擦力趋于稳定。原因在于：冻结状态下，土中水由液态水转变为固态冰，体积增大，破坏了土颗粒间的黏结，土的结构被破坏；另外，融化过程中冰融化为液态水，增大了纤维与土颗粒间的水膜厚度，筋土间的摩擦系数降低，导致拉拔摩擦力降低。

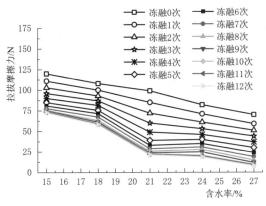

图 2.52 不同冻融次数下拉拔摩擦力与含水率的关系

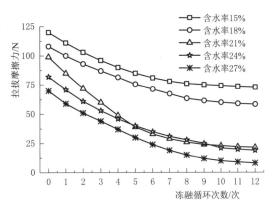

图 2.53 不同含水率条件下拉拔摩擦力与冻融次数的关系

2.5.4 冻融过程中的水分迁移规律

制备不同含水率的土样，用保温棉包裹试样周围和底部并置于低温恒温箱，以使得土体从顶部向下部冻结。分别将冻融 0 次、1 次、2 次、3 次、4 次、5 次、6 次、7 次、8 次、9 次、10 次、11 次、12 次的土样沿横向、纵向切分，纵向轴对称切分成 4 份，由左至右标记为 V1、V2、V3、V4；横向轴对称切分成 6 份，从上到下标记为 H1、H2、H3、H4、H5、H6，层高度分别为 20mm、40mm、60mm、80mm、100mm、125mm，采用烘干各份土样的方式，计算冻融后土样含水率的分布。五种含水率情况下，不同冻融次数下土体的含水率沿高度分布如图 2.54 所示。

由图 2.54 可知，土样 H1、H2 和 H3 层的含水率均大于初始含水率（假定初始含水率沿高度分布均匀），且增幅随冻融次数的增加而减小；土样 H4、H5 和 H6 层的含水率均小于初始含水率，降幅随冻融次数的增加而减小。冻结过程中，孔隙水向冷端迁移，上层和外表面土的含水率较大，中间层含水率低。当初始含水率增加时，各层

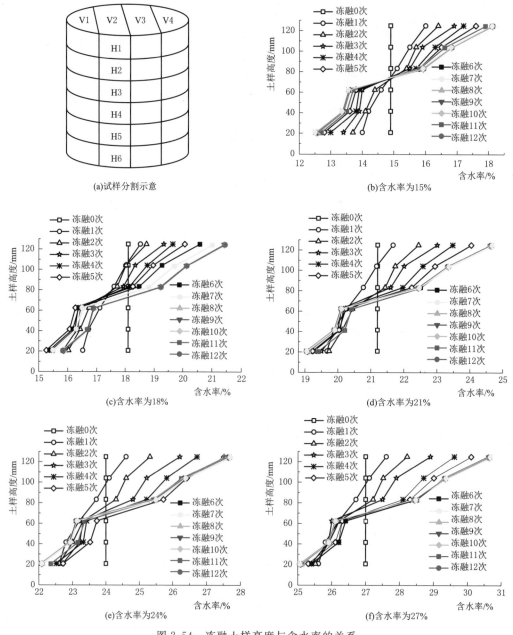

图 2.54　冻融土样高度与含水率的关系

土样的含水率变化幅度也增加。不同初始含水率下冻融 6 次时，水分迁移量趋于稳定。即随着初始含水率的增加，土样冻结时体积膨胀增大，水分迁移阻力减小，水分迁移速度增大。

　　从图 2.54 中可以得出，纤维加筋固化土的水分迁移与初始含水率和冻融次数均正相关，为了深入研究各种因素对水分迁移的影响程度，引入水分迁移影响系数 e [10]。计算获取的水分迁移影响系数，见表 2.11。

表 2.11 不同冻融次数下的水分迁移影响系数

冻融次数	水分迁移影响系数				
	15%	18%	21%	24%	27%
0	0.49	0.59	0.69	0.78	0.88
1	0.52	0.60	0.71	0.80	0.90
2	0.53	0.61	0.73	0.83	0.92
3	0.55	0.63	0.75	0.85	0.94
4	0.56	0.64	0.77	0.87	0.97
5	0.57	0.65	0.78	0.90	0.98
6	0.58	0.67	0.79	0.90	0.99
7	0.59	0.68	0.80	0.91	0.99
8	0.59	0.70	0.81	0.91	0.99
9	0.60	0.70	0.81	0.92	0.99
10	0.60	0.71	0.82	0.92	0.99
11	0.60	0.71	0.83	0.92	0.99
12	0.61	0.71	0.83	0.92	1.00

由表 2.11 可知，若含水率为 27% 时，冻融 12 次土样的水分迁移影响系数为 1.00，则冻融 0 次、1 次、2 次、3 次、4 次、5 次、6 次、7 次、8 次、9 次、10 次、11 次时，土的水分迁移影响系数分别为冻融 12 次纤维加筋固化土的 88%、90%、92%、94%、97%、98%、99%、99%、99%、99%、99% 和 99%；当含水率为 15% 时，土的水分迁移影响系数分别为冻融 12 次土的水分迁移影响系数的 49%、52%、53%、55%、56%、57%、58%、59%、59%、60%、60% 和 60%。可见，含水率对土的水分迁移的影响程度大于冻融次数。

2.5.5 小结

研究表明，拉拔摩擦力峰值随埋置深度增加而增大，埋置深度达到 90mm 后，拉拔摩擦力峰值增长不明显，拉拔摩擦力随含水率增加而降低。冻融作用下，拉拔摩擦力随含水率增大而减小，随冻融次数的增多而减小。冻融前 5 次，筋土间的拉拔摩擦力降幅较大；冻融 10 次后，拉拔摩擦力趋于稳定。冻结过程中，孔隙水向土样的冷端迁移。当初始含水率增加时，土的水分迁移变化幅度也将增加。

2.6 冻融过程中纤维加筋固化土的微观结构与筋土作用

为揭示土体冻融过程对纤维加筋固化土的影响机理，采用扫描电镜和核磁共振方法对纤维加筋固化土的微观结构进行研究。

2.6.1 扫描电镜与核磁共振试验

试验设置 20%、22% 和 24% 三个含水率，设定冻结温度为 −20℃，融化温度为 20℃。

冻结融化各 12h 为一次完整冻融。冻融次数选为 0 次、1 次、…、15 次。石灰固化土、纤维加筋固化土均选择 28d 的养护龄期。试验用石灰中 CaO 与 MgO 含量超过 70%，密封避光保存，过 1mm 筛后使用，掺量为 12%。试验选取的纤维长度为 19mm，质量加筋率为 0.25%。

1. 扫描电镜试验（SEM）

扫描电镜试验在兰州大学西部灾害与环境力学教育部重点试验室进行，使用日本日立公司生产的 SU‐1500 型扫描电子显微镜。主要技术指标：加速电压为 0.3～30kV；30kV 下二次电子探头分辨率为 3.0nm；30kV 下背散射探头分辨率为 40nm；放大倍数为 5～300000 倍；工作距离为 15mm；样品允许最大高度为 60mm；真空系统为全自动控制；高真空为 1.5×10^{-3}Pa，低真空范围为 6^{-270}Pa。

观测放大倍数选取 500 倍、1000 倍、2000 倍和 4000 倍。扫描电镜土样尺寸为 5mm×5mm×10mm。使用液氮真空冷冻升华干燥仪处理土样。测试前，掰开土样，并选择适宜的位置进行扫描，观察并拍摄 SEM 图像。图像处理采用天津城建大学岩土实验室的 Leica QWin5000 软件，如图 2.55 所示。

(a)扫描电子显微镜　　　　　　　　(b)Leica QWin5000图像处理软件

图 2.55　扫描电镜设备与图形处理软件

2. 核磁试验测试（NMR）

试验采用苏州纽迈分析仪器股份有限公司生产的核磁共振仪，如图 2.56 所示。NMR 型号为 MesoMR23‐060H‐I；磁体为永磁体；共振频率为 21.240MHz；探头线圈为直径 60mm；磁体温度范围为（35.00±0.02）℃。

在多次冻融和抽真空饱和过程中容易破坏土样的完整性。为了保护土样的两个端面和边缘不被破坏，采用滤纸和聚四氟乙烯管包裹土样。管长 60mm，将管对开，在管上打三行直径 3mm 的孔。土样侧面包裹滤纸和聚四氟乙烯管，两个端面放置滤纸和透水石（厚度为 5mm），用橡皮筋箍住，如图 2.57 所示。试验方法及流程如下：

（1）土样烘干 48h 后，称量重量并记为烘干状态，测试烘干样 T_2 谱。

（2）将土样放入抽真空饱水装置中抽真空饱和蒸馏水，直至土样表面不再冒泡为止。

（3）取出土样测试饱和土样 T_2 谱。

（4）将饱和土样放入−20℃的冰箱冷冻 12h，取出后再放入 20℃的恒温箱融化 12h，之后放入抽真空饱和装置中饱和蒸馏水，直至土样表面不再冒泡为止。

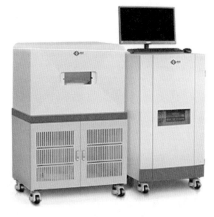

图 2.56 核磁共振测试仪

图 2.57 NMR 试验土样

（5）取出样品测试冻融 1 次的 T_2 谱，并用天平测试冻融样品的质量并记录冻融 1 次质量。

（6）重复步骤（5），依次记录冻融 2 次、3 次、4 次、…、16 次、17 次的 T_2 谱。

2.6.2 扫描电镜（SEM）结果分析

选取面积比、充填比、等效直径、扁圆度共 4 个微观结构参数，来表征冻融对微观结构参数的影响。4 项微观结构参数随冻融次数的变化规律如图 2.58 所示。

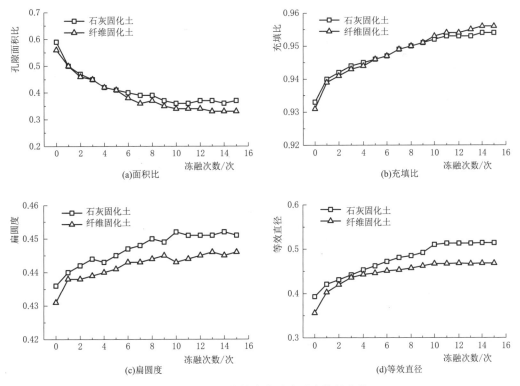

图 2.58 微观结构参数随冻融次数的变化

固化土微观结构特征能够反映其宏观强度变化规律，力学强度与微观结构参数之间存在着一定的相关关系[11-12]。将可以表征颗粒与孔隙数量、形态的 4 个微观结构参数与抗压强度进行多元逐步回归分析，建立相关关系式。分析模型表达式为

$$q = ax_1 + bx_2 + cx_3 + dx_4 + e \qquad (2.1)$$

式中：q 为抗压强度，kPa；x_1、x_2、x_3、x_4 分别为 4 个微观结构参数面积比、充填比、扁圆度和等效直径；a、b、c、d 分别为 x_1、x_2、x_3、x_4 的偏回归系数；e 为回归常数。

利用 SPSS 分析软件对固化土的 4 项微观结构参数进行多元回归分析计算，得到了无侧限抗压强度与微观结构参数的回归方程。分析过程中发现，由于 SEM 图像获取过程本身具有的主观局限性及各类其他因素影响（表 2.12），数据相关性与显著性存在一定偏差。将表 2.12 中的参数代入式（2.1），即能够获取两种固化土无侧限抗压强度与微观结构参数的回归方程[13]。得到如下结论：

（1）抗压强度与面积比呈正相关关系。随着冻融次数的增加，两种固化土的颗粒面积比均呈下降趋势，证明冻融过程中，土颗粒面积减小，孔隙和裂隙增多。抗压能力主要依靠土颗粒间的相互黏结、嵌固与咬合作用。由于土颗粒间的嵌固、咬合能力主要取决于颗粒的密度，孔隙与裂隙的增多必然导致土的密实度降低，从而强度降低；同时，冻融减弱了土颗粒间的胶结力，使得抗压强度降低。

表 2.12　　　　　　　　无侧限抗压强度与微观结构参数的相关系数

固化土类型		面积比 x_1	充填比 x_2	扁圆度 x_3	等效直径 x_4	e
石灰固化土	相关系数	10927.810	−7099.282	−28258.544	−5078.852	19424.934
	显著性	0.003	0.847	0.195	0.390	0.633
纤维加筋固化土	相关系数	14437.155	−10140.870	−64862.173	−80444.030	87825.980
	显著性	0.058	0.387	0.433	0.593	0.753

（2）抗压强度与充填比和扁圆度均呈负相关关系。两种固化土的充填比和扁圆度均随冻融次数的增加而增大。土颗粒在冻融过程中，形态越接近于球体，表面越圆，导致土颗粒均一化程度越好，大小颗粒间的黏结与咬合作用减弱，形成土体骨架的颗粒更容易产生滑动，宏观上表现为无侧限抗压强度随冻融次数的增加而减小。

（3）抗压强度与等效直径呈负相关关系。在冻融过程中发生一定的泥质化，土体中的小颗粒会聚集形成大颗粒，而大颗粒间的咬合接触面积较小，黏结力较弱，更容易产生相对滑动，土样整体更松散，无侧限抗压强度便降低。

2.6.3　冻融对微观结构形态的影响

图 2.59 为冻融 0 次、1 次、7 次、15 次放大 2000 倍的石灰固化土微观结构形态。可看出固化土的 SEM 照片显示，经过冻融后土样的孔隙、裂隙数量增多，裂隙尺寸增大。未进行冻融时，石灰固化土的结构致密，未观察到明显裂隙；经 1 次冻融后，土中出现明显裂隙，但裂隙密度与尺寸均比较小；经过 7 次到 15 次冻融后，土中的裂隙增多，裂隙宽度增大。

图 2.59　石灰固化土 SEM 图像（放大 2000 倍）

　　产生该现象的原因在于：冻融过程中水的相变弱化了土颗粒的胶结，改变了土的孔隙形态与孔隙分布特征。冻结时，冻胀力导致土中的微裂隙萌生和孔隙变大；冰晶融化，在土中形成了大孔隙；反复冻融使一部分微孔隙变成了中孔隙，改变了土的孔隙分布特征。前几次冻融，孔隙率随冻融次数的增加而增大；冻融一定次数后，孔隙中的冰晶无法充满增大后的孔隙，此时孔隙率不再变化。此外，冻融降低了孔隙壁的粗糙度，也减弱了土颗粒间的胶结力。冻融使土的微观结构特征变化，宏观上表现为土的力学性能降低。

　　由图 2.60 可知，纤维加筋固化土在经冻融后孔隙裂隙增多，但裂隙宽度明显小于石灰固化土。通过观察冻融 15 次后的纤维加筋固化土的图像，发现聚丙烯纤维埋深在土体中，被周围土颗粒紧紧包裹，在筋土摩擦力的作用下，裂隙很难在冻融过程中发育，且在抗压过程中，裂隙两侧的纤维对沿裂隙破坏起到抑制作用，提高了固化土的整体强度。因此，聚丙烯纤维可显著提升固化土的抗冻融性能。

　　冻融作用下，纤维加筋增强了土的强度与抗变形性能，减少土的冻胀。纤维与土颗粒间的摩擦作用及纤维对土的空间约束作用抑制了土颗粒间的相对滑动，限制了孔隙的进一步扩展，约束了土的变形，从而提高了土的抗冻融性能。另外，均匀分散在土中的纤维发挥着筋土摩擦作用，在一定程度上延缓了微裂隙的形成和发展，减小了裂隙数量与裂隙宽度，改变了裂隙方向，降低了裂隙贯通率，减弱了冻融对土的结构破坏程度。

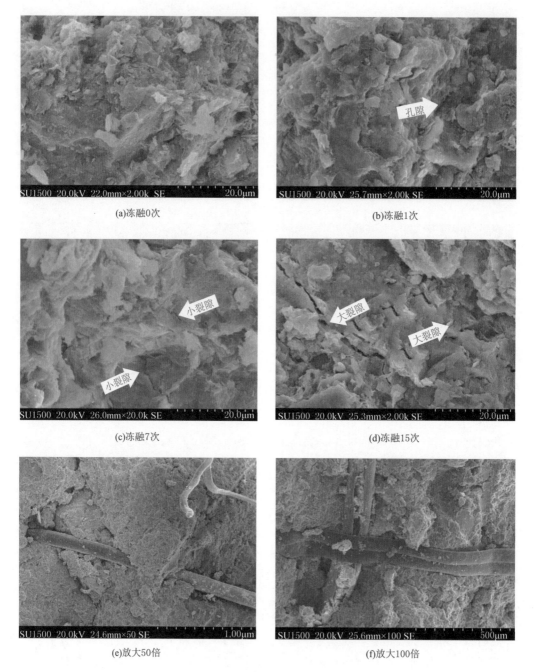

(a)冻融0次   (b)冻融1次

(c)冻融7次   (d)冻融15次

(e)放大50倍   (f)放大100倍

图 2.60 纤维加筋固化土的 SEM 图像

2.6.4 固化材料对土样微观结构的影响

通过观测不同固化材料在固化土中的微观形态，可探究其固化机理和受冻融循的影响。图 2.61 给出了石灰固化土与纤维加筋固化土的 SEM 照片（放大 2000 倍）。

(a)石灰固化土

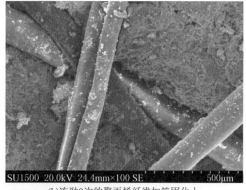
(b)冻融0次的聚丙烯纤维加筋固化土

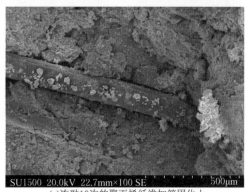
(c)冻融10次的聚丙烯纤维加筋固化土

图 2.61　加筋固化材料形态

由图 2.61（a）可知，石灰在养护过程中形成针棒状及纤维状晶体，填充土颗粒间的孔隙并黏结土颗粒，晶体在土中构成紧密的框架结构，提高土体骨架的整体强度，起到固化效果。图 2.61（b）为冻融 0 次的纤维加筋固化土，聚丙烯纤维埋在土中，被周围土颗粒紧紧包裹，纵横交错。土样在进行无侧限抗压试验过程中，土颗粒与纤维发生摩擦作用，抑制了土颗粒间的相互移动，显著提升了土的抗压强度。此外，纤维在土中无序分布，形态各异，从空间上约束了土颗粒的移动，增强了土的强度。由图 2.61（c）可以看出，反复冻融使土的结构变得松散，聚丙烯纤维与土颗粒间的接触空隙增大，接触面积减小，导致纤维与土颗粒间的摩擦力减小，抗压强度显著降低。

2.6.5　不同冻融次数土的 NMR 试验

图 2.62 为石灰固化土与纤维加筋固化土 T_2 谱随冻融次数的变化曲线。

由图 2.62 可以看出，两种固化土的 T_2 谱分布总体表现为存在 3 个峰：第 1 个峰信号强，第 2 个峰信号较弱，第 3 个峰信号最弱，说明代表小孔隙的第 1 个峰占大多数。随着冻融次数的增加，第 1 个峰的幅度逐渐减小，表明在土样中并未产生新的微孔隙，微孔隙尺寸逐渐增大；右侧对应的稍大尺寸微孔隙的第 2 个峰，变化明显，发生了右移，即向大孔隙的 T_2 方向偏移。

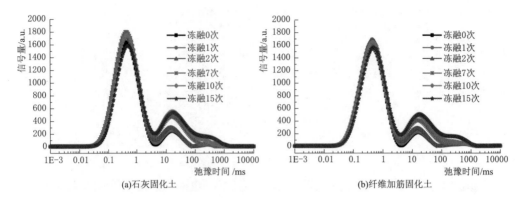

(a)石灰固化土　　　　　　　　　　　(b)纤维加筋固化土

图 2.62　石灰固化土与纤维加筋固化土 T_2 谱随冻融次数的变化

　　两种固化土在冻融 7 次时，第 2 个峰显著提高，冻融 10 次后，出现第 2 个峰。这说明随着冻融次数的增加，土样内部出现了明显的裂纹扩展、孔隙尺寸增大的现象，致使大孔隙 T_2 谱的核磁共振信号强度增加。据此推测，冻融 7 次后，土样内部出现了较为严重的冻融损伤。这与无侧限抗压试验结果相吻合，即冻融循环 7 次前，固化土经历了强度降幅明显和强度降幅较小阶段，冻融 7 次后，固化土的抗压强度降幅趋于稳定，冻融 10 次后，抗压强度基本保持不变。

　　与石灰固化土相比，纤维加筋固化土的第 1 个峰、第 2 个峰、第 3 个峰的信号强度都降低了，T_2 谱面积也相对减小，说明纤维加筋固化土的孔隙率低于石灰固化土，在宏观上则表现为纤维加筋固化土强度高于石灰固化土。

　　由图 2.63 和图 2.64 可以看出，冻融前，土的孔隙以微孔隙为主，中、大孔隙占比很小。随冻融次数的增加，曲线波峰向右侧移动，表明微孔隙逐渐减少，中、大孔隙增多；冻融次数越多，大孔隙占比越大。冻融 7 次后，曲线出现第 3 个峰，表明大孔隙增长迅速，试样内部出现了严重的冻融损伤，这与 SEM 结果相互印证。石灰固化与纤维加筋固化土的孔径分布随冻融次数变化曲线的趋势基本相同。随冻融次数的增加，石灰土的中、大孔隙体积比大于纤维加筋固化土的，表明掺加纤维可有效地抑制孔隙增大及孔隙率的增加。

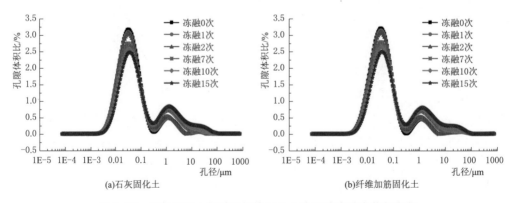

(a)石灰固化土　　　　　　　　　　　(b)纤维加筋固化土

图 2.63　石灰固化土与纤维加筋固化土孔径随冻融次数的变化

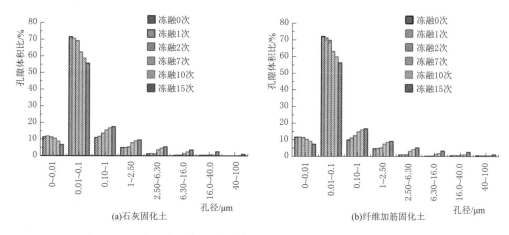

(a)石灰固化土　　　　　　　　　　　(b)纤维加筋固化土

图 2.64　石灰固化土与纤维加筋固化土的孔径分布随冻融次数的变化

对冻融前后石灰固化土与纤维加筋固化土进行了核磁共振成像测量，截取与土样轴向平行的截面图像，如图 2.65 所示。图 2.65 中蓝色为底色，绿色与红色区域为水分子所在区域，代表的是孔隙范围，图像的亮度反映了土样含水率的多少，亮斑越多，意味着土样的孔隙越大，反之，则孔隙越小。随冻融次数的增加，土样孔隙水增多，孔隙率增大。

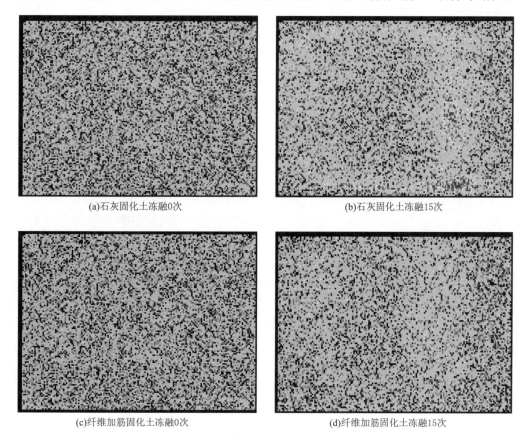

(a)石灰固化土冻融0次　　　　　　　　　(b)石灰固化土冻融15次

(c)纤维加筋固化土冻融0次　　　　　　　(d)纤维加筋固化土冻融15次

图 2.65　冻融前后固化土核磁成像照片

由图 2.65 可知，对于石灰固化和纤维加筋固化土，冻融 0 次时，孔隙分布较为均匀。冻融 15 次后，石灰固化土的孔隙数量大幅增加，形成了孔隙密集区，中、小孔隙贯通并覆盖了试样大半截面，土样损伤严重；纤维加筋固化土的孔隙数量增加，但孔隙数量明显小于石灰固化土，孔隙多集中在土样周边区域，孔隙之间并未形成大面积贯通。

2.6.6 小结

以宏观、细观及微观三种视域尺度获得土的结构指标，开展冻融状态下土的抗压性能与筋土摩擦性能试验，实现了宏观与微观研究方法的有机结合。揭示了水分与冻融耦合作用下的纤维加筋土作用机制。主要结论如下：

（1）三种含水率条件下，石灰固化土与纤维加筋固化土的无侧限抗压强度随冻融次数的增加呈下降趋势。冻融 1～2 次为强度降幅较大阶段，冻融 2～7 次为强度降幅较小阶段，冻融 7～10 次为强度降幅稳定阶段，冻融 11 次后为强度保持不变阶段。

（2）冻融作用下，含水率对固化土无侧限抗压强度的影响程度较大，冻融次数的影响次之。含水率越大，抗压强度越小，土样受破坏越明显，泥质化越严重。冻融次数与含水率均相同的前提下，纤维加筋固化土的无侧限抗压强度、抗变形性能、抗冻融性能均大于石灰固化土的。纤维加筋固化土的拉拔摩擦强度与含水率和冻融次数呈负相关，与纤维的埋置深度呈正相关。含水率对拉拔摩擦力的影响最大。冻融前 5 次，筋土间的拉拔摩擦力降幅较大；冻融 10 次后，拉拔摩擦力趋于稳定。

（3）冻结过程中，孔隙水向土样的冷端迁移，上层和外表面土的含水率较大，土样中间层含水率较低。在不同初始含水率、冻融 6 次时，水分迁移量趋于稳定。随冻融次数的增加，颗粒面积比减小，等效直径、充填比和扁圆度均增大。具体表现为土颗粒间的裂隙与孔隙增多且尺寸增大，颗粒形态更接近于球体，小颗粒聚集成大颗粒，颗粒间黏结嵌固关系减弱，结构更为松散。冻融 1 次后，土中出现明显裂隙，但裂隙密度与尺寸均比较小；经过 7～15 次冻融后，土中的裂隙增多，裂隙宽度增大。

（4）与石灰固化土相比，纤维加筋固化土的 T_2 谱第 1 个峰、第 2 个峰、第 3 个峰的信号强度都降低了，T_2 谱面积也相对减小。纤维加筋固化土的孔隙率低于石灰固化土，在宏观上则表现为纤维加筋固化土强度高于石灰固化土。随冻融次数的增加，石灰土的中、大孔隙体积比大于纤维加筋固化土，掺加纤维可有效地抑制孔隙增大及孔隙率的增加。纤维加筋增强了土的强度与抗变形性能，减少土的冻胀。纤维与土颗粒间的摩擦作用及纤维对土的空间约束作用抑制了土颗粒间的相对滑动，限制了孔隙的进一步扩展，约束了土的变形，从而提高了土的抗冻融性能。

参　考　文　献

[1] JTG D30—2015，公路路基设计规范［S］. 北京：人民交通出版社，2015.
[2] JTG E40—2007，公路土工试验规程［S］. 北京：人民交通出版社，2019.
[3] GB/T 50123—1999，土工试验方法标准［S］. 北京：中国计划出版社，1999.
[4] 李广信. 高等土力学［M］. 北京：清华大学出版社，2002.
[5] 邵龙潭，李红军. 土工结构稳定分析方法［M］. 北京：科学出版社，2011.

［6］ 陈之祥. 冻土导热系数模型和热参数非线性对温度场的影响研究［D］. 天津：天津城建大学，2018.

［7］ 马祖罗夫. 冻土物理力学性质［M］. 梁惠生，伍期建，等译. 北京：煤炭工业出版社，1980.

［8］ 邴慧，马巍. 盐渍土冻结温度的试验研究［J］. 冰川冻土，2011，33（5）：1106 - 1113.

［9］ 汪承维. 人工冻结盐渍土导热系数试验研究及其应用［D］. 淮南：安徽理工大学，2014.

［10］ 李安原，牛永红，牛富俊，等. 粗颗粒土冻胀特性和防治措施研究现状［J］. 冰川冻土，2015，37（1）：202 - 210.

［11］ 高凌霞，李顺群. 灰度阈值对粘土合成微结构参数的影响［J］. 水文地质工程地质，2011，38（5）：70 - 75.

［12］ 李顺群，柴寿喜，王英红，等. 阈值选取对黏土微结构参数的影响［J］. 解放军理工大学学报（自然科学版），2011，12（4）：354 - 360.

［13］ 柴寿喜，王晓燕，王沛. 滨海盐渍土改性固化与加筋利用研究［M］. 天津：天津大学出版社，2011.

第3章　麦秸秆加筋盐渍土的力学特性

加筋作用取决于筋材间的交织作用、筋土间的摩擦作用，以及加筋材料自身的抗拉性能[1]。前述研究表明，人工纤维加筋能够显著提升土体的抗拉性能，但对于临时道路而言，采用人工纤维进行加固的成本仍然较高，且不利于后期的无害化拆除。麦秸秆具有一定的拉力和延展性，适宜作加筋材料，且夯土、水工围堰等建筑中广泛采用了麦秸秆加筋技术[2]。麦秸秆作为加筋材料，能提高盐渍土的力学性能，但土体湿度大、地下水位高、土中活性钠离子含量高等因素易使麦秸秆腐烂[3]。因此，有必要利用麦秸秆的强度性能并提升麦秸秆的绿色防腐性能。

3.1　麦秸秆的防腐处理及其宏微观性能

3.1.1　麦秸秆和防腐处理麦秸秆的微观测试

SH 固化剂是兰州大学研制的水溶性液体高分子材料，分子量 20000 以上。经强行喂养小白鼠试验证实，SH 固化剂无毒无污染[4]。SH 固化剂的固沙研究结果表明，沙丘表面的胶膜有很好的弹性和黏结强度，并具有良好的抗紫外线老化能力；课题组前期研究也表明，SH 固化剂作为胶体固化后的滨海盐渍土具有良好的强度、水稳性和耐久性[5]。SH 固化剂具有价格便宜、无毒无害等优点，可用于古遗址的锚固、灌浆、支顶等修复工程[6-7]。

麦秸秆的结构决定其具有较强的吸水性，易受到微生物的侵蚀，如果在麦秸秆内外表皮吸附一层封闭介质，阻断或减弱麦秸秆与水的接触，就可以抑制微生物的生长，起到防腐作用。经过前期调研[4-5]，将麦秸秆浸泡在 SH 固化剂中，在麦秸秆内外表皮上附着一层胶膜，同时 SH 固化剂也渗入到麦秸秆内部孔隙中，可增强麦秸秆的抗水性能、抗拉能力和延展性。选取天然、不同浸水时间、不同浸胶时间及浸 SH 固化剂后浸水不同时间的麦秸秆，利用扫描电镜观察并采集麦秸秆的 SEM 照片，并对不同处理后麦秸秆孔隙的等效直径、平面孔隙率和面积比三个定量化指标的演变进行了对比[9-13]，如图 3.1 所示。

由图 3.1（a）可知，天然麦秸秆的横断面微观结构呈蜂窝状，外表皮光滑致密，中层和内层组织较为疏松，孔隙呈圆形，大小分布均匀。浸水 4 周时［图 3.1（b）］麦秸秆的孔隙面积变大。浸胶 1d 和 14d 麦秸秆的孔隙均明显小于天然麦秸秆，表明 SH 固化剂能渗入到麦秸秆的孔隙内部，并吸附到表面上，填充了孔隙。随着浸水时间的延长，浸胶 1d 后麦秸秆的孔隙变化不明显，这是因为浸胶麦秸秆浸水后，吸附于麦秸秆孔隙中的 SH 固化剂不会再溶于水。对比图 3.1（a）和图 3.1（b）发现，浸胶后麦秸秆的内、外表层吸附了一层胶膜，内部孔隙中渗入了胶液，可有效阻止或减弱麦秸秆与水的接触，提高麦秸秆的抗水性和抗拉伸性能。以下将从浸胶麦秸秆吸水试验和拉伸试验分别验证这一观点。

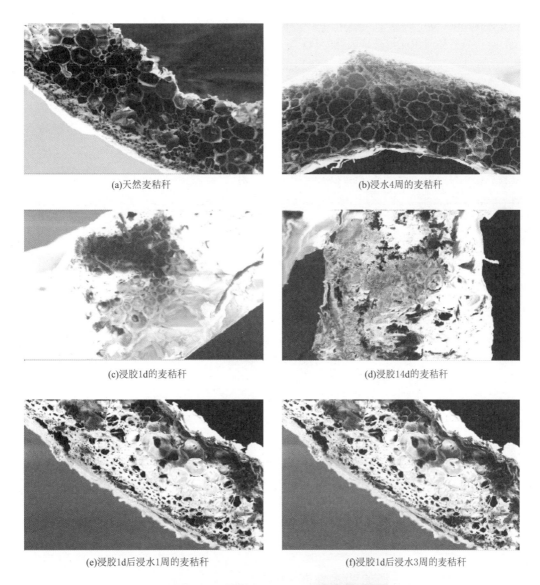

(a)天然麦秸秆

(b)浸水4周的麦秸秆

(c)浸胶1d的麦秸秆

(d)浸胶14d的麦秸秆

(e)浸胶1d后浸水1周的麦秸秆

(f)浸胶1d后浸水3周的麦秸秆

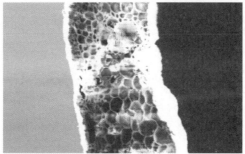

(g)浸胶1d后浸水8周的麦秸秆

图 3.1 不同处理后麦秸秆的微观结构图片

将天然麦秸秆和不同浸水时间、浸胶后再浸水不同时间麦秸秆的等效直径、平面孔隙率和面积比进行总结，如图 3.2 所示。由图 3.2 可以看出：相同浸水时间下，浸水麦秸秆的等效直径、平面孔隙率和面积比均高于天然麦秸秆，浸胶后再浸水麦秸秆则远小于天然麦秸秆。说明天然麦秸秆具有较强的吸水性，浸水易使其孔隙增大。胶液能渗入并填充在孔隙内，可见，浸胶能达到减少其孔隙的目的。此外，浸水麦秸秆与浸胶后再浸水麦秸秆微观结构指标的变化趋势相近。在浸水 4 周之前，各项指标逐渐增大；4 周时达到最大；4 周后均下降，且下降趋势均较缓。由此进一步证实了浸泡 SH 固化剂能有效地改善麦秸秆的抗水性。

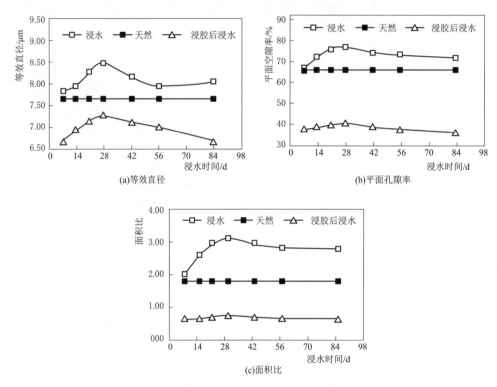

(a)等效直径　　　　　　　　　　　　(b)平面孔隙率

(c)面积比

图 3.2　不同处理麦秸秆的微观结构随时间的变化

3.1.2　防腐处理麦秸秆的吸水性能

麦秸秆不同于土工合成材料，麦秸秆加筋土的筋土作用也不同于土工合成材料的筋土作用，这种差异主要取决于麦秸秆自身的拉伸特性。当加筋土受到外荷载作用时，将发生塑性变形，麦秸秆也随之发生变形，麦秸秆的断裂是发生在土破坏之前还是在土破坏之后，它能否起到加筋的作用，主要取决于麦秸秆的抗拉能力和抗变形特性。因此，只有研究麦秸秆的拉伸特性，才可以进一步研究麦秸秆加筋土的强度增长规律。

考虑到实际工程中麦秸秆加筋土长期处于潮湿状态，测试无茎节和 1 茎节麦秸秆在天然、浸水、浸胶、浸胶后再浸水等工况下的抗拉力和延伸率，以此进一步研究麦秸秆的拉伸特性。麦秸秆的吸水性减弱，就可以减轻水对麦秸秆的腐蚀作用。因此，可通过麦秸秆浸胶前和浸胶后的吸水试验，验证 SH 固化剂对麦秸秆抗水性能的提高效果。

分别采用吸水试验、拉伸试验，对天然麦秸秆、防腐处理麦秸秆进行研究，验证 SH 固化剂防腐处理对麦秸秆强度与耐久性的提升情况。

3.1.3 不同处理麦秸秆的吸水性能

将无茎节和 1 茎节的天然麦秸秆分别用海水、地下水和自来水浸泡。海水取自渤海湾西岸海边，地下水取自天津滨海新区某工地的基坑。采用 3 种水浸泡麦秸秆，主要是研究海水、地下水中盐分对麦秸秆吸水率是否会产生影响。浸水时间为 1 周、2 周、3 周、4 周、6 周、8 周、12 周、16 周、20 周、24 周。称量单根麦秸秆浸水前、浸水后的质量。在称量浸水后麦秸秆的质量之前，要将麦秸秆内灌入的水甩出，计算得出麦秸秆的吸水率，试验结果见图 3.3。

由图 3.3 可知，麦秸秆分别在海水、地下水、自来水中浸泡后，其吸水率没有明显差异，也就是说，海水和地下水中的盐分对麦秸秆的吸水性没有影响。浸水 4 周时，吸水率达到最大值，随着浸水时间的延长，麦秸秆的吸水率变化平缓，且略有下降趋势。从麦秸秆的

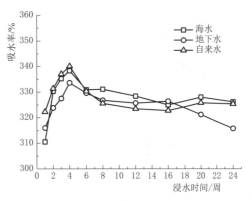

图 3.3　天然麦秸秆浸泡在不同水中的吸水率

吸水试验中发现，麦秸秆浸泡在海水和地下水中一段时间以后，表面颜色变暗，而浸泡在自来水中的麦秸秆颜色无明显变化，说明海水和地下水中的物质对麦秸秆产生了影响。麦秸秆在 3 种水中浸泡 12 周后，表面开始变黑；到浸水 24 周时，部分麦秸秆已经从茎节处断裂，断裂的麦秸秆内部完全变成黑色，说明麦秸秆被水腐蚀。鉴于麦秸秆加筋土在天津滨海新区的道路工程建设中使用，海水、地下水、自来水对麦秸秆吸水率的影响差异不大，因此，在后面的试验中只考虑地下水浸泡麦秸秆的情况，后面提到的浸"水"均指"地下水"。

浸泡在海水中天然麦秸秆具有较强的吸水性，浸水 1 周的吸水率达到了 316%，随着浸水时间的延长，吸水率缓慢增加，浸水 4 周时达到最大值 331%，说明麦秸秆浸水 4 周时基本饱和。浸水 4 周后吸水率逐渐下降。分析其原因为：浸水 4 周后，水开始对麦秸秆产生腐蚀作用，腐蚀后的麦秸秆溶解于水，使麦秸秆的质量有所降低，导致浸水后的麦秸秆总质量减小，但计算吸水量时还是以麦秸秆的质量保持不变为基准，误认为吸水量减少，使得吸水率降低。

将麦秸秆浸胶 1d、3d、7d、14d、21d、28d，之后风干并称取麦秸秆的质量，进而确定麦秸秆浸胶后的质量增加率，见表 3.1。之后将浸胶 1d、3d、7d、14d、21d、28d 并干燥后的麦秸秆分别浸泡在地下水中，浸水时间为 1 周、2 周、3 周、4 周、6 周、8 周、12 周。称量浸胶后再浸水麦秸秆的质量，计算得出吸水率，结果见图 3.4。

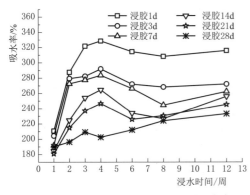

图 3.4　浸胶干燥后再浸水麦秸秆的吸水率

由图 3.4 可以看出，浸胶麦秸秆在浸水 4 周前，吸水率升幅较大；浸水 4 周后，吸水率基本保持稳定。浸胶 1d、3d、7d 干燥后的麦秸秆再浸水 1~2 周期间内，吸水率迅速增加，而浸胶 7d 干燥后麦秸秆的吸水率变化相对平缓，说明麦秸秆浸胶 7d 后，SH 固化剂对麦秸秆的渗透封闭效果较好。浸胶干燥后再浸水麦秸秆的吸水率与天然麦秸秆的吸水率相比降幅较大。麦秸秆浸胶后，减轻了地下水对麦秸秆的腐蚀，其抗水性能得到有效的改善。浸水 4 周时，麦秸秆的吸水率达到最大值；浸水 4 周后，吸水率呈平缓下降趋势。浸胶时间越长，在相同浸水时间内麦秸秆的抗水性越强。浸胶 3d 后麦秸秆的抗水性已经有了较大提高，与浸胶 7d、14d 相比，抗水性差距很小。因此，综合考虑施工条件与施工工艺，认为麦秸秆浸胶 3d 后投入工程使用较为适宜。

表 3.1　　　　　　　　　　　　　　　　麦秸秆浸胶后的质量增加率

浸胶时间/d	1	3	7	14	21	28
质量增加率/%	12.8	13.0	13.3	13.3	13.2	13.1

由表 3.1 可知，浸胶后麦秸秆的质量明显增加。浸胶 1d、3d、7d 时，麦秸秆质量增加率呈上升趋势，由 12.8% 增至 13.3%，但增幅仅为 0.5%；7d 后质量增加率变化更加平缓，表明麦秸秆在 SH 固化剂中浸泡 7d 后吸胶量达到饱和。这与扫描电镜观察到的麦秸秆对 SH 固化剂的吸附情况是相符的。

3.1.4　不同处理麦秸秆的极限拉力和极限延伸率

利用微机控制电子万能试验机，测试天然麦秸秆的极限拉力和极限延伸率，以此研究天然麦秸秆的拉伸性能。麦秸秆拉伸试验设备为深圳新三思材料检测有限公司生产的微机控制电子万能试验机，型号为 CMT-6104，准确度等级为一级，最大试验力为 10kN，传感器量程为 700mm。麦秸秆拉伸试验时选择加荷速率为 0.01N/s，每秒采集 33 个数据。

1. 天然麦秸秆的极限拉力和极限延伸率

首先，测试无茎节和 1 茎节天然麦秸秆的极限拉力和极限延伸率，结果如图 3.5 所示。由图 3.5 可知，无茎节麦秸秆的极限拉力值在 100~125N 区间内分布，平均极限拉力为 105N；1 茎节麦秸秆的极限拉力值分布在 46~70N 之间，平均极限拉力仅为 53N，较无茎节降低了 60%。主要原因是无茎节麦秸秆是均质材料，被拉断时断裂面较多地出现在麦秸秆的中部；而 1 茎节的麦秸秆大多数在茎节处被拉断，因为麦秸秆受拉时，最先在麦秸秆的薄弱环节（茎节处）断裂，此时茎节两端的麦秸秆并没有达到极限拉力，导致 1 茎节麦秸秆极限拉力和极限延伸率较低。

无茎节麦秸秆的平均极限延伸率为 2.30%，而 1 茎节麦秸秆的平均极限延伸率仅为 1.13%，较无茎节麦秸秆降低了 51%。在麦秸秆拉伸过程中，极限延伸率与极限拉力的变化相一致。极限延伸率提高，意味着加筋材料与土的协调变形能力增强，能适应较大的土体变形，加筋效果更好。

2. 处理后麦秸秆的极限拉力和极限延伸率

测试无茎节和 1 茎节麦秸秆在不同处理后的极限拉力和极限延伸率，结果如图 3.6 和

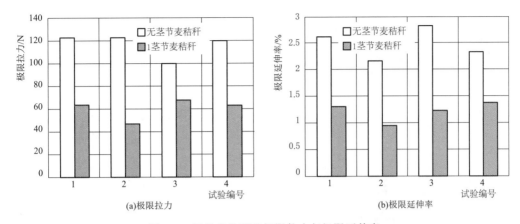

图 3.5　天然麦秸秆的极限拉力与极限延伸率

图 3.7 所示。由图 3.6 (a) 可知，随着浸水时间的增加，麦秸秆的极限拉力逐渐减小。浸水前 4 周，麦秸秆的极限拉力降幅较大，此时的麦秸秆正处于吸水阶段。4 周后极限拉力降幅相对较小，此时麦秸秆吸水已达到饱和。浸水 1 周时，无茎节麦秸秆极限拉力为 113N，是 1 茎节麦秸秆极限拉力的 1.88 倍；浸水 4 周时为 92N，是 1 茎节麦秸秆极限拉力的 2.21 倍；浸水 8 周时是 1 茎节麦秸秆极限拉力的 2.7 倍；浸水 12 周为 75N，是 1 茎节麦秸秆极限拉力的 3.2 倍。也就是说，浸水时间越长，1 茎节麦秸秆与无茎节麦秸秆相比，极限拉力降低幅度较大，这主要是因为随浸水时间的增加，麦秸秆茎节的联结越容易腐蚀，使 1 茎节麦秸秆的抗拉能力明显降低。

由图 3.6 (b) 可知，随浸水时间的延长，麦秸秆的极限延伸率逐渐减小，变化趋势与极限拉力基本相同。浸水前 4 周，麦秸秆的极限延伸率降幅较大，4 周后极限拉力降幅相对较小。浸水 1 周时，无茎节麦秸秆极限延伸率为 2.3%，是 1 茎节麦秸秆极限延伸率的 2.1 倍；浸水 4 周时为 1.9%，是 1 茎节麦秸秆的 2.2 倍；浸水 8 周时为 1.75%，是 1 茎节麦秸秆的 2.5 倍；浸水 12 周时为 1.68%，是 1 茎节麦秸秆的 2.8 倍。1 茎节麦秸秆与无茎节麦秸秆相比，浸水时间越长，极限延伸率降幅越大，无茎节麦秸秆作为加筋材料的优势就越明显。

比较图 3.5 (a)、图 3.6 (a) 和图 3.6 (b) 可知，无茎节和 1 茎节的浸水麦秸秆与天然麦秸秆相比，在浸水初期，极限拉力和极限延伸率变化较小，浸水对麦秸秆的拉伸性能影响不大；浸水 4 周后，麦秸秆的极限拉力和极限延伸率都明显减小。与无茎节麦秸秆相比，随着浸水时间的增加，1 茎节麦秸秆的极限拉力和极限延伸率降幅较大，这主要是由于长时间的浸水使麦秸秆茎节处的联结被腐蚀，影响了 1 茎节麦秸秆的极限拉力和极限延伸率。因此，为解决麦秸秆的防腐问题，应考虑在麦秸秆表面附着一层封闭介质，阻止或减弱麦秸秆与水的接触，就可抑制或减轻细菌等微生物对麦秸秆的腐蚀。采取的方法是将麦秸秆浸泡在高分子材料——SH 固化剂中，使其表面形成一层胶膜，以提高麦秸秆的抗水性，同时增强麦秸秆的抗拉伸性能。

由图 3.6 (c) 可知，麦秸秆浸胶 14d 时，极限拉力达到最大值。无茎节麦秸秆极限拉力高于 1 茎节麦秸秆，但增高的趋势随着浸胶时间的增加而逐渐变缓。如浸胶 1d 时，

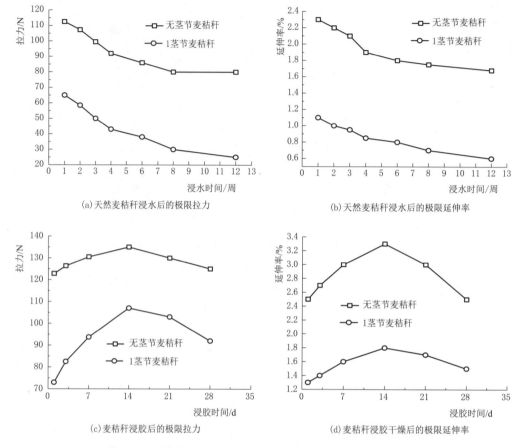

图 3.6　不同处理无茎节和 1 茎节麦秸秆的极限拉力和延伸率

无茎节麦秸秆极限拉力是 1 茎节的 1.7 倍；浸胶 7d 时减小为 1.4 倍；浸胶 14d 后减小为 1.3 倍左右。由图 3.6（d）可见，麦秸秆浸胶 14d 时，极限延伸率达到最大值。无茎节麦秸秆的极限延伸率高于 1 茎节麦秸秆，极限延伸率的变化趋势与极限拉力基本相同。浸胶 1d 时，无茎节麦秸秆极限延伸率是 1 茎节麦秸秆的 1.9 倍；浸胶 14d 时为 1.8 倍；浸胶 28d 时为 1.7 倍。说明 SH 固化剂使麦秸秆的延展性得到显著的改善。

　　比较图 3.5、图 3.6（c）和图 3.6（d）可知，浸胶干燥后麦秸秆的极限拉力和极限延伸率较天然麦秸秆有较大提高。浸胶 14d 后，无茎节和 1 茎节麦秸秆的极限拉力和极限延伸率开始下降，无茎节麦秸秆的降幅较大，而 1 茎节麦秸秆极限拉力和极限延伸率的降幅相对较小，1 茎节麦秸秆的拉伸性能得到明显的改善。极限拉力和极限延伸率下降的主要原因是：SH 固化剂的固形物含量为 6%，SH 固化剂中含有大量的水，麦秸秆吸胶达到饱和后，胶液中的水也将对麦秸秆发生腐蚀，影响其拉伸性能，因此，麦秸秆的浸胶时间不得超过 14d。

　　由图 3.7（a）和图 3.7（c）可知，浸胶 14d 干燥后再浸水麦秸秆的极限拉力最大，浸胶麦秸秆的极限拉力随着浸水时间的增加而减小，无茎节麦秸秆极限拉力高于 1 茎节麦

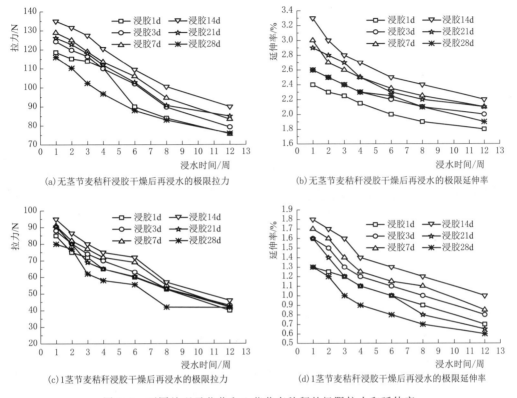

图 3.7 不同处理无茎节和 1 茎节麦秸秆的极限拉力和延伸率

秸秆。与无茎节和 1 茎节天然麦秸秆浸水干燥后的极限拉力差值相比，浸胶干燥后再浸水无茎节和 1 茎节麦秸秆的极限拉力差值明显减小，而且浸水时间越长，降幅越大，再一次证明了 SH 固化剂对 1 茎节麦秸秆极限拉力的提高效果更明显。

比较各浸水时间后麦秸秆的极限拉力发现，虽然无茎节麦秸秆的极限拉力明显高于 1 茎节麦秸秆，但与天然麦秸秆相比，1 茎节浸胶干燥后再浸水麦秸秆极限拉力提高的幅度较大；而且与天然麦秸秆相比，浸水时间越长，极限拉力提高的幅度就越大。浸胶 28d 时，无茎节麦秸秆的极限拉力与天然麦秸秆相比，提高幅度较小，原因在于浸胶时间过长，使浸胶过程中的水分与浸水过程中的水先后对麦秸秆发生腐蚀，降低了麦秸秆的抗拉性能。浸胶 28d 的 1 茎节麦秸秆极限拉力比天然麦秸秆明显提高，这是由于胶液渗入麦秸秆的孔隙中，增强了麦秸秆茎节处的抗拉性能。

图 3.7（b）和图 3.7（d）给出的极限延伸率变化规律与极限拉力基本一致。浸胶 14d 干燥后再浸水麦秸秆的极限延伸率最大，浸胶麦秸秆的极限延伸率随着浸水时间的增加而减小，无茎节麦秸秆的极限延伸率高于 1 茎节麦秸秆。浸水 1 周时，无茎节浸胶麦秸秆的极限延伸率是 1 茎节麦秸秆的 1.8 倍；浸水 4 周时为 2.0 倍；浸水 8 周时增加到 2.5 倍；浸水 12 周时为 3.0 倍。无茎节和 1 茎节麦秸秆极限延伸率的差值高于两者间的极限拉力差值，证明 SH 固化剂对提高无茎节麦秸秆极限延伸率的效果更为显著。在相同的浸水时间内，浸胶干燥后麦秸秆（无茎节/1 茎节）的极限延伸率比天然麦秸秆

均有了较大的提高。

比较各浸水时间麦秸秆的极限延伸率，浸胶 14d 干燥后麦秸秆的极限延伸率达到最大值。无浸胶干燥后茎节麦秸秆极限延伸率与天然麦秸秆相比，各浸水时间段均提高 40%左右。浸胶干燥后 1 茎节麦秸秆极限延伸率与天然麦秸秆相比，各浸水时间段均提高 60%左右。浸胶 28d 干燥后再浸水 6 周的 1 茎节麦秸秆的极限延伸率与天然麦秸秆的极限延伸率基本相同。

上述分析表明，虽然无茎节麦秸秆的极限延伸率高于 1 茎节麦秸秆，但与天然麦秸秆相比，1 茎节浸胶麦秸秆极限延伸率的增幅较大。试验结果证实，浸胶 28d 时，无茎节天然麦秸秆与浸胶 1d 麦秸秆相比，极限延伸率略有提高。1 茎节天然麦秸秆与浸胶 1d 麦秸秆相比，极限延伸率变化不大，甚至略有下降。

3.1.5　小结

麦秸秆中层和内层的主要成分是木素和纤维素，且组织疏松，因此具有较强的吸水性能。麦秸秆吸水后，其孔隙直径增大，导致孔隙面积增加。在浸水 4 周时，孔隙面积最大，此时麦秸秆吸水达到饱和，这与麦秸秆吸水试验结论基本一致。麦秸秆浸泡在 SH 固化剂中一段时间后，其孔隙面积大量减少，浸胶时间越长，渗入的胶液越多，孔隙面积就越小。浸胶 14d 后，孔隙面积减小的趋势相对变缓，麦秸秆对 SH 固化剂的吸附量基本饱和。浸胶后再浸水麦秸秆的孔隙面积明显小于浸水麦秸秆，说明 SH 固化剂对麦秸秆的附着和渗入阻碍了麦秸秆的吸水通道，增强了麦秸秆的抗水性能。浸胶麦秸秆的极限拉力和极限延伸率与平面孔隙率的回归分析曲线均为抛物线，且具有较好的相关性。随着平面孔隙率的增加，麦秸秆的极限拉力、极限延伸率都呈现出先增大后减小的趋势。当平面孔隙率为 0.32 左右时，相应的浸胶时间为 7d 和 14d，浸胶麦秸秆的极限拉力和极限延伸率均达到最大值。但浸胶时间过长，SH 固化剂中含有的水分对麦秸秆产生腐蚀，又影响了麦秸秆的拉伸性能。

麦秸秆吸水后产生腐蚀，影响其拉伸性能。麦秸秆浸 SH 固化剂后，通过扫描电镜观察发现，SH 固化剂的渗入和附着有效地阻断或减弱了麦秸秆与水的接触，增强了麦秸秆的抗水性能。浸胶 3d 后麦秸秆的抗水性已经有了较大提高，与浸胶 7d、14d 相比，抗水性差距很小。在天然、浸水、浸胶、浸胶干燥后再浸水等工况下，无茎节麦秸秆的极限拉力和极限延伸率都明显高于 1 茎节麦秸秆，但 1 茎节麦秸秆经过 SH 固化剂的浸泡后，胶液渗入到麦秸秆茎节处的微小孔隙中，使茎节处及茎节与两侧的麦秸秆联结更为紧密，增强了茎节处的抗拉性能，使茎节两侧麦秸秆的抗拉能力得到充分发挥。浸胶麦秸秆和浸胶干燥后再浸水麦秸秆的拉伸试验证实，SH 固化剂渗入到麦秸秆内部，可提高麦秸秆的极限拉力和极限延伸率。麦秸秆浸胶 14d，极限拉力和极限延伸率达到最大值；浸胶 14d 后，麦秸秆的极限拉力和极限延伸率变化相对平缓但略有下降。

3.2　麦秸秆加筋盐渍土的抗压强度与变形性能

麦秸秆防腐处理后，其吸水性能、极限拉力和极限延伸率均有了较大程度的优化[6-7]。为进一步研究麦秸秆加筋盐渍土技术的工程力学性能，对麦秸秆与盐渍土复合体的力学性能进行研究，以确定最优加筋率、最优筋材配比，量化各因素对麦秸秆加筋盐渍土强度和变形性能的影响，从而为西北地区、环渤海地区盐渍土工程建设，以及夯土结构和临时道路路基的绿色固化提供技术支持。

3.2.1 麦秸秆加筋盐渍土的击实性能

土的击实试验是用重复性的冲击动荷载将土压密[14-19]，利用标准击实仪测出扰动土的最大干密度和最优含水率，借此了解土的压实特性；同时，测试击实试样的无侧限抗压强度，分析其应力-应变关系，为工程设计和现场施工碾压提供土的压实性资料。

1. 试验条件与方法

击实试验包括轻型击实试验和重型击实试验。试样采用干法制备。根据土样的塑限，预估最优含水率为 20%，选择 5 个试样含水率为 14%、17%、20%、22%、24%。按预定的含水率，使用喷水设备向土中均匀喷洒所需的水量，拌匀后装入塑料袋内，静置 24h 备用。

无侧限抗压强度试验结果显示加筋长度为 10mm（约为试样直径的 1/5）时，麦秸秆加筋土的抗压强度取得最大值。三轴压缩试验结果显示，加筋长度为 20mm（约为试样直径的 1/3）时，麦秸秆的加筋效果最好。选择加筋长度为试样直径的 1/5～1/2 范围内，即 30mm、40mm、50mm、60mm、70mm。加筋率为 0.25% 时，麦秸秆的加筋作用最为显著。但考虑到击实试验的制样方法不同于无侧限抗压强度试验和三轴压缩试验，加筋率确定为 0.2%、0.25%、0.3%。

2. 加筋率对麦秸秆加筋土最大干密度和最优含水率的影响

麦秸秆加筋土在重型、轻型击实试验情况下，不同加筋率、不同加筋长度条件下的最大干密度和最优含水率见表 3.2。

表 3.2　　　　盐渍土和麦秸秆加筋土的最大干密度和最优含水率

| 加筋长度/mm | 加筋率 0.2% | | 加筋率 0.25% | | 加筋率 0.3% | | 盐渍土 | | 试验类型 |
	最大干密度/(g/cm³)	最优含水率/%	最大干密度/(g/cm³)	最优含水率/%	最大干密度/(g/cm³)	最优含水率/%	最大干密度/(g/cm³)	最优含水率/%	
30	1.80	17.2	1.79	17.2	1.78	17.1			
40	1.79	17.2	1.78	17.3	1.77	17.4			
50	1.78	17.4	1.77	17.5	1.76	17.3	1.81	17.7	重型击实
60	1.77	17.5	1.76	17.6	1.75	17.7			
70	1.76	17.7	1.75	17.3	1.74	17.5			
20	—	—	1.76	17.4	—	—			
30	1.76	17.6	1.74	17.6	1.72	17.4	1.78	17.6	轻型击实
40	—	—	1.72	17.2	—	—			

由表 3.2 可看出，各加筋长度、加筋率下的麦秸秆加筋土干密度与含水率关系曲线的

变化趋势与盐渍土基本相同。在不同的加筋率条件下，麦秸秆加筋土的最大干密度和最优含水率均小于盐渍土。随着加筋率的增加，加筋土的最大干密度减小。主要原因在于麦秸秆是具有一定弹性的筋材，当锤击力作用于土样时，土产生压缩变形，土内的气体排出，土粒相互移动靠近的过程中被麦秸秆所阻挡，麦秸秆在加筋土中起到界面作用，因此，在一定程度上会降低土的密实度。

麦秸秆加筋土的最大干密度与最优含水率不仅受到加筋率的影响，也和加筋长度密切相关。加筋率相同时，麦秸秆加筋土的最大干密度随加筋长度的增加而逐渐减小。主要是因为麦秸秆加筋越长，在土中发生界面作用时的影响范围越大，而且麦秸秆被压扁后，在两片麦秸秆间没有土颗粒黏结，形成了薄弱面，这种影响也随着加筋长度的增加而增大，使麦秸秆加筋土的密实度降低。

3. 击实功对土的无侧限抗压强度的影响

图 3.8 为麦秸秆加筋土无侧限抗压强度与含水率的关系曲线。由表 3.2 可见，击实功不同，麦秸秆加筋土的抗压强度存在较大差异。击实功越大，麦秸秆加筋土的干密度越大，其抗压强度越高。加筋率为 0.25% 时，不同击实功作用下的麦秸秆加筋土的抗压强度均达到最大值。在不同击实功作用下，麦秸秆加筋土无侧限抗压强度与含水率的关系曲线的变化趋势基本相同，即抗压强度随含水率的增加而减小，但减小幅度不同。随着含水率增加，重型击实试验和轻型击实试验麦秸秆加筋土抗压强度的差值逐渐减小。说明含水率较低时，击实功对加筋土的强度影响较大，主要是由于击实功越大，加筋土的密度越大，其整体性越好；含水率较高时，击实功对加筋土的强度影响相对减小，因为含水率增加，击实功所要克服的土颗粒水膜间的摩阻力增大，有效的击实功减小，因此土很难被压密实，加筋土强度较低。

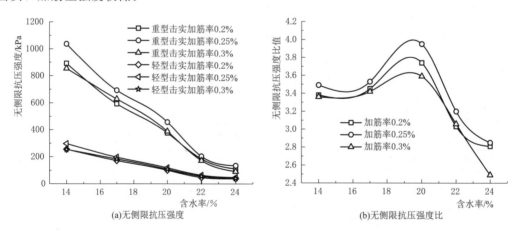

图 3.8　麦秸秆加筋土的抗压强度

在各加筋率条件下，随着含水率的增加，重型击实试验和轻型击实试验麦秸秆加筋土抗压强度的比值呈现先增大后减小的趋势。原因在于含水率较低时，土的密实度较高，土强度较大，麦秸秆还没有充分发挥加筋作用，土已被破坏。随含水率的增加，土的密实度降低，麦秸秆的加筋作用逐渐发挥，此时，击实功的大小对土密实度的影响减小，因此，两者之间的差值减小。加筋率为 0.25% 时，两者之间的比值最大。说明麦秸秆的加筋作用显著,加筋率为 0.25％时,能充分发挥麦秸秆的加筋作用,其加筋效果最好。

3.2.2 麦秸秆加筋盐渍土的抗压强度

《公路路基设计规范》(JTG D30—2015)将无侧限抗压强度作为判定路基填筑质量等级的主要指标之一,无侧限抗压强度也常被用作土的强度检测指标。因此,选择无侧限抗压强度评价麦秸秆加筋盐渍土的强度及加筋方案的适宜性。

使用图 2.1 给出的制样设备进行制样,无侧限抗压强度试验利用改装的 CBR 试验仪进行,仪器为南京土壤仪器厂生产的 CBR-1 型承载比试验仪。试验用土取自天津滨海新区,烘干后,用橡胶锤将干土砸碎,将土样过 2mm 筛。滨海盐渍土的塑性指数为 15.8,为粉质黏土,其基本物理力学性质指标见表 3.3。石灰采用蓟县灰粉厂袋装石灰粉,有效钙镁含量为 56.2％,符合三级石灰标准。

表 3.3　　　　　　　　　　　　盐渍土的基本物理力学性质指标

稠 度 指 标			击 实 试 验		粒 度 组 成/%		
液限/%	塑限/%	塑性指数	最大干密度/(g/cm³)	最优含水率/%	0.074～0.038mm	0.038～0.005mm	≤0.005mm
32.6	16.8	15.8	1.70	20	22.7	56.6	20.7

试验时选用 10kN 的测力环,应变速率为 1mm/min。试样的含水率为 20％,干密度为 1.70g/cm³,石灰掺入量为 8％,将浸胶 3d 干燥后的麦秸秆与石灰、滨海盐渍土均匀拌和,在模具中用千斤顶上下压制成型。试样尺寸为 50mm(直径)×50mm(高度),每组 6 个试样,在温度 20℃、相对湿度大于 95％的养护箱中养护。

1. 筋条长度和防腐处理状态对盐渍土抗压强度的影响

参照《土工试验方法标准》(GB/T 50123—1999)[15],麦秸秆加筋土试样尺寸为 50mm(直径)×50mm(高度),选定加筋长度为 5mm、10mm、15mm、20mm、25mm。初步试验证实,长度为 20mm 的麦秸秆掺入盐渍土中,试样沿筋材分布方向出现裂纹,加筋率越大,裂纹越多,抗压强度越低。加筋长度为 10mm 时,试样外表光滑且无裂缝;加筋长度为 25mm 时,试样不能完全被压密,试样表面沿着麦秸秆方向产生裂缝,说明麦秸秆长度相对于加筋土试样的尺寸来讲太长了,麦秸秆在土中不能起到抗拉作用,因此,只考虑加筋长度为 5mm、10mm、15mm 的情况。试验结果如图 3.9 所示。

由图 3.9(a)可以看出,加筋率相同时,掺加长 10mm 麦秸秆加筋土的无侧限抗压强度较掺加 5mm 和 15mm 麦秸秆加筋土均有较大提高,加筋率为 0.25％时,抗压强度达到最大值。掺加 5mm 麦秸秆加筋土的无侧限抗压强度低于石灰土,说明加筋长度太短,不但没有起到加筋的作用,反而减弱了土颗粒间的黏结,破坏了土的整体性,使强度降低。加筋率大于 0.2％时,掺加 15mm 麦秸秆的加筋土试样在筋土界面处出现裂纹,加筋率越高,裂纹越多,抗压强度越低。初步确定最优加筋长度为 10mm,最优加筋率为 0.25％。

由图 3.9(b)可以看出,加筋率相同时,浸胶潮湿麦秸秆加筋土的无侧限抗压强度均高于浸胶干燥麦秸秆加筋土,平均提高 6％。加筋率为 0.25％时,两者均达到最大值。

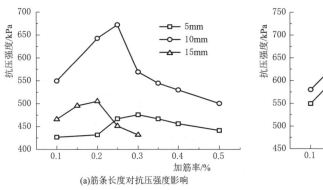
(a)筋条长度对抗压强度影响

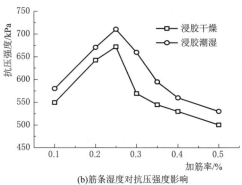
(b)筋条湿度对抗压强度影响

图 3.9　麦秸秆加筋盐渍土抗压强度

这是因为浸胶干燥状态的麦秸秆表面光滑，与土颗粒之间的摩擦力较小，不能与土很好地结合，而浸胶潮湿状态的麦秸秆表面留有少量的胶液，易使周围的土颗粒粘在麦秸秆表皮上，有利于增强筋土间的结合，提高加筋土的整体性和强度。

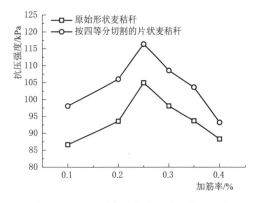

图 3.10　不同筋条形状的盐渍土抗压强度

2. 筋条形状对加筋盐渍土抗压强度的影响

为直观验证麦秸秆对盐渍土的加筋作用，不掺入石灰，将麦秸秆分为原始形状和按四等分切割的片状，测定其抗压强度，结果如图 3.10 所示。

由图 3.10 可以看出，盐渍土的无侧限抗压强度为 90kPa。掺加原始形状和按四等分切割的片状麦秸秆的加筋土，在任何加筋率时，抗压强度均大于盐渍土。加筋率为 0.25％时，抗压强度最大，较盐渍土分别提高了 17％和 29％。加筋率相同时，掺加四等

分的片状麦秸秆加筋土的抗压强度较原始形状麦秸秆加筋土略有提高，主要是因为原始形状麦秸秆在制样时被压扁，麦秸秆以片状形式接触，在两片麦秸秆间没有土颗粒黏结，形成了薄弱面，降低了加筋土的整体性和强度。

抗压强度试验结果显示，最优加筋长度为 10mm，最优加筋率为 0.25％。浸胶潮湿麦秸秆加筋土的抗压强度略高于浸胶干燥麦秸秆加筋土；掺加按四等分切割的片状麦秸秆能更有效地提高加筋土的整体性和强度。考虑到麦秸秆的防腐试验结果，即麦秸秆浸胶干燥后，SH 固化剂在麦秸秆内外表皮附着一层胶膜，使麦秸秆的抗水性能得到显著提高。因此，最优加筋条件中麦秸秆状态选择浸胶干燥状态。

3.2.3　麦秸秆的加筋效果评价

1. 麦秸秆加筋土的抗压破坏形态对比

麦秸秆在土中起到抗拉作用的同时，还可以减小土的侧向变形，麦秸秆与土在试样横截面方向的相对位移决定加筋效果的发挥程度。对比盐渍土、石灰固化土和麦秸秆加筋土

试样在无侧限抗压强度试验破坏前后的形态，如图 3.11 所示。

试验前　　　　试验后　　　　　试验前　　　　试验后　　　　　试验前　　　　试验后
(a)盐渍土试样　　　　　　　(b)石灰固化土　　　　　　　(c)麦秸秆加筋

图 3.11　盐渍土的破坏形态

由图 3.11（a）可以看出，盐渍土试样破坏后产生横向变形，中部发生鼓胀。主要是由于试样两端与加载装置之间存在摩擦力，使两端受到约束作用，越靠近试样的中部受到的约束作用越小，使得中部变形较大、两端较小。由于没有添加固化材料，土软弱且抗压强度较小，只有几条细小的 45°斜向裂纹。图 3.11（b）显示，石灰固化土试样破坏后的横向变形明显减小，试样中部和两端的变形大致相当，试样侧面产生了多条较宽的纵向和45°斜向裂纹，在裂纹比较密集的地方，有碎土块脱离试样。这是因为石灰在土中产生了固化作用，使试块的抗压强度得到提高，土的刚度明显增强。由图 3.11（c）可以看出，麦秸秆加筋土试样破坏后的横向变形非常小，试样侧面只有轻微裂纹，在顶部或底部麦秸秆比较分散的地方产生裂纹。这表明麦秸秆对土的横向变形有约束作用，麦秸秆加筋土是由土、石灰和麦秸秆组成的复合体，它们共同受力、协调变形。当受到外荷载作用时，土颗粒之间发生相互错动，土与麦秸秆之间产生摩擦力，麦秸秆将本身的抗拉强度与土的抗压强度结合起来，从而提高土强度，减小了变形。

对比盐渍土试样、石灰固化土试样和麦秸秆加筋土试样在无侧限抗压强度试验破坏前后形态，麦秸秆在加筋土中起到了抗拉作用，约束了斜向与竖向裂纹的产生，提高加筋土的整体性和强度，有效地改善了石灰固化土抗拉强度较弱的状况。

2. 浸胶状态对加筋土抗压强度的影响

为量化浸胶后麦秸秆对加筋土试样产生的影响，利用最优加筋条件（加筋长度为10mm，加筋率为 0.25%，浸胶干燥状态，加筋形状为竖向四等分切割的片状）制备浸胶麦秸秆和天然麦秸秆加筋土试样，养护龄期分别为 7d、14d、21d 和 28d 对比分析，结果如图 3.12 所示。

由图 3.12 可知，养护龄期相同时，在未浸水和浸水两种条件下，浸胶麦秸秆加筋土无侧限抗压强度均高于天然麦秸秆加筋土，但各曲线随养护龄期的变化趋势基本相同。在未浸水的条件下，浸胶麦秸秆加筋土

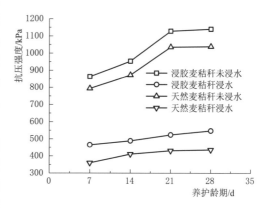

图 3.12　不同处理麦秸秆加筋土的抗压强度

与天然麦秸秆加筋土相比，无侧限抗压强度平均提高了 10%；在浸水的情况下，无侧限抗压强度平均提高了 24%。这是由于在浸水条件下，天然麦秸秆吸收水分，降低其力学性能，使得麦秸秆加筋土的无侧限抗压强度大幅下降。如果实际工程中，在长期浸水的条件下，天然麦秸秆在土中会逐渐腐烂，形成空洞，严重影响加筋土的抗压强度，使工程遭到破坏。但麦秸秆浸胶干燥后，其抗水性能和力学性能均大幅提高，使麦秸秆加筋土的无侧限抗压强度得到增强。

3. 养护龄期对麦秸秆加筋土抗压强度的影响

利用最优加筋条件制备加筋土试样，同时制备石灰土（石灰掺加量为 8%）试样进行对比，养护龄期分别为 7d、14d、21d 和 28d，试验结果如图 3.13 所示。

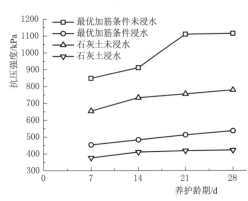

图 3.13　抗压强度随养护龄期的变化关系

由图 3.13 可知，养护龄期相同时，在未浸水和浸水两种条件下，最优加筋条件加筋土的抗压强度均高于石灰土的抗压强度，但曲线的变化趋势基本相同。在未浸水的条件下，浸胶麦秸秆加筋土与石灰土相比，无侧限抗压强度平均提高了 36% 左右；在浸水的情况下，无侧限抗压强度平均提高了 22%。在最优加筋条件下，养护龄期从 14d 增加到 21d 时，无侧限抗压强度提高了 22%；当养护龄期从 21d 增至 28d 时，无侧限抗压强度仅提高 1%。这说明，当养护进行到 21d 时，麦秸秆加筋土已达到了绝大部分强度，实际工程中养护 21d 后即可进行下一道工序的施工。

4. 石灰对麦秸秆加筋土抗压强度的影响

在麦秸秆加筋土中，石灰起着重要的作用。按照最优加筋条件制样，同时制备加筋盐渍土试样，进行对比分析，养护龄期为 7d，试验数据见表 3.4。

表 3.4　　　　　　　　　　加筋石灰土与加筋盐渍土的抗压强度

加 筋 类 型	最优加筋条件		加筋盐渍土	
	未浸水	浸水	未浸水	浸水
无侧限抗压强度/kPa	863.3	465.5	116.4	浸水崩解

与加筋盐渍土相比，加入 8% 石灰的加筋土无侧限抗压强度得到大幅提升。对于加筋盐渍土的情况，未浸水时依靠麦秸秆在加筋土中的抗拉作用，无侧限抗压强度达到了 116.4kPa，而浸水后，试样完全崩解。这说明，石灰对盐渍土起到了加固作用。石灰能提高加筋土的无侧限抗压强度，却不能在土中起到很好的抗拉作用，这一缺陷可依靠麦秸秆加筋进行弥补，二者共同加固滨海盐渍土，能更有效地提高滨海盐渍土的抗压性能。

3.2.4　小结

重型击实和轻型击实条件下，由于筋土之间的摩阻力作用，各种加筋条件的麦秸秆加筋土的最优含水率和最大干密度均小于盐渍土。在最优含水率之前，含水率的变化对于干密度影响较小，曲线呈平缓上升趋势。达到最优含水率以后，含水率的变化对干密度影响较大，曲线呈迅速下降趋势，即呈"单驼峰线形"。麦秸秆加筋长度和加筋率的变化对加筋土的最优含水率的影响较小，最大干密度随加筋长度和加筋率的增加呈下降趋势。击实功对加筋土含水率的影响较小，加筋土最大干密度随击实功的增大呈下降趋势，但总体变化很小。击实功对盐渍土和加筋土的击实性能的影响较小。

麦秸秆加筋土的抗压强度随加筋长度和加筋率的变化呈"单驼峰线形"变化。重型击实 152mm 直径试样的麦秸秆加筋土的最优加筋长度为 50mm，最优加筋率为 0.25%。轻型击实 102mm 直径试样的麦秸秆加筋土的最优加筋长度为 30mm，最优加筋率为 0.25%。不同加筋条件麦秸秆加筋土的无侧限抗压强度均较盐渍土的抗压强度有不同程度的提高，加筋麦秸秆能有效提高土的抗压强度。

各加筋长度下麦秸秆加筋土的无侧限抗压强度均随含水率的增加呈逐渐下降趋势，即加筋土的抗压强度与其含水率的变化成反比例关系。重型击实条件下，麦秸秆加筋土的无侧限抗压强度降低幅度较大，说明重型击实条件下，含水率的变化对麦秸秆加筋土的影响较大。盐渍土试样破坏过程中呈明显的"中间大、两端小"的形态，主要表现为塑性变形状态。麦秸秆加筋土试样的横向变形较小，显示一定的弹性变形特征。麦秸秆能有效地限制土体的变形破坏。

含水率小于最优含水率的加筋土，加载阶段的应力-应变曲线近似为直线，基本符合线弹性关系。当外力达到极限强度时，加筋土出现脆性破坏，破坏后残余强度很小。含水率大于最优含水率的加筋土，表现为塑性变形，无明显峰值。轴向应变较小时，不同加筋方式加筋土的应力-应变曲线相互接近，随着轴向应变的增加，各曲线的间距才逐渐增大。麦秸秆的加筋作用只有达到一定的轴向应变时才发挥出来。

3.3 麦秸秆加筋盐渍土的抗剪强度与应力-应变关系

麦秸秆的抗剪强度和应力-应变关系是预测夯土以及临时加筋地基变形性能的基础[16-17]。本节从麦秸秆的抗剪角度和应力-应变关系角度，评价加筋率、加筋长度、含水率等因素对麦秸秆加筋盐渍土力学特性的影响，以优化麦秸秆加筋处理工艺在盐渍土工程中的适用性。

3.3.1 麦秸秆加筋盐渍土的抗剪强度

1. 试样制备与试验方法

采用图 2.1 中的制样设备，制作尺寸为 61.8mm（直径）×125mm（高）的试样进行三轴压缩试验，选用 10kN 的测力环，应变速率为 1mm/min。试样的含水率为 20%，干密度为 1.70g/cm³。

为确定完整的强度包络线，试验围压 σ_3 分别选取 100kPa、200kPa、300kPa、400kPa。以偏应力（$\sigma_1-\sigma_3$）的峰值为破坏点，无峰值时，取 18% 轴向应变所对应的偏应力确定破坏点，绘制轴向应变与偏应力关系曲线。试验方法和详细步骤参照《土工试验方法标准》（GB/T 50123—1999）[15]。

参考无侧限抗压强度试验结果，即最优加筋率为 0.25%，最优加筋长度为 10mm。结合三轴压缩试样的尺寸，选择加筋长度为 15mm、20mm、25mm，加筋率为 0.25％，每组 4 个试样。同时制备 4 个盐渍土试样，以便于同加筋土试样进行比较，探寻加筋土抗剪强度的变化规律。

在公路路堤的现场施工过程中，路堤已完成压密固结，且毛细水的上升在施工期已经完成，路堤处于潮湿状态。施工通车时，荷载将一次性施加，因此，在室内进行三轴压缩试验时，为模拟施工现场的条件而选择不固结不排水剪（UU）试验。通过三轴压缩试验测试土的抗剪强度参数，即黏聚力 C 和内摩擦角 φ [21-25]。

为更直接地验证麦秸秆对盐渍土的加筋作用，三轴压缩试验均采用盐渍土加筋试样，即制样时不掺石灰；麦秸秆选择天然状态、原始形状。

2. 盐渍土和 3 种麦秸秆加筋土的抗剪强度

在 $\tau-\sigma$ 应力平面上绘制摩尔圆，并绘制不同围压下摩尔圆的强度包线，结果如图 3.14 所示。

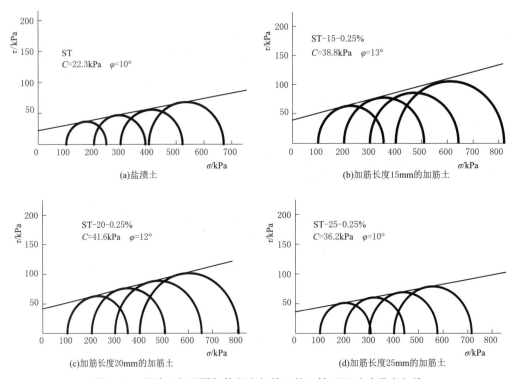

图 3.14　盐渍土与不同加筋长度加筋土的三轴 UU 试验强度包线

由图 3.14 可知，在各种加筋长度条件下，麦秸秆加筋土的强度包线均为直线。麦秸秆加筋土与盐渍土相比，其黏聚力和内摩擦角均有一定幅度的提高。加筋长度为 15mm 时，黏聚力和内摩擦角分别提高 74％ 和 30％；加筋长度为 20mm 时，两者分别提高 87％ 和 20％；加筋长度为 25mm 时，黏聚力提高 62％，内摩擦角基本没有变化。加筋长度为 20mm 时，黏聚力 C 取得最大值，加筋作用最为显著，内摩擦角 φ 随着加筋长度的增加而减小。相比而言，加筋对土强度的提高主要体现在对土黏聚力的增大。黏聚力增幅较大，说明加筋土具有一定的整体性。

3. 麦秸秆的加筋效果评价

盐渍土试样和麦秸秆加筋土试样在三轴压缩试验破坏前后的形态如图 3.15 所示。

为了更好地评价麦秸秆加筋对土的强度和变形的影响[26-34]，引入强度加筋效果系数 R_σ 和轴向应变加筋效果系数 R_ε，用以评价麦秸秆的加筋效果。定义如下：

$$R_\sigma = \frac{(\sigma_1 - \sigma_3)_f^R}{(\sigma_1 - \sigma_3)_f} \tag{3.1}$$

$$R_\varepsilon = \frac{\varepsilon_{1f}^R}{\varepsilon_{1f}} \tag{3.2}$$

式中：$(\sigma_1 - \sigma_3)_f^R$ 为麦秸秆加筋土破坏时的偏应力；$(\sigma_1 - \sigma_3)_f$ 为盐渍土破坏时的偏应力；ε_{1f}^R 为麦秸秆加筋土破坏时的轴向应变；ε_{1f} 为盐渍土破坏时的轴向应变。

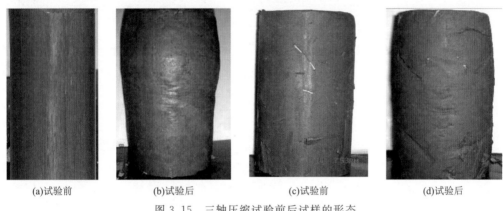

(a)试验前　　　　(b)试验后　　　　(c)试验前　　　　(d)试验后

图 3.15　三轴压缩试验前后试样的形态

不同加筋长度下麦秸秆加筋土的强度加筋效果系数见图 3.16。由图 3.16 可知，在不同围压下，麦秸秆在三种不同长度情况下的强度加筋效果系数 R_σ 均大于 1.0，说明加筋可以提高土的强度。随着围压的逐渐增大，麦秸秆加筋土的强度加筋效果系数 R_σ 逐渐减小，这是由于围压较低时，盐渍土剪胀，侧向变形较大，而麦秸秆加筋在一定程度上可限制土的侧向变形，因此强度加筋效果系数 R_σ 较大；围压较高时，盐渍土的侧向变形较小，相对高围压而言，麦秸秆加筋限制土侧向变形的作用较弱，因此，强度加筋效果系数 R_σ 较小。这说明在麦秸秆加筋土的三轴试验中，低围压情况下，采用加筋的方法提高土的强度更为有效。图 3.17 为轴向应变加筋效果系数与围压的关系。

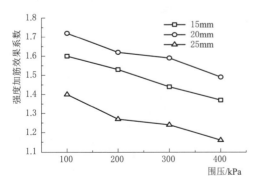

图 3.16　强度加筋效果系数与围压的关系

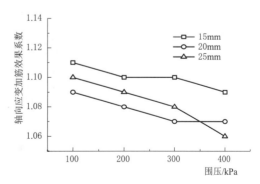

图 3.17　轴向应变加筋效果系数与围压的关系

由图 3.17 可以看出，在不同围压下，麦秸秆在三种不同长度情况下的轴向应变加筋效果系数 R_ε 均大于 1.0，说明加筋土破坏时对应的轴向应变增大，加筋提高了土的抗变形能力。随着围压逐渐增大，麦秸秆加筋土的轴向加筋效果系数 R_ε 逐渐减小，但减小的趋势很小。说明在麦秸秆加筋土的三轴试验中，围压对麦秸秆加筋土的变形影响相对较小。

3.3.2　麦秸秆加筋盐渍土的三轴应力-应变行为

以偏应力为纵坐标，轴向应变为横坐标，绘制不同加筋长度条件下加筋土的偏应力与轴向应变的关系曲线，如图 3.18 所示。

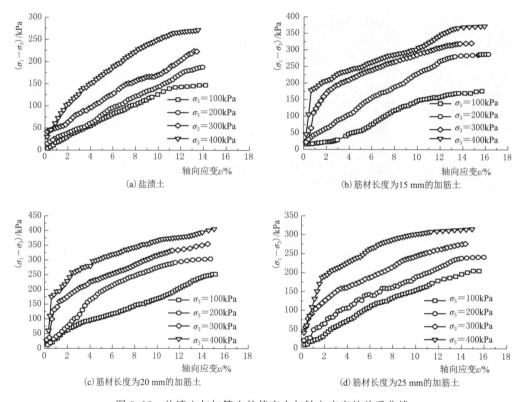

图 3.18　盐渍土与加筋土的偏应力与轴向应变的关系曲线

由图 3.18 可以看出，加筋土与盐渍土的应力-应变曲线的变化趋势基本相同，随着轴向应变的增加，偏应力值不断增加，无明显的应力峰值，表现为应变硬化型。不同之处在于，当应变很小（$\varepsilon=1\%$）时，加筋土的应力增幅较大，说明麦秸秆在加荷初期就提高了土的抗剪强度，加筋使土的抗剪强度和整体性得到增强。相同围压下，加筋土的应力增幅较大，麦秸秆加筋土的应力-应变曲线均高于盐渍土的。当应变很小时，不同加筋长度加筋土的应力-应变曲线很接近，说明此时加筋长度对加筋土的应力变化影响很小。随着轴向应变的逐渐增大，不同加筋长度加筋土与盐渍土的应力-应变关系曲线的距离逐渐加大，说明当轴向应变较大时，麦秸秆的加筋作用更加突出。麦秸秆加筋可有效地减小土的轴向和侧向变形，使加筋土具有一定的抗变形能力。在应变相同的条件下，加筋土的应力较盐渍土的应力有显著的提高，加筋长度为 20mm 时，应力值最大。相同应力条件下，加筋土应变均小于盐渍土应变，反映出麦秸秆加筋土的承载力和抗变形能力得到增强。

3.3.3 重型击实试样的应力-应变

重型击实试样的无侧限抗压强度试验在经过改装的 CBR 试验仪上进行，选用 50kN 的测力环，试样尺寸为 152mm（直径）×116mm（高）。

1. 含水率的影响

不同含水率条件下，加筋长度为 50mm（试样直径的 1/3），加筋率分别为 0.2%、0.25%、0.3% 的麦秸秆加筋土及盐渍土的应力与轴向应变关系如图 3.19 所示。由图 3.19 可知，麦秸秆加筋土和盐渍土的应力与轴向应变关系的变化趋势基本相同。含水率为 14%～17% 时，盐渍土与麦秸秆加筋土的应力随着轴向应变的增加而急剧增大，当应力达到最大值时，土发生破坏，此阶段为应变硬化阶段；随后应变再继续发展，应力下降，此阶段为应变软化阶段，土处于破坏状态。

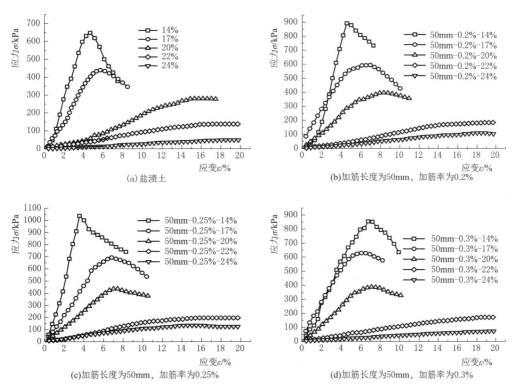

图 3.19 不同含水率条件下盐渍土和麦秸秆加筋土应力与轴向应变的关系曲线

含水率为 20% 时，盐渍土的应力随着轴向应变的增加而缓慢增加，没有出现峰值强度，而加筋土的应变硬化阶段和应变软化阶段分界点仍很明显，说明加筋可以改变土的应力-应变特性。含水率为 22% 和 24% 时，盐渍土与麦秸秆加筋土的应力值很小，应力一直随着轴向应变的增加而增大，没有明显的峰值点，土呈塑性破坏。当轴向应变达到18％左右时，盐渍土及麦秸秆加筋土试样已严重破坏，试样表面出现较大的裂缝，如图3.20所示。

(a)盐渍土   (b)麦秸秆加筋土

图 3.20　盐渍土和麦秸秆加筋土试样破坏后形态

由图3.20发现，盐渍土试样破坏较为严重，裂纹贯通整个试样，使部分土剥离试样。麦秸秆加筋土试样表面虽然出现较宽的裂纹，但裂纹遇到麦秸秆加筋时改变方向，并未贯通，因此，试样还具备较好的完整性。

2. 加筋率的影响

图3.21为不同加筋率麦秸秆加筋土在含水率为14％～24％条件下的应力与轴向应变的关系曲线。图3.21显示，含水率为14％时，盐渍土和加筋土均表现为脆性变形破坏，其应力-应变曲线为应变软化型。当应力达到峰值强度后，盐渍土的应力迅速下降，而加筋土应力下降的速度相对减小，说明加筋提高了土的抗变形能力。加筋长度为30～60mm时，加筋率为0.25％的加筋土应力峰值最大。

加筋长度为70mm时，加筋土峰值强度低于盐渍土。主要原因是加筋太长，影响了土的整体性和稳定性；而且土的含水率较低，土受力后很快发生脆性破坏，此时麦秸秆还没有发挥出加筋作用。含水率为17％时，盐渍土和加筋土均表现为脆性变形破坏，其应力-应变曲线为应变软化型。加筋长度为30～60mm时，加筋率为0.25％的加筋土应力峰

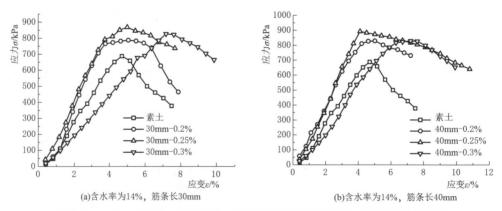

(a)含水率为14%，筋条长30mm   (b)含水率为14%，筋条长40mm

图 3.21（一）　不同含水率/筋条长度的麦秸秆加筋土应力与轴向应变的关系

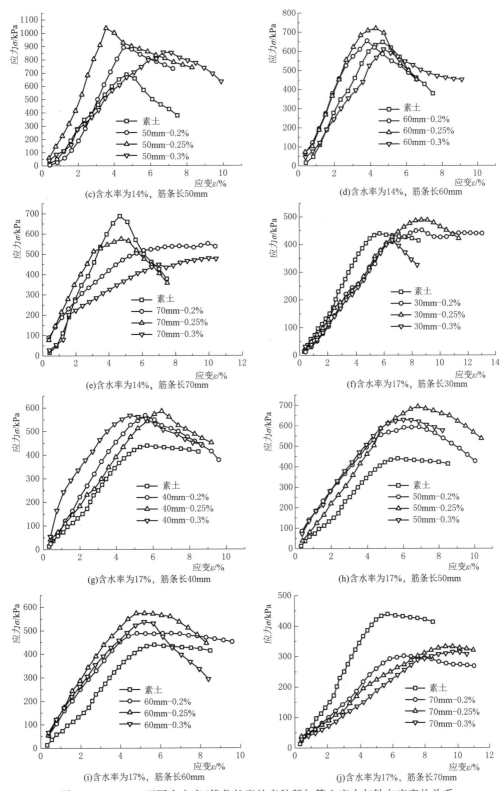

图 3.21（二） 不同含水率/筋条长度的麦秸秆加筋土应力与轴向应变的关系

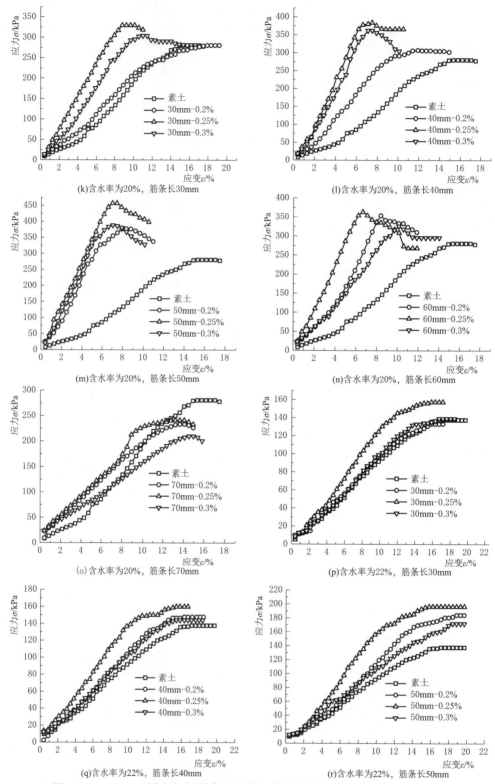

图 3.21 （三）　不同含水率/筋条长度的麦秸秆加筋土应力与轴向应变的关系

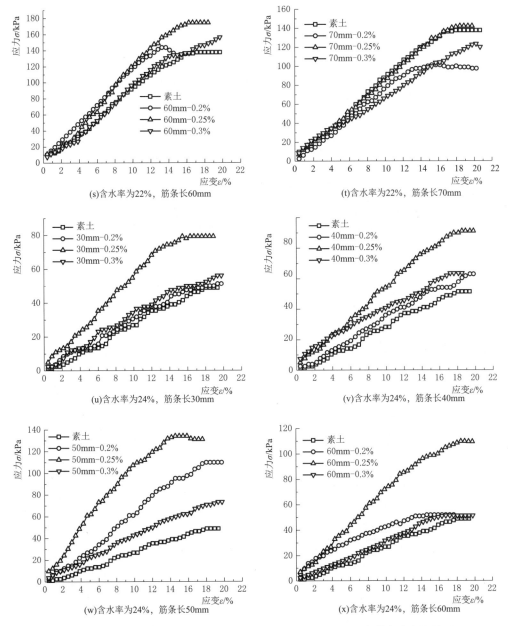

图 3.21（四）　不同含水率/筋条长度的麦秸秆加筋土应力与轴向应变的关系

值最大；加筋长度为 70mm 时，加筋土的峰值强度低于盐渍土。加筋率为 0.2% 和 0.3% 时，加筋土达到应力峰值时的应变均小于加筋率为 0.25% 加筋土达到应力峰值时的应变，也就是说，麦秸秆加筋率为 0.25% 时，不仅加筋土的抗压强度提高，而且还可延缓加筋土的破坏。含水率为 20% 时，加筋土仍表现为脆性变形破坏，而盐渍土则表现为塑性破坏，其应力-应变曲线由应变软化型向应变硬化型转变。

由图 3.21 可以看出，在加筋长度为 30～60mm 的条件下，当应变很小时，加筋土的应力值就明显高于盐渍土，说明从加筋土试样受力开始，加筋作用就得以发挥。加筋率为

0.25％的加筋土应力峰值最大。含水率为 22％时，加筋土和盐渍土均为塑性变形破坏，其应力-应变曲线为应变硬化型。在各种加筋长度条件下，加筋率为 0.25％的加筋土应力峰值最大。加筋长度为 70mm，加筋率为 0.25％时，加筋土的应力峰值略高于盐渍土的应力峰值，说明此时麦秸秆的加筋作用得到体现。这主要是因为含水率较高，土的黏性较大，土受力后发生塑性变形，麦秸秆和土发生协调变形，表现出较强的加筋作用，提高了土的抗压强度。含水率为 24％时，加筋土和盐渍土均为塑性变形破坏，其应力-应变曲线为应变硬化型。在各种加筋长度条件下，加筋率为 0.25％的加筋土应力峰值最大。与含水率为 22％时相比，加筋长度为 60mm、70mm，加筋率为 0.25％时，加筋土的应力峰值明显高于盐渍土的应力峰值，此时，麦秸秆的加筋作用表现突出，土的抗压强度大幅提高。

综上分析可知，当含水率和加筋长度都相等时，加筋土的应力较盐渍土的应力有显著的提高。在相同的应变条件下，加筋率为 0.25％的麦秸秆加筋土的应力值最大。在轴向应变较大处，加筋对强度提高的幅度相对更大，表明加筋作用是随着筋材应变的增大，较多的筋材抗拉力被调动而逐渐增大的。加筋率减小，则麦秸秆的加筋作用不能充分发挥；加筋率增大，则破坏土的整体性，再一次验证了麦秸秆加筋土的最优加筋率为 0.25％这一结论。

3. 加筋长度的影响

图 3.22 为不同含水率/加筋长度麦秸秆加筋土的应力与轴向应变的关系。

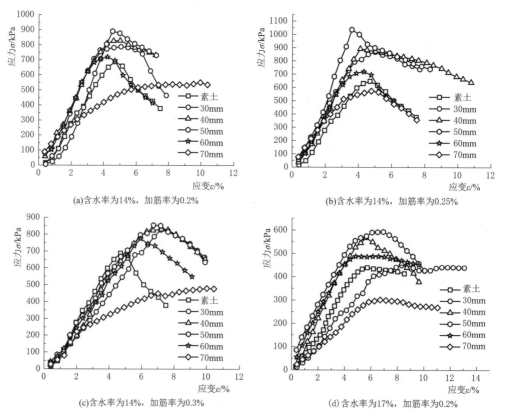

(a)含水率为14%，加筋率为0.2%　(b)含水率为14%，加筋率为0.25%

(c)含水率为14%，加筋率为0.3%　(d)含水率为17%，加筋率为0.2%

图 3.22（一）　不同含水率/加筋长度麦秸秆加筋土的应力与轴向应变的关系

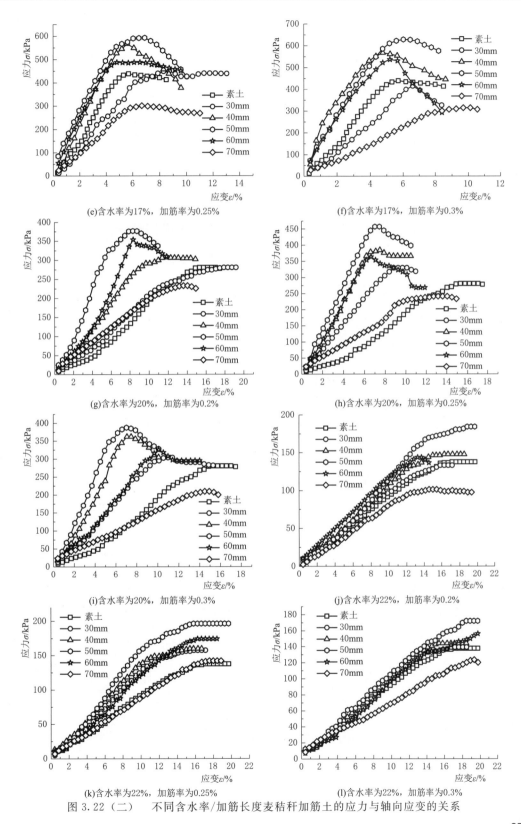

图 3.22（二） 不同含水率/加筋长度麦秸秆加筋土的应力与轴向应变的关系

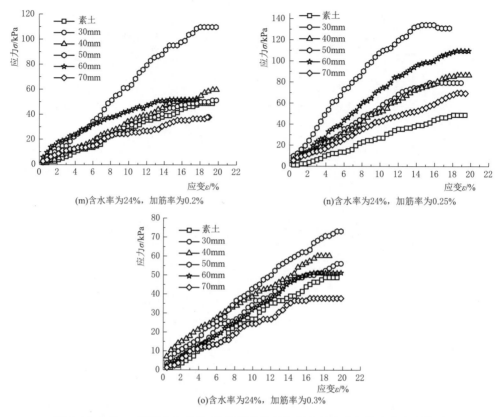

图 3.22（三）　不同含水率/加筋长度麦秸秆加筋土的应力与轴向应变的关系

由图 3.22 可知，在含水率为 14％且加筋率相同的情况下，加筋长度为 50mm 麦秸秆加筋土的应力峰值最大，其次为 40mm 和 60mm。加筋长度为 30～60mm，盐渍土和麦秸秆加筋土应力-应变关系曲线之间的距离较小。说明含水率较低时，土受力后发生脆性变形，麦秸秆的加筋作用还没有充分发挥，土已经破坏，因此，加筋作用不明显。加筋长度为 70mm 时，加筋土的峰值强度低于盐渍土，主要是因为太长的加筋破坏了土的整体性，麦秸秆没有发挥加筋作用，使加筋土强度降低。

在含水率为 17％、加筋率相同的情况下，加筋长度为 50mm 麦秸秆加筋土的应力峰值最大。与含水率为 14％时相比，盐渍土及不同加筋长度的麦秸秆加筋土应力-应变关系曲线之间的距离增大。说明随着含水率的增加，土自身的抗压强度降低，麦秸秆的加筋作用逐渐发挥，加筋土的抗压强度提高。加筋长度为 70mm 时，加筋土的峰值强度低于盐渍土。含水率为 20％，加筋率相同的情况下，加筋长度为 50mm 麦秸秆加筋土的应力峰值最大。与含水率为 14％、17％时相比，盐渍土及不同加筋长度的麦秸秆加筋土应力-应变关系曲线之间的距离增大，此时麦秸秆的加筋作用充分发挥。加筋长度为 70mm，加筋率为 0.25％时，加筋土的峰值强度仍低于盐渍土。含水率为 22％，加筋率相同的情况下，加筋长度为 50mm 麦秸秆加筋土的应力峰值最大。当应变很小时，不同加筋长度麦秸秆加筋土的应力值相差很小，说明在含水率较大的情况下，在加筋土受力初期，加筋长度对加筋土的应力-应变关系影响较小。随着应变的增加，加筋作用增大。加筋长度为70mm，加筋率为0.25％时，加筋土的峰值强度略高于盐渍土。含水率为24％，加筋率相同的情况下，加筋长度为50mm麦秸秆加筋土的应力峰值显著提高，尤其是在加筋率为0.2％和0.25％时，表现更为明显。说明含水率较高时，加筋长度对加筋土的应力-应变关系的影响最为突出。加筋长度为70mm，加筋率为0.25％时，加筋土的峰值强度高于盐渍土。

综上可知，当含水率和加筋率都相等且应变相同时，加筋长度为50mm麦秸秆加筋土的应力值最大。因此，最优加筋长度确定为50mm（约为试样直径的1/3），这与三轴压缩试验结果相一致。麦秸秆加筋土与盐渍土相比，不仅提高了抗压强度，试样破坏后的残余强度也有大幅提高。

图3.23为加筋率为0.25％、5种含水率、5种加筋长度麦秸秆加筋土与盐渍土抗压强度和残余强度的比值。

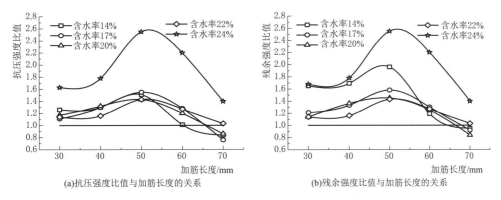

(a)抗压强度比值与加筋长度的关系　(b)残余强度比值与加筋长度的关系

图 3.23　麦秸秆加筋土与盐渍土的强度与加筋长度的关系

由图3.23可以看出，加筋长度为30～60mm时，麦秸秆加筋土与盐渍土相比，其抗压强度的比值大于1，说明加筋提高了土的抗压强度。随着加筋长度的增加，麦秸秆加筋土与盐渍土抗压强度的比值增大；加筋长度为50mm时，在各含水率条件下，比值均达到最大值，此时加筋效果最好；加筋长度大于50mm后，两者比值呈下降趋势。

加筋长度为70mm时，在含水率为14％、17％和20％的条件下，强度比值小于1；含水率为22％、24％时，强度比值均大于1。主要是因为在低含水率下，当锤击力作用于土样时，土产生压缩变形，土内的气体排出，土粒被移动靠近的过程中被麦秸秆所阻挡，麦秸秆在加筋土中起到界面作用，也就是说沿不同方向麦秸秆两侧的土颗粒很难相互靠近，而且麦秸秆被压扁后，在两片麦秸秆间没有土颗粒黏结，形成了薄弱面，这种影响也随着加筋长度的增加而增大。因此，在一定程度上会降低土的密实度，使土抗压强度降低；而含水率较高时，土的黏性较大，土受力后发生塑性变形，麦秸秆和土发生协调变形，表现出较强的加筋作用，从而提高了土的抗压强度。

加筋长度为30mm、40mm、50mm、60mm时，麦秸秆加筋土与盐渍土相比，两者残余强度的比值大于1，说明加筋提高了土的残余强度。随着加筋长度的增加，麦秸秆加筋土与盐渍土残余强度的比值增大；加筋长度为50mm时，在各含水率条件下，比值均达到最大值；加筋长度大于50mm后，比值下降。加筋使土的抗压强度和残余强度提高，但相比而言，残余强度的提高更明显，土的应变软化现象减弱，加筋土改善了土的应力-应变特性；与盐渍土试样相比，加筋试样的抗压强度峰值出现在相对较大的应变处，随应变继续增大仍能保持相对较高的残余强度，土的抗变形能力提高。

3.3.4　轻型击实试样的应力应变

轻型击实试样的无侧限抗压强度试验在经过改装的 CBR 试验仪上进行，选用 10kN 的测力环，试样尺寸为 102mm（直径）×116mm（高）。

1. 含水率的影响

在不同含水率条件下，加筋率为 0.25%，加筋长度为 20mm、30mm、40mm 的麦秸秆加筋土及盐渍土的应力与轴向应变的关系如图 3.24 所示。图 3.24 显示，麦秸秆加筋土和盐渍土的应力与轴向应变关系的变化趋势基本相同。含水率为 14% 和 17% 时，盐渍土与麦秸秆加筋土的应力随着轴向应变的增加而急剧增大，当应力达到最大值时，土发生破坏，此阶段为应变硬化阶段；随后应变再继续发展，应力下降，土处于破坏阶段，此阶段为应变软化阶段。当含水率为 20%~24% 时，盐渍土与麦秸秆加筋土的应力值很小，应力随轴向应变的增加而增大，没有明显的峰值点，土呈塑性破坏。

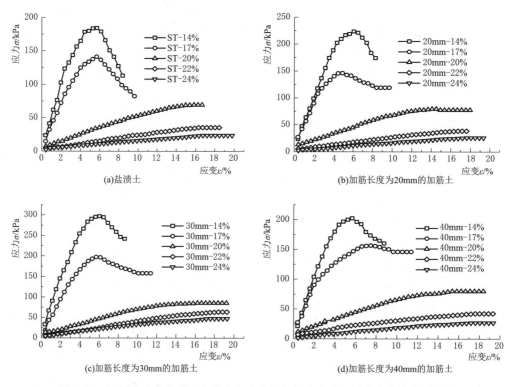

图 3.24　不同含水率条件下盐渍土和麦秸秆加筋土应力与轴向应变的关系曲线

2. 加筋率的影响

图 3.25 为在不同含水率/不同加筋率麦秸秆加筋土的应力与轴向应变的关系。由图 3.25 可以看出，当含水率和加筋长度都相等时，加筋土的强度较盐渍土的强度有显著

的提高。含水率为 14％和 17％时，当应力达到峰值强度后，盐渍土的应力迅速下降，而加筋土应力下降的趋势相对减小，说明加筋提高了土的抗变形能力。含水率为 20％～24％时，加筋土和盐渍土均表现为塑性变形破坏，盐渍土与加筋土应力-应变关系曲线之间的距离随着应变的增加而增大，表明加筋作用是随着筋材应变的增大，使筋材抗拉力被充分调动而逐渐增大的。

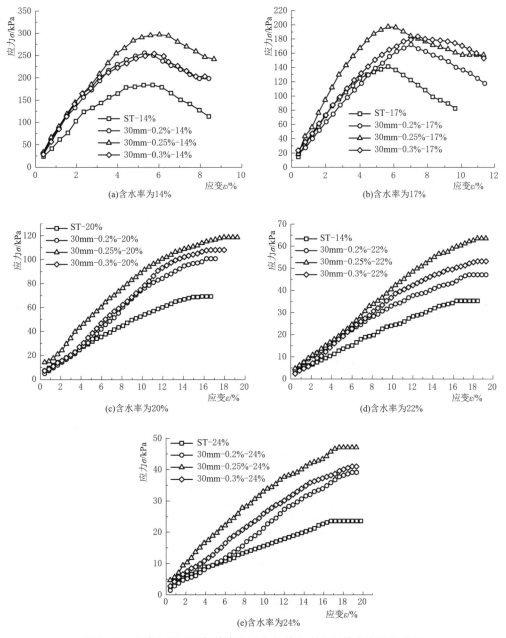

图 3.25 盐渍土和不同加筋率麦秸秆加筋土应力与轴向应变的关系

在相同的应变条件下，加筋率为 0.25％的麦秸秆加筋土的应力值最大。加筋率减小，则麦秸秆的加筋作用不能充分发挥；加筋率增大，则破坏了土的整体性。这再一次验证了麦秸秆加筋土的最优加筋率为 0.25％这一结论。

3. 加筋长度的影响

图 3.26 为加筋率为 0.25％，不同加筋长度加筋土应力与轴向应变的关系。由图 3.26 可知，当含水率和加筋率均相同时，相同的应变条件下，加筋长度为 30mm 麦秸秆加筋土的应力值最大。当应变很小时，不同加筋长度麦秸秆加筋土的应力值相差很小，说明在加筋土受力初期，筋材长度对加筋土的应力-应变关系影响较小。随着应变的增加，麦秸秆发生拉伸，此时的筋土作用增大，使加筋土的抗压强度提高。这再一次验证了麦秸秆加筋土的最优加筋长度约为试样直径的 1/3。麦秸秆加筋土与盐渍土相比，不仅提高了抗压强度，试样破坏后的残余强度也大幅提高。

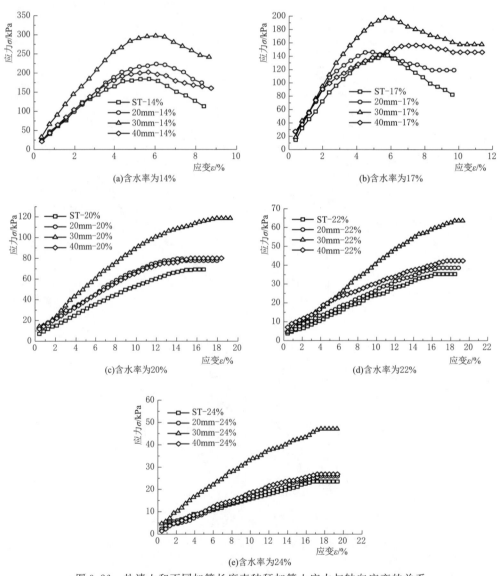

图 3.26　盐渍土和不同加筋长度麦秸秆加筋土应力与轴向应变的关系

图 3.27 为麦秸秆加筋土和盐渍土强度比值与加筋长度的关系。由图 10.14 可以看出，加筋长度为 20～40mm 时，麦秸秆加筋土与盐渍土相比，其抗压强度的比值大于 1，说明加筋提高了土的抗压强度。随着加筋长度的增加，麦秸秆加筋土与盐渍土抗压强度的比值增大；加筋长度为 30mm 时，在各含水率条件下，比值均达到最大值，此时加筋效果最好；加筋长度大于 30mm 后，两者比值呈下降趋势。

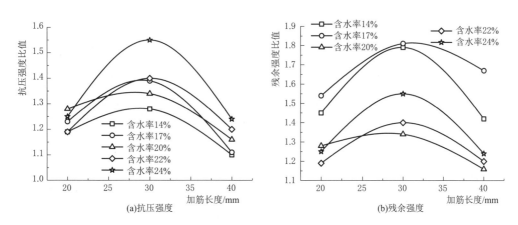

图 3.27 麦秸秆加筋土和盐渍土强度比值与加筋长度的关系

含水率为 24% 时，麦秸秆加筋土与盐渍土抗压强度的比值较大。主要是因为含水率较高时，土的黏性较大，土受力后发生塑性变形，麦秸秆和土发生协调变形，表现出较强的加筋作用，从而提高土的抗压强度。加筋长度为 20～40mm 时，在各含水率条件下，麦秸秆加筋土与盐渍土相比，两者残余强度的比值大于 1，说明加筋提高了土的残余强度。

随着加筋长度的增加，麦秸秆加筋土与盐渍土残余强度的比值增大；加筋长度为 30mm 时，在各含水率条件下，比值均达到最大值；加筋长度大于 30mm 后，比值下降。加筋同时提高了土的抗压强度和残余强度，但相比而言，残余强度的提高更明显，土的应变软化现象减弱，加筋土改善了土的应力应变特性。与盐渍土试样相比，加筋试样的抗压强度峰值出现在应变相对较大处，随应变继续增大仍能保持相对较高的残余强度，土的抗变形性能较高。

3.3.5 麦秸秆加筋盐渍土抗剪强度的影响因素敏感性分析

三轴剪切试验、重型与轻型击实试验结果均表明，麦秸秆加筋盐渍土的抗剪强度与加筋长度、加筋率等因素相关，为量化各影响因素对加筋盐渍土抗剪强度的影响，引入灰色关联度分析方法，分析麦秸秆加筋盐渍土抗剪强度影响因素的敏感性。

1. 麦秸秆加筋石灰土与石灰土的强度试验结果

为研究强度随相关因素的增长情况，以黏聚力增长率为评价条件，汇总各因素对黏聚力增长率的影响，结果如图 3.28 所示。

图 3.28 表明，加筋石灰土的黏聚力增长率随加筋长度的变化趋势为：0.20% 加筋率时，黏聚力增长率随加筋长度的增加呈线性增大；0.25% 和 0.30% 加筋率时，随加筋长

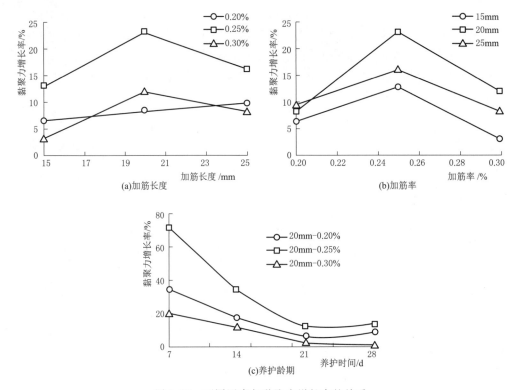

图 3.28　不同因素与黏聚力增长率的关系

度的增加，黏聚力增长率先增后减，拐点均位于 20mm 加筋长度处。3 种加筋长度下，麦秸秆加筋石灰土黏聚力增长率随加筋率增加呈先增后减，拐点均位于 0.25% 加筋率处。适宜加筋长度为 20mm，约为试样直径的 1/3，适宜加筋率为 0.25%。养护初期，麦秸秆加筋石灰土的黏聚力的提高幅度较大，可达 71.1%；养护后期提高幅度较小，仅 10.0% 左右。随养护龄期的延长，不同加筋条件麦秸秆加筋石灰土的黏聚力增长率的差距逐渐减小。说明养护初期，麦秸秆加筋作用的发挥程度强于养护后期；而养护后期，麦秸秆加筋石灰土的强度提高主要依赖石灰的固化作用。掺入麦秸秆，有利于提高早期土体强度。

2. 基于灰色关联度分析方法的因素敏感性评价

以加筋长度、加筋率和养护龄期为影响因素，随机选取 8 组试样，借助灰色关联度分析的方法[27]，计算其与抗剪强度参数 C、φ 的关联度，确定这 3 个因素对麦秸秆加筋土强度影响的强弱。得到的绝对关联度、相对关联度和综合关联度矩阵见表 3.5。

表 3.5　　　　　　　　基于灰色关联度分析方法的影响因素关联度矩阵

关联因素	绝对关联度		相对关联度		综合关联度	
	ε_{Ci}	$\varepsilon_{\varphi i}$	γ_{Ci}	$\gamma_{\varphi i}$	ρ_{Ci}	$\rho_{\varphi i}$
$i=1$	0.25	0.52	0.90	0.95	0.58	0.73
$i=2$	0.61	0.52	0.84	0.77	0.73	0.65
$i=3$	0.76	0.52	0.98	0.97	0.87	0.74

由表 3.5 可以看出，对黏聚力，3 个因素与它的综合关联度大小关系为 $\rho_{C3} > \rho_{C2} > \rho_{C1}$，即对黏聚力 C 的影响程度由高到低依次为养护龄期、加筋率、加筋长度。对内摩擦角 φ，大小关系为 $\rho_{\varphi3} > \rho_{\varphi1} > \rho_{\varphi2}$，即依次为养护龄期、加筋长度、加筋率。据此证实，对于麦秸秆加筋石灰土，石灰的固化作用是影响加筋土强度的主要指标。加筋长度、加筋率和固化作用 3 个因素对黏聚力和内摩擦角的影响不一样；且同一因素对加筋土的黏聚力和内摩擦角的影响程度也不一样。

麦秸秆的加筋作用主要是提高土的黏聚力，对内摩擦角的影响较小。适宜的加筋长度为 20mm，约为试样直径的 1/3。适宜的加筋率为 0.25%。运用灰色关联度理论分析认为：对麦秸秆加筋石灰土黏聚力的影响程度依次为石灰固化作用、加筋率、加筋长度。对内摩擦角影响程度依次为石灰固化作用、加筋长度、加筋率。石灰的固化作用是影响麦秸秆加筋石灰土抗剪强度的主要指标。

3.3.6　小结

麦秸秆加筋土与盐渍土相比，其黏聚力和内摩擦角均有一定幅度的提高。加筋长度为 20mm 时，黏聚力 C 取得最大值，加筋作用最为显著。在低围压情况下，采用麦秸秆加筋的方法提高土的强度更为有效。麦秸秆加筋土的三轴试验中，围压对麦秸秆加筋土的变形影响相对较小。麦秸秆加筋可有效地减小土的轴向和侧向变形，使加筋土具有一定的抗变形能力。盐渍土和加筋土均表现为脆性变形破坏，其应力-应变曲线为应变软化型。加筋长度为 30~60mm 时，加筋率为 0.25% 的加筋土应力峰值最大。加筋长度为 70mm 时，加筋土峰值强度低于盐渍土。含水率 14%~17% 麦秸秆加筋土的应力随着轴向应变的增加而急剧增大，存在强度峰值；当含水率为 20%~24% 时，盐渍土与麦秸秆加筋土的应力值很小，没有明显的峰值点，土呈塑性破坏。影响加筋土强度的因素排序为：养护龄期大于加筋长度大于加筋率。麦秸秆加筋土的适宜加筋长度约为单元尺寸的 1/3，适宜质量加筋率为 0.25%。

3.4　麦秸秆加筋盐渍土的筋土性能与本构模型参数验证

鉴于整个剪切界面上存在筋/土和土/土的两种摩擦作用形式，本节对筋土界面抗剪强度和摩擦性能进行研究，以期进一步研究麦秸秆加筋盐渍土的力学特性。

3.4.1　麦秸秆加筋盐渍土的筋土界面剪切试验

为测试麦秸秆加筋土的抗剪强度，完成了麦秸秆与盐渍土的界面直剪摩擦试验。水平铺设麦秸秆，以含水率、干密度、加筋间距、麦秸秆有无茎节为条件，分析四种制样条件对筋土界面抗剪强度的影响。鉴于整个剪切界面上存在筋/土和土/土的两种摩擦作用形式[32,35,36]，因此将其称为界面综合抗剪强度。

1. 试验条件与材料

盐渍土取自天津市滨海新区，塑性指数为 11.2，为粉质黏土，含盐量为 2.64%。由重型击实试验得到其最优含水率为 17.6%，最大干密度为 1.81g/cm³。将盐渍土风干后，碾碎过 2mm 筛。以最优含水率为基准，上下各浮动 2％，即以 16％、17.6％、20％确定土样的含水率；根据《公路路基设计规范》（JTG D30—2015）[14]，按 95％、93％、90％三种压实度，确定的干密度分别为 1.72g/cm³、1.68g/cm³ 和 1.63g/cm³。根据直剪摩擦试验的特点，剪切作用被限定在试样的中间平面上，故采用麦秸秆平铺于土样中间的布筋方式，水平平行铺设，加筋层数设为一层。

麦秸秆的茎节一般为 5 ～ 6 个，粗细均匀麦秸秆的节间长度一般为 10 ～ 30mm。试样的直径为 61.8mm，因此试验只选取无茎节和一个茎节（简称有茎节）两种条件。根据筋土面积比，确定加筋间距分别为 5mm、10mm、15mm（对应的筋土面积比为 43.6％、27.2％、17.7％），见图 3.29。

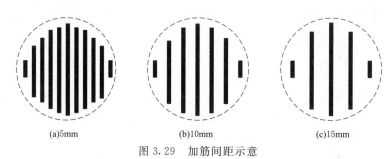

(a)5mm　　　　　　　(b)10mm　　　　　　　(c)15mm

图 3.29　加筋间距示意

对于麦秸秆的长度，图 3.29（a）从左向右依次为 11mm、35mm、46mm、53mm、58mm、61mm、58mm、53mm、46mm、35mm、11mm；图 3.29（b）为 11mm、46mm、58mm、61mm、58mm、46mm、11mm；图 3.29（c）为 11mm、53mm、61mm、53mm、11mm。试样的制样方法不同，可能会得出截然不同的试验结果。试样尺寸为直径 61.8mm，高 20mm。按不同的干密度称取试样所需湿土，先将一半湿土倒入环刀内，挤压至环刀高度的二分之一处，对层间面打毛。将麦秸秆用细长胶带固定，以免在制样过程中麦秸秆发生移动。在环刀外壁上做两点标记，沿环刀标记点所对应的方向，水平层状铺设麦秸秆，再放入另一半湿土，最后将整个土样压实至 20mm 厚。

2. 各因素影响下的试验结果分析

按快剪方式，进行直剪摩擦试验。剪切速率为 0.8mm/min，法向荷载分别为 100kPa、200kPa、300kPa 和 400kPa。试验结果如图 3.30～图 3.33 所示。

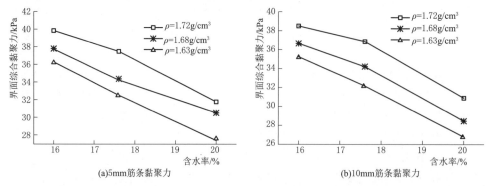

(a)5mm筋条黏聚力　　　　　　　　(b)10mm筋条黏聚力

图 3.30（一）　含水率与黏聚力及内摩擦角的关系

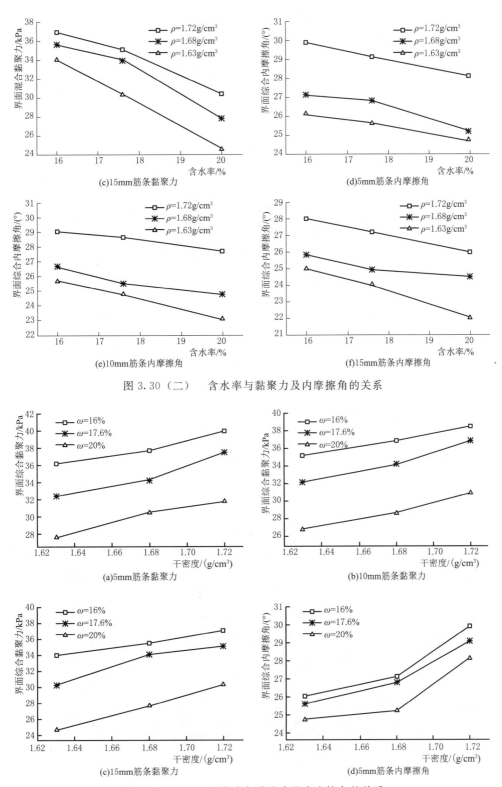

图 3.30（二） 含水率与黏聚力及内摩擦角的关系

图 3.31（一） 干密度与黏聚力及内摩擦角的关系

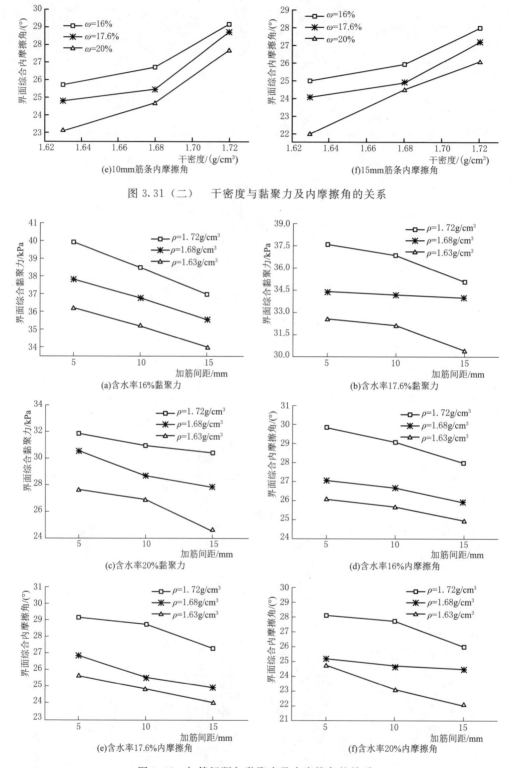

图 3.31（二）　干密度与黏聚力及内摩擦角的关系

图 3.32　加筋间距与黏聚力及内摩擦角的关系

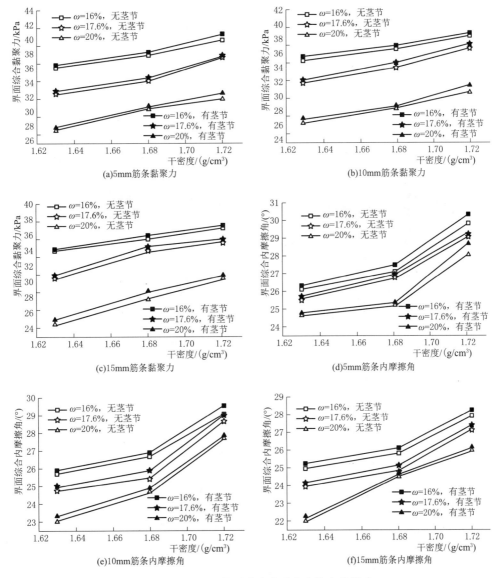

图 3.33　有无茎节对黏聚力及内摩擦角的影响

由图 3.30 可以看出，在干密度和加筋间距固定时，麦秸秆加筋土的界面综合黏聚力 C、界面综合内摩擦角 φ 均随含水率的增加而减小。以图 3.30（a）和图 3.30（d）为例，加筋间距为 5mm，干密度为 1.72g/cm³，当含水率从 16% 增加到 17.6%，再增至 20% 时，其界面综合黏聚力的平均值分别降低了 6.02% 和 15.2%；界面综合内摩擦角的平均值分别降低了 2.68% 和 3.44%。

由图 3.31 可以看出，当含水率和加筋间距固定时，干密度越大，麦秸秆加筋土的 C、φ 值越大。以图 3.31（a）和 3.31（d）为例，加筋间距为 5mm，含水率为 17.6%，当干密度从 1.63g/cm³ 增加到 1.68g/cm³，再增至 1.72g/cm³ 时，界面综合黏聚力的平均值分别增加了 5.85% 和 9.01%；界面综合内摩擦角的平均值分别增加了 4.69% 和 8.58%。分析原因在于：随着干密度的增大，筋/土以及土/土间的接触更加充分，土的孔隙比变小，筋与土有效接触面积增加，土与土之间的作用力进一步增强。因此麦秸秆加筋土的界面综合抗剪强度随干密度的增加而增大。

由图 3.32 可以看出，当含水率和干密度相同时，随加筋间距的增加，麦秸秆加筋土的 C、φ 值均逐渐降低；加筋间距为 5mm 时，C、φ 值最大。以图 3.32（b）和 3.32（e）为例，含水率为 17.6%，干密度为 1.72g/cm³，当加筋间距从 5mm 增加到 10mm，再增至 15mm 时，筋土面积比分别降低了 16.4% 和 9.5%，界面综合黏聚力的平均值分别减小了 1.87% 和 4.62%；φ 的平均值分别减小了 1.37% 和 5.23%。这是因为当加筋间距较大时，麦秸秆与土的有效接触面积较小，在剪切中起主导作用的是土/土间的相互作用，加筋所发挥的作用有限；随着加筋间距的减小，筋土面积比增加，使得筋与土的接触更加充分，筋/土的摩擦力增大，增强了麦秸秆对土的空间约束作用，此时麦秸秆的加筋作用得到充分发挥，故加筋间距越小（筋土面积比越大），界面综合黏聚力和界面综合内摩擦角越大。

由图 3.33 可以看出，当含水率、干密度和加筋间距相同时，有茎节的麦秸秆加筋土的 C、φ 值均比无茎节的有所增加，但增幅不大。以含水率 17.6%、干密度 1.72g/cm³ 为例，当加筋间距从 5mm 增加到 10mm，再增至 15mm 时，有茎节比无茎节的界面综合黏聚力的平均值分别增加了 0.80%、1.36% 和 1.42%；界面综合内摩擦角的平均值分别增加了 0.69%、1.05% 和 0.74%。

麦秸秆具有较高的强度和良好的弹性，表面具有一定的粗糙度。当筋材与土发生相对位移时，接触面相邻区域内的土颗粒将发生滚动和变位现象。茎节的存在增大了接触面的粗糙度，同时剪切过程中，茎节也对土颗粒产生挤压和约束作用，阻碍土颗粒的位移，起到了增大摩擦阻力的作用。由于只有一个茎节，只能在其周围一定区域产生影响，因此茎节对 C、φ 值的影响较前三个条件小很多。

麦秸秆加筋土中存在着筋/土和土/土两种界面摩擦作用，两者共同作用提高了加筋土的抗剪强度，它们对强度增长的贡献率分别取决于筋土面积比（加筋间距）。直剪摩擦试验中，在低含水率、高干密度、小加筋间距、有茎节的制样条件下，均有利于麦秸秆加筋土界面综合抗剪强度的提高。考虑到尺寸效应对直剪试验结果的影响，下一步将进行立方体试样的研究，并调整布筋方式，加大加筋层数（2～3 层），增加麦秸秆的茎节数，完成大尺寸与小尺寸麦秸秆加筋土试样试验成果的对比分析。

3.4.2　麦秸秆加筋盐渍土的拉拔摩擦试验

纤维加筋土的强度和稳定性来源于筋土摩擦作用和交织纤维的立体约束作用。当加筋土受力变形时，筋土界面黏聚力和界面摩擦力限制了土颗粒的滑动，此时分散在土中的纤维起到拉筋作用。筋土摩擦力和黏聚力越大，纤维越不容易在土中发生滑动或被拔出，可有效延缓张拉裂缝的产生与发展，提高土的强度和抗变形能力。以含水率、干密度及麦秸秆埋置深度为影响因素，开展了麦秸秆与盐渍土的拉拔摩擦试验。

1. 试验条件与材料

麦秸秆拉拔摩擦试样尺寸为 61.8mm（直径）×125mm（高），麦秸秆一端埋入土中一定深度，另一端放入拉伸夹具中。在麦秸秆空心中放入一截直径为 4mm 的圆木柱，夹具两侧设有半圆形凹槽，与麦秸秆相匹配，以保证麦秸秆的端部呈圆形，均匀受压。拉拔弯折试验机及拉拔试样安装见图 2.34。拉拔速率为 2mm/min，计算机采集拉拔力与拉拔位移。试验过程中，上部夹具不动，下部夹具匀速下降。麦秸秆拉拔力骤减时，试验结束。

2. 各因素影响下的试验结果分析

筋土摩擦强度随含水率的增加而减小。以干密度为 1.72g/cm³ 的试样为例，当含水率从 16％ 增加到 20％ 时，麦秸秆埋置深度 20mm、40mm、60mm、80mm、100mm、125mm 的筋土摩擦强度分别减小了 14.1％、13.9％、13.1％、12.6％、14.6％和 14.5％（图 3.34）。因为筋土摩擦强度主要来源于黏聚力和摩擦力。黏聚力受土的黏粒含量与含水率影响；摩擦力不仅与土颗粒形状和级配相关，还取决于土的含水率、麦秸秆粗糙程度及筋土接触面积等因素。当含水率增大时，界面的自由水增多，有利于麦秸秆表面的润滑作用，减小了筋土接触面的摩擦系数。由于黏土颗粒的结合水膜变厚，在拉拔过程中界面附近土颗粒的重新排列所需的外力也相应减小。因此，筋土摩擦强度随含水率的增加而下降。

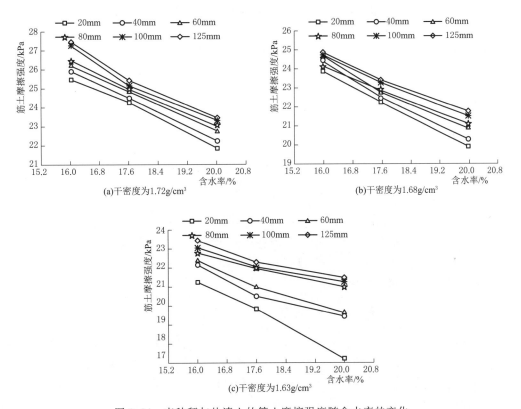

图 3.34 麦秸秆与盐渍土的筋土摩擦强度随含水率的变化

筋土摩擦强度随干密度的增加而增大。以含水率为 17.6％ 的试样为例，当干密度从 1.63g/cm³ 增加到 1.72g/cm³ 时，麦秸秆埋置深度 20mm、40mm、60mm、80mm、

100mm、125mm 的筋土摩擦强度分别增加 19.6％、17.1％、16.4％、12.2％、12.7％和 12.8％（图 3.35）。因为干密度大的试样在制样时需要较大的压实功，土体施加给麦秸秆表面的包裹力越大，筋土摩擦强度也就越大。同时，增加土的干密度，导致孔隙比减小，麦秸秆与土颗粒的接触面积增大，界面黏聚力增强。

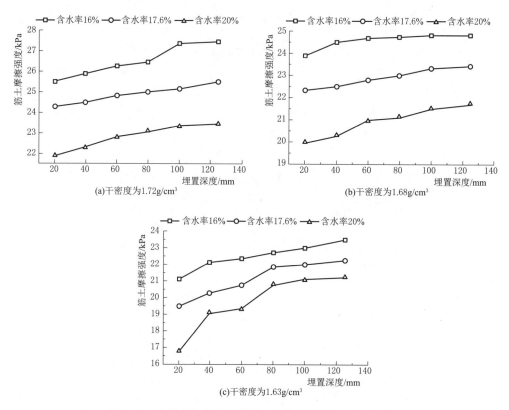

图 3.35　麦秸秆与盐渍土的筋土摩擦强度随埋置深度变化

筋土摩擦强度随埋置深度的增加而增大，埋置深度越大，其表面受到的压力越大，将麦秸秆拔出或拔断所需的力越大，筋土摩擦作用有所增强。以干密度为 1.72g/cm³、含水率为 16％ 的试样为例，埋置深度由 20mm 增加到 40mm、60mm、80mm、100mm、125mm 时，筋土摩擦强度分别增加 1.6％、2.9％、3.6％、7.1％和 7.6％。

麦秸秆拉拔力随筋土位移的增大近线性增大。初始，麦秸秆发生弹性变形，此时，麦秸秆所受的荷载小于筋土摩擦力，拉伸荷载以应变能的形式存储在麦秸秆的自由长度段内。拉拔力继续增大，达到峰值后，筋土接触面发生松动，拉拔力迅速减小。在随后拉拔过程中，筋土界面作用以滑动摩擦力为主，使麦秸秆拉拔力趋于定值。由图 3.36 可知，拉拔力均随含水率的增大而减小，随干密度和埋置深度的增加而增大。这与筋土摩擦强度的变化规律相对应。麦秸秆被拉动后，筋土作用力并没有完全消失。说明当加筋土出现张裂缝或剪切面时，麦秸秆加筋可有效延缓或阻止裂缝的发展，增强土的抗变形性能。这与麦秸秆加筋土在三轴压缩试验中呈现较大破坏应变的试验结果相吻合。

综合可知，麦秸秆与盐渍土的筋土摩擦强度随含水率的增大而减小，随干密度和埋置

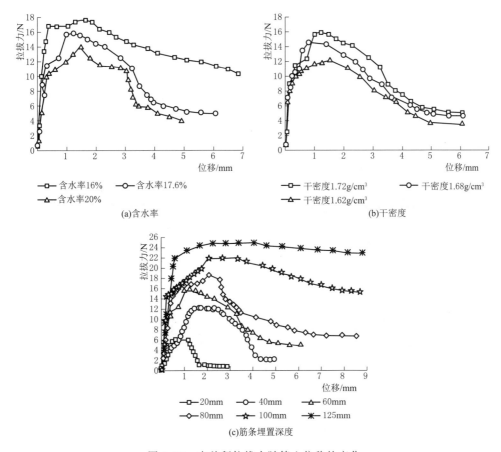

图 3.36 麦秸秆拉拔力随筋土位移的变化

深度的增加而增大。多元线性回归分析显示,干密度、含水率和埋置深度 3 个因素对筋土摩擦强度的影响程度依次减小。麦秸秆的拉拔力随筋土位移的增大呈近似线性增大;达到峰值后,拉拔力迅速减小;随后筋土位移继续增加,此时,筋土界面的作用力以滑动摩擦力为主,麦秸秆的拉拔力最终趋于定值。麦秸秆与土的筋土摩擦作用及麦秸秆对土颗粒的空间约束作用使得加筋土的抗压强度与抗剪强度大幅提高,并显著增强了土的抗变形性能。

3.4.3 麦秸秆加筋盐渍土的加筋效应

麦秸秆在土中随机分布,其加筋作用主要包括筋土摩擦作用和空间约束作用。麦秸秆在土中的分布形态呈直线状或弯曲状,麦秸秆呈直线状时的筋土摩擦强度可通过拉拔摩擦试验测试,而麦秸秆弯曲时对土颗粒产生下压力和摩擦力,目前的试验手段很难测出。麦秸秆的加筋作用从宏观上表现为加筋土力学性能的提高。以麦秸秆加筋土的抗压强度、抗剪强度及试样的破坏形态,评价麦秸秆加筋对土的强度与抗变形性能的改善效果。表 3.6 列出了盐渍土、麦秸秆加筋盐渍土、石灰固化土、麦秸秆加筋石灰固化土的抗压强度、抗剪强度及破坏应变。

表 3.6　　　　　　　　　　不同处理盐渍土的强度和破坏应变对比

试样类型	无侧限抗压试验	三 轴 压 缩 试 验			
	抗压强度/kPa	C/kPa	φ/(°)	峰值偏应力/kPa	破坏应变
盐渍土	171.5	22.3	11	271.7	13.5
加筋盐渍土	259.6	41.6	12	456	17.7
固化土	778.4	290.5	32	1650	4.1
加筋固化土	1114.2	368.4	33	2235	8.5

　　由表 3.6 可知，与盐渍土相比，麦秸秆加筋土的抗压强度提高 51.4%，黏聚力提高 86.5%，内摩擦角仅增加 9.1%，破坏应变提高 37%。与石灰固化土相比，麦秸秆与石灰加筋固化土的抗压强度提高 43.1%，黏聚力提高 26.8%，内摩擦角仅增加 3.1%，破坏应变提高 107%。可见，麦秸秆加筋显著提高了土的抗压强度和抗剪强度和抗变形性能。麦秸秆的加筋作用主要表现为提高土的黏聚力，对内摩擦角的影响相对较小。石灰固化土为脆性土，达到峰值偏应力时所对应的破坏应变较小。麦秸秆与石灰加筋固化土的破坏应变较大，表现出良好的抗变形能力。原因在于：在外力作用下，麦秸秆与石灰固化土产生筋土摩擦力，麦秸秆起到拉筋作用，约束土的轴向与横向变形，延缓裂纹的产生与发展。麦秸秆在土中随机分布与交织，对土颗粒具有空间约束作用。两者共同作用下，土的强度与抗变形性能显著提高。

　　盐渍土、加筋盐渍土、固化土和加筋固化土的破坏形态如图 3.37 所示。盐渍土破坏时，发生较大的横向变形，中上部鼓胀；加筋盐渍土的变形较为均匀，无明显鼓胀，轴向变形与横向变形都相对较小。固化土破坏时，横向变形较小，试样产生贯通的斜向裂纹，发生脆性破坏；加筋固化土破坏时，表面产生许多裂纹，中部发生轻微的鼓胀，总体上保持较为完整的形状，加筋使得破坏型式由固化土的脆性破坏转变为加筋固化土的塑性破坏。4 种试样的破坏形态与三轴压缩试验的峰值偏应力和破坏应变相一致。

(a)盐渍土　　　　　(b)加筋盐渍土　　　　　(c)固化土　　　　　(d)加筋固化土

图 3.37　不同处理盐渍土的破坏形态

3.4.4　麦秸秆加筋盐渍土的本构模型参数验证

　　1. 剪切破坏准则评价

　　石灰土呈脆性破坏，存在一条平整的（45°＋φ/2）破坏面，破裂面贯穿于土样的顶面和底面，见表 3.7。

表 3.7　　　　　　　　　　　　　石灰土与麦秸秆加筋土的破坏型式

破坏性质	石灰土	均匀布筋	上部均匀布筋	下部均匀布筋
破坏照片				
内摩擦角 /(°)	31	31	33	34
$(45°+\varphi/2)$ /(°)	60.5	60.5	61.5	62.0
实测破坏面 /(°)	61.8	61.4	58.8	59.1

由表 3.7 可知以下内容：

（1）整体均匀布筋的麦秸秆加筋石灰土呈中间大、两端小的"鼓胀"形，体现为塑性破坏；土样表面存在许多微小的共轭破裂纹，裂纹的倾角为 $(45°+\varphi/2)$。

（2）上部均匀布筋麦秸秆加筋石灰土的破坏发生在土样下部，存在主次破坏面，主破坏面的倾角为 $(45°+\varphi/2)$；土样上部几乎未发生侧向变形。

（3）下部均匀布筋麦秸秆加筋石灰土的破坏位于土样上部，出现多条平行的破坏裂纹，破坏裂纹均终止于下部土；下部土的变形呈"倒梯形"。麦秸秆加筋可有效约束土的变形，阻止裂纹扩展。无论加筋与否，破坏面倾角均近乎为 $(45°+\varphi/2)$，符合 Mohr - Coulomb 破坏标准和 SMP 破坏标准[36]。

2. 加筋土的本构模型参数验证

麦秸秆加筋土的应力-应变特性是研究其本构模型及进行数值模拟计算的前提条件。Duncan - Chang 双曲线模型能较好地反映土的非线性特征[37-38]，且在岩土工程和地下工程的数值分析中得到了良好应用。加筋材料对土施加物理作用，其影响因素主要体现在加筋长度、质量加筋率和布筋方式等方面；固化剂对土发挥化学作用，主要受固化剂反应程度的影响。因此，选择加筋长度、质量加筋率、养护龄期和围压为影响因素，完成了石灰土和麦秸秆加筋石灰土的三轴压缩试验，探讨加筋麦秸秆对土的应力-应变性能的影响。同时，依据 Duncan - Chang 双曲线模型，进行应力-应变曲线的模拟分析。

将试验结果和模型预测结果绘于图 3.38 中。

由图 3.38 可知，养护 7d 和 14d，不同围压的石灰土的偏应力与轴向应变关系曲线无峰值，随轴向应变的增加，偏应力不断增大，为应变硬化型。养护 21d 和 28d，偏应力与轴向应变的关系曲线出现峰值，呈应变软化型。应力-应变曲线的变化与石灰的固化作用有关。石灰固化是借助化学反应对土进行胶结的方法，化学反应需要一定的时间，养护

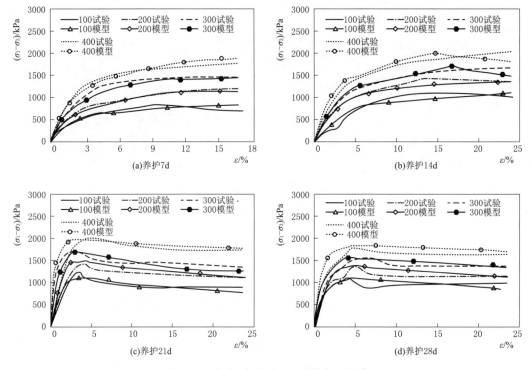

图 3.38　应力-应变关系实测值与预测值

21d 时，固化作用得到了较大程度的发挥，土的脆性增强。因此，养护 21d 和 28d 的石灰固化土呈应变软化型。

　　由图 3.39 可知，麦秸秆加筋石灰土的偏应力与轴向应变关系曲线均高于石灰土。以 20mm 加筋长度石灰土的偏应力与轴向应变的关系曲线最高。应变小于 4%，麦秸秆加筋石灰土和石灰土的应力-应变关系曲线很接近。随着轴向应变的增大，应力-应变关系曲线的间距逐渐加大，表明麦秸秆的加筋作用在达到一定轴向应变时才能发挥出来。麦秸秆加筋石灰土的峰值偏应力均大于石灰土的，4 个围压下，15mm、20mm 和 25mm 加筋长度的麦秸秆加筋石灰土的峰值偏应力较石灰土的增长率的平均值分别为 10%、35.3% 和

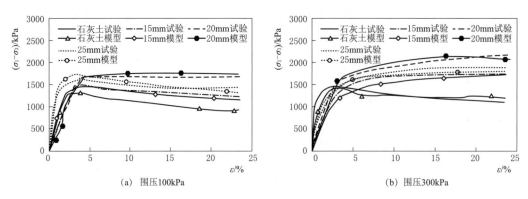

图 3.39　石灰土与 0.25% 加筋率土的应力-应变关系实测值与预测值

19.3%。这表明麦秸秆加筋可有效地提高土的抗剪强度，以 20mm 加筋长度对加筋土强度增长的贡献最大。

由图 3.40 可见，4 个围压下，均以 0.25% 质量加筋率的加筋土的偏应力与轴向应变关系曲线最高。4 个围压下，0.2%、0.25% 和 0.3% 质量加筋率的加筋石灰土的峰值偏应力较石灰土的增长率平均值分别为 6.3%、35.3% 和 18.1%。0.25% 质量加筋率的加筋石灰土增长率明显高于 0.2% 和 0.3% 的。原因是：加筋后，麦秸秆与土颗粒间的摩擦作用，约束了土的变形，使得加筋石灰土达到相同轴向应变时偏应力较石灰土的大。但当质量加筋率大于 0.25% 时，单位体积土中麦秸秆个数相对较多，彼此间易产生重叠，形成潜在的薄弱面，反而导致加筋土强度降低。

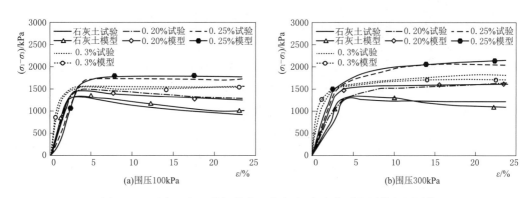

图 3.40　石灰土与 3 种加筋率土的应力-应变关系实测值与预测值

对比图 3.39 和图 3.40 发现，在一些加筋条件下，麦秸秆加筋石灰土在 100kPa 围压下出现了峰值，表现为应变软化型。这是因为：低围压下，主要靠麦秸秆的加筋作用来约束土的变形；高围压下，土受到的约束力则来自麦秸秆加筋和围压的共同作用[39-41]。

以适宜加筋条件的麦秸秆加筋石灰土为例。不同养护龄期，20mm 加筋长度、0.25% 质量加筋率的麦秸秆加筋石灰土的偏应力与轴向应变关系的试验曲线和 Duncan-Chang 模型的模拟曲线见图 3.41。

对比图 3.39 和图 3.41 可知，随养护龄期的延长，麦秸秆加筋石灰土和石灰土的应力-应变关系曲线均由应变硬化型逐渐转为应变软化型。养护到 21d 时，麦秸秆加筋石灰

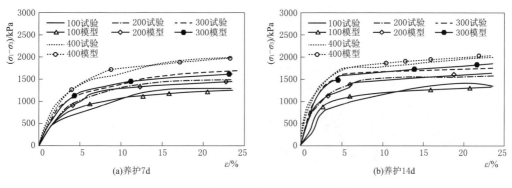

图 3.41（一）　偏应力与轴向应变的试验值与预测值

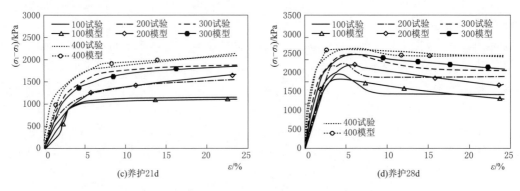

(c)养护21d   (d)养护28d

图 3.41（二）　偏应力与轴向应变的试验值与预测值

土的应力-应变曲线依旧呈现应变硬化型；4 个围压下，麦秸秆加筋石灰土的应力-应变曲线的间距小于石灰土的。这是因为：相同荷载作用时，低围压下土的侧向变形较高围压下的大，更易于调动麦秸秆的抗拉性能，发挥筋土摩擦作用；也证实了纤维加筋技术更适用于在侧限较小的条件下改善土的强度和抗变形能力。

以养护 7d 和 21d 的石灰土和 20mm 加筋长度、0.25％质量加筋率的麦秸秆加筋石灰土为例，将 Duncan－Chang 双曲模型参数及偏应力的表达式分别列于表 3.8。

表 3.8　　　　　　　　　Duncan－Chang 双曲线模型试验参数及表达式

龄期 /d	围压 /kPa	石 灰 土 模 型 参 数				加 筋 土 模 型 参 数			
		a	b	c	$(\sigma_1-\sigma_3)$ 表达式	a	b	c	$(\sigma_1-\sigma_3)$ 表达式
7	100	25	10.6	—	$\dfrac{\varepsilon_1}{0.0025+0.00111\varepsilon_1}$	25.2	7.2	—	$\dfrac{\varepsilon_1}{0.00252+0.00072\varepsilon_1}$
	200	23	7.1	—	$\dfrac{\varepsilon_1}{0.0023+0.00071\varepsilon_1}$	17.8	6.2	—	$\dfrac{\varepsilon_1}{0.00178+0.0062\varepsilon_1}$
	300	15	5.5	—	$\dfrac{\varepsilon_1}{0.0017+0.000551\varepsilon_1}$	17.1	5.4	—	$\dfrac{\varepsilon_1}{0.00171+0.00054\varepsilon_1}$
	400	14	4.5	—	$\dfrac{\varepsilon_1}{0.00159+0.00047\varepsilon_1}$	15.0	4.4	—	$\dfrac{\varepsilon_1}{0.0015+0.00044\varepsilon_1}$
21	100	7.4	2.6	0.36	$\dfrac{\varepsilon_1(0.00074+3.6\times10^{-5}\varepsilon_1)}{0.00074+0.00026\varepsilon_1}$	13.2	2.5	8.21	$\dfrac{\varepsilon_1(0.00132+8.2\times10^{-5}\varepsilon_1)}{0.00132+0.00025\varepsilon_1}$
	200	5.3	2.1	0.38	$\dfrac{\varepsilon_1(0.0005+3.8\times10^{-5}\varepsilon_1)}{0.0005+0.00021\varepsilon_1}$	12.9	4.0	—	$\dfrac{\varepsilon_1}{0.00129+0.0004\varepsilon_1}$
	300	3.3	1.9	0.39	$\dfrac{\varepsilon_1(0.00033+3.9\times10^{-5}\varepsilon_1)}{0.00033+0.00019\varepsilon_1}$	8.0	3.6	—	$\dfrac{\varepsilon_1}{0.0008+0.00036\varepsilon_1}$
	400	3.0	1.8	0.57	$\dfrac{\varepsilon_1(0.0003+5.7\times10^{-5}\varepsilon_1)}{0.0003+0.00018\varepsilon_1}$	5.1	3.4	—	$\dfrac{\varepsilon_1}{0.00051+0.00034\varepsilon_1}$

由表 3.8 可知，养护初期，石灰土应力-应变曲线可用应变硬化型的双曲线模型表示，试验参数 a 和 b 随围压的增大呈递减趋势；养护后期，宜使用应变软化型的双曲线模型表示，试验参数 a 和 b 随围压的增大呈递减趋势，而参数 c 随围压的增加而增大。麦秸秆加筋石灰土的应力-应变曲线几乎都可以用应变硬化型的双曲线模型予以表示。随围压和养护龄期的增大，试验参数均逐渐变小。

养护 7d 和 14d，麦秸秆加筋石灰土和石灰土的应力-应变曲线无峰值，表现为应变硬化型。养护 21d 和 28d，石灰土的应力-应变曲线开始出现峰值，呈应变软化型，且软化趋势随围压的增大而减小。与石灰土不同的是，养护 21d，麦秸秆加筋石灰土仅在 100kPa 围压下表现为应变软化型，其余围压下依旧呈应变硬化型。麦秸秆加筋石灰土的峰值偏应力和破坏时的应变均大于石灰土的，麦秸秆加筋可有效地提高土的强度和抗变形能力。麦秸秆加筋石灰土的强度提高幅度与加筋条件有关，对于直径为 61.8mm 的试样，圆柱形麦秸秆的适宜加筋长度和质量加筋率分别为 20mm 和 0.25%。

麦秸秆加筋石灰土和石灰土的应力-应变曲线很接近，随着轴向应变的增大，应力-应变关系曲线的间距逐渐加大。只有在达到一定的轴向应变时，麦秸秆的加筋作用才能发挥出来。在 4 个围压下，麦秸秆加筋石灰土的应力-应变曲线的间距小于石灰土的，低围压下易于调动麦秸秆的筋土摩擦作用。Duncan-Chang 双曲线模型可较好地反映石灰土和麦秸秆加筋石灰土的应力-应变特性，在滨海盐渍土路堤设计中可应用 Duncan-Chang 模型进行计算，并结合工程经验对模型参数作适当的修正。

3.4.5 小结

在干密度和加筋间距固定时，麦秸秆加筋土的界面综合黏聚力 C、界面综合内摩擦角 φ 均随含水率的增加而减小。当含水率和加筋间距固定时，干密度越大，麦秸秆加筋土的 C、φ 值越大。当含水率和干密度相同时，随加筋间距的增加，麦秸秆加筋土的 C、φ 值均逐渐降低。麦秸秆加筋土中存在着筋/土和土/土两种界面摩擦作用，两者共同作用提高了加筋土的抗剪强度，它们对强度增长的贡献率分别取决于筋土面积比（加筋间距）。麦秸秆与盐渍土的筋土摩擦强度随含水率的增大而减小，随干密度和埋置深度的增加而增大。麦秸秆加筋石灰土的应力-应变曲线可以用应变硬化型的双曲线模型予以表示。

参 考 文 献

[1] 魏丽，柴寿喜，蔡宏洲，等. 麦秸秆的筋土摩擦性能及加筋作用 [J]. 土木建筑与环境工程，2018，40 (6)：53-59.

[2] 石茜，柴寿喜，魏丽. 加筋稻草与麦秸秆的吸水性及拉伸性能实验研究 [J]. 地下空间与工程学报，2016，12 (6)：1471-1476.

[3] 李敏，柴寿喜，魏丽. 天然与浸泡 SH 胶麦秸秆微结构指标的对比分析 [J]. 天津城市建设学院学报，2009，15 (1)：9-12.

[4] 柴寿喜，王晓燕，王沛. 滨海盐渍土改性固化与加筋利用研究 [M]. 天津：天津大学出版社，2011.

[5] 魏丽，柴寿喜，李敏，等. 冻融与干湿循环对 SH 固土剂固化后土抗压性能的影响 [J]. 工业建筑，2017，47 (1)：107-112.

[6] 周瑾. SH 材料对夯筑遗址土的加固效果试验研究 [D]. 兰州：兰州大学，2018.

[7] 魏丽，柴寿喜. SH 固土剂对滨海盐渍土的固化作用评价 [J]. 工程地质学报，2018，26 (2)：407-415.

[8] 李敏，柴寿喜，魏丽. 麦秸秆的力学性能及加筋滨海盐渍土的抗压强度研究 [J]. 工程地质学报，2009，17 (4)：545-549.

[9] 魏丽，柴寿喜，蔡宏洲，等. 麦秸秆的物理力学性能及加筋盐渍土的抗压强度 [J]. 土木工程学

报，2010，43（3）：93 - 98.

[10]　魏丽，柴寿喜，蔡宏洲，等 . 麦秸秆加筋材料抗拉性能的实验研究 [J]. 岩土力学，2010，31
　　　（1）：128 - 132.

[11]　李敏，柴寿喜，魏丽 . 麦秸秆的力学性能及加筋滨海盐渍土的抗压强度研究 [J]. 工程地质学报，
　　　2009，17（4）：545 - 549.

[12]　李敏，柴寿喜，魏丽 . 天然与浸泡 SH 胶麦秸秆微结构指标的对比分析 [J]. 天津城市建设学院
　　　学报，2009，15（1）：9 - 12.

[13]　魏丽，柴寿喜，蔡宏洲 . 麦秸秆防腐评价及加筋滨海盐渍土的补强机制 [J]. 工程勘察，2009，
　　　37（1）：5 - 7.

[14]　JTG D30—2015，公路路基设计规范 [S]. 北京：人民交通出版社，2015.

[15]　GB/T 50123—1999，土工试验方法标准 [S]. 北京：中国计划出版社，1999.

[16]　赵树德，廖红建 . 土力学 [M]. 北京：高等教育出版社，2010.

[17]　李广信 . 高等土力学 [M]. 北京：清华大学出版社，2002.

[18]　王沛，柴寿喜，仲晓梅，等 . 麦秸秆加筋土的轻型击实试验与击实土的抗压性能 [J]. 长江科学
　　　院院报，2012，29（5）：26 - 31.

[19]　王沛，柴寿喜，王晓燕，等 . 麦秸秆加筋盐渍土重型击实效果的影响因素分析 [J]. 岩土力学，
　　　2011，32（2）：448 - 452.

[20]　柴寿喜，石茜 . 加筋长度和加筋率下的稻草加筋土强度特征 [J]. 解放军理工大学学报（自然科
　　　学版），2012，13（6）：646 - 650.

[21]　王生新，柴寿喜，王晓燕 . 加筋条件和含水率对加筋土抗压强度和应力应变的影响 [J]. 吉林大
　　　学学报（地球科学版），2011，41（3）：784 - 790.

[22]　张瑞敏，王晓燕，柴寿喜 . 稻草加筋土和麦秸秆加筋土的无侧限抗压强度比较 [J]. 天津城市建
　　　设学院学报，2011，17（4）：232 - 235.

[23]　杨继位，柴寿喜，王晓燕，等 . 以抗压强度确定麦秸秆加筋盐渍土的加筋条件 [J]. 岩土力学，
　　　2010，31（10）：3260 - 3264.

[24]　柴寿喜，王沛，魏丽 . 以峰值轴向应变评价麦秸秆和石灰加筋固化盐渍土的抗变形性能 [J]. 吉
　　　林大学学报（工学版），2012，42（3）：645 - 650.

[25]　李敏，柴寿喜，王晓燕，等 . 以强度增长率评价麦秸秆加筋盐渍土的加筋效果 [J]. 岩土力学，
　　　2016，32（4）：1051 - 1056.

[26]　张午斌，柴寿喜，余沛 . 石灰与麦秸秆加筋固化滨海盐渍土的强度增长分析 [J]. 天津城市建设
　　　学院学报，2010，16（4）：233 - 236.

[27]　李敏，柴寿喜，杜红普 . 麦秸秆加筋石灰土抗剪强度影响因素灰色关联度分析 [J]. 路基工程，
　　　2011（4）：82 - 86.

[28]　柴寿喜，王沛，王晓燕 . 麦秸秆布筋区域与截面形状下的加筋土抗剪强度 [J]. 岩土力学，2013，
　　　34（1）：123 - 127.

[29]　魏丽，柴寿喜，蔡宏洲，等 . 麦秸秆加筋滨海盐渍土的抗剪强度与偏应力应变 [J]. 土木工程学
　　　报，2012，45（1）：109 - 114.

[30]　徐良，王晓燕，柴寿喜 . 干密度对稻草加筋盐渍土和稻草加筋石灰土的抗剪强度影响 [J]. 天津
　　　城市建设学院学报，2011，17（3）：167 - 171.

[31]　WEI L，CHAI S X，ZHANG H Y，et al. Mechanical properties of soil reinforced with both lime
　　　and four kinds of fiber [J]. Construction and Building Materials，2018，172（30）：300 - 308.

[32]　郑娇娇，柴寿喜，魏丽，等 . 麦秸秆加筋盐渍土的筋土界面综合抗剪强度试验 [J]. 工程勘察，

2015，43（10）：11－19.

[33] LI M，CHAI S X，DU H P，et al. Statistics and analysis of influential factors on shear strength of reinforced saline soil with wheat straw and lime［J］．Advanced Materials Research，2010，168－170：181－189.

[34] LI M，CHAI S X，ZHANG H Y，et al. Feasibility of saline soil reinforced with treated wheat straw and lime［J］．Soils and foundations，2012，52（2）：228－238.

[35] 魏丽，柴寿喜，蔡宏洲，等．加筋土的筋土界面作用及影响因素［J］．工程勘察，2008（4）：5－8，12.

[36] 李敏，柴寿喜，杜红普，等．麦秸秆加筋石灰土的抗剪强度及剪切破坏形式［J］．深圳大学学报（理工版），2011，28（1）：65－71.

[37] 李敏，柴寿喜，杜红普，等．麦秸秆加筋石灰土的应力应变和 Duncan－Chang 模型参数研究［J］．河北工业大学学报，2011，40（1）：87－92.

[38] 李敏，柴寿喜，杜红普，等．麦秸秆加筋土的合理布筋位置和抗剪强度模型［J］．岩石力学与工程学报，2010，29（S2）：3923－3929.

[39] 李敏，柴寿喜，杜红普．麦秸秆加筋石灰固化盐渍土的破坏形态分析［J］．岩土工程技术，2010，24（5）：248－252.

[40] 余沛，柴寿喜，王晓燕，等．麦秸秆加筋滨海盐渍土的加筋效应及工程应用问题［J］．天津城市建设学院学报，2010，16（3）：161－166.

[41] 李敏，柴寿喜，魏丽．麦秸秆加筋盐渍土的尺寸效应与制样问题处置［J］．工程勘察，2010，38（6）：1－5，20.

第4章 稻草加筋盐渍土的力学特性

稻草是沿海地区和南方地区重要的植物纤维，其产量丰富，分布区域广。为量化稻草加筋对盐渍土力学性能的影响，有必要对稻草的物理力学性能进行研究。为提升稻草在地下水盐联合作用下的耐久性，有必要对加筋稻草进行防腐处理。

4.1 加筋稻草的防腐处理及其力学特性

4.1.1 潮湿环境中稻草的防腐效果及极限拉伸性能

为评价浸胶稻草的防腐效果及其力学性能，测试了天然和浸泡 SH 固化剂稻草的吸水率，及天然、浸水、浸胶及浸胶后再浸海水稻草的极限拉力和极限延伸率。

1. 试验条件与方案

SH 固化剂为水溶性的高分子材料，成分为改性的聚乙烯醇，呈液体状，分子量在 20000 以上，遇水可无限稀释，固体质量分数为 6%，密度为 $1.09g/cm^3$ [1-2]。稻草样品长度约 150mm，无茎节。

初步防腐试验证实[3-6]，经 SH 固化剂浸泡稻草后，SH 固化剂不仅可以吸附在稻草的表面上，还可渗入到稻草内部组织中及孔隙的内壁上，因此，选择 SH 固化剂对稻草进行防腐。水对稻草的影响分别考虑海水和自来水。鉴于滨海地区大部分地下水为含盐地下水，所以选择海水浸泡样品；自来水浸泡是为了与海水进行对比。选择浸胶后再浸泡海水是因为稻草防腐后做加筋使用时，稻草仍处于含盐地下水中。木材防腐时，防腐剂的浸注时间为 1~2d，防腐木材的耐久性试验时间持续 3 个月。借鉴木材的防腐试验要求，在进行稻草的防腐试验时，考虑到 SH 固化剂是新型防腐材料，应对其进行更广泛的了解。所以，选择浸胶时间为 1d、3d、7d、14d、21d 和 28d；考虑到将稻草浸泡海水与木材防腐的耐久性试验原理相近，选择浸泡海水时间为 1 周、2 周、3 周、4 周、6 周、8 周和 12 周。对天然和浸胶稻草的吸水试验。以天然稻草的吸水率为基准，与浸胶后的稻草进行比较。

极限拉伸试验采用深圳新三思材料检测有限公司生产的微机控制电子万能试验机。极限拉伸试验中，拉伸速度对材料的抗拉性能有一定的影响。鉴于工业合成材料具有各向均质和各向同性的特点，而植物纤维具有不均匀性，对拉伸变形要有一个逐步适应的过程，因此，选定拉伸速度为 2mm/min。对天然、浸泡海水、浸泡自来水、浸胶、浸胶后再浸泡海水的稻草进行极限拉伸试验。以天然稻草的极限拉力和极限延伸率为基准，分别与浸水、浸胶、浸胶后再浸海水的稻草进行比较。

观察天然稻草和浸胶稻草横断面的微观结构并拍摄了 SEM 照片，完成了天然和浸胶稻草的能谱测试。通过浸胶前后稻草的结构和成分对比，评价 SH 固化剂的防腐效果。试验仪器为 LEO 场发射可变压力扫描电子显微镜，配有 X 射线能谱仪。

2. 稻草浸胶前后的吸水率的变化

稻草浸胶前后的吸水率如图 4.1 所示。

由图 4.1 可知，浸泡海水和自来水稻草的吸水率随浸水时间的变化规律基本相同。在浸水前 4 周，稻草处于吸水状态，吸水率随浸水时间的增加而增加；在浸水 4 周之后，吸水近乎饱和，吸水率增加缓慢。在稻草的吸水试验中还发现，浸泡海水和自来水一段时间之后，稻草的颜色变黑，说明稻草受到了水中霉菌的腐蚀。

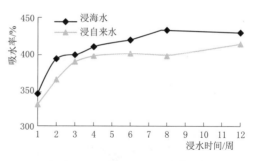

图 4.1 稻草浸胶前后的吸水率

3. 稻草浸胶前后的极限拉力和极限延伸率

稻草浸水、浸胶后的极限拉力和极限延伸率如图 4.2 所示，可以看出，浸泡海水和自来水稻草的极限延伸率和极限拉力随浸水时间的变化规律基本相同。无论是浸泡海水还是自来水，稻草的极限拉力和极限延伸率基本随浸水时间的增加而减小。这是因为随着浸水时间的增加，水软化了稻草的纤维，并且稻草被水中的微生物腐蚀所致。吸水使稻草的极限拉力和极限延伸率急剧减小，但浸水 4 周后，极限拉力和极限延伸率的降幅变小，此阶段的稻草基本不再吸水。这与稻草吸水率的变化规律相似，表明吸水多少与拉伸性能的弱化程度是对应的。

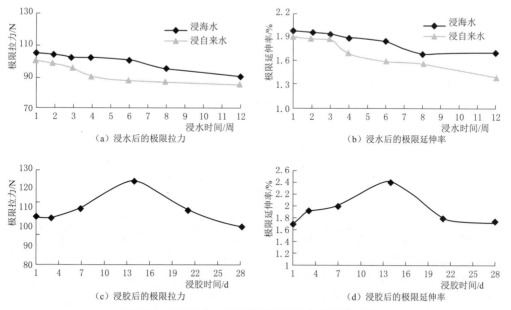

图 4.2 稻草浸水、浸胶后的极限拉力和极限延伸率

随浸胶时间的增加，极限拉力和极限延伸率均呈现先增大后减小的特征。其原因主要是随浸胶时间的增加，进入稻草孔隙中的 SH 固化剂逐渐增多，此时，SH 固化剂的高分子长链的搭接、缠绕等固化作用使得稻草的极限延伸率和极限拉力提高。但浸胶 14d 后，稻草吸胶达到饱和，此时 SH 固化剂中的水对稻草的软化作用开始显现，所以极限延伸率

和极限拉力呈下降趋势。稻草浸胶14d时，极限延伸率和极限拉力均达到最大值。与天然稻草的极限延伸率1.9％相比，浸胶14d稻草的极限延伸率达到2.4％，增幅为26％；与天然稻草的极限拉力100.9N相比，浸胶14d时稻草的极限拉力达到124N，增幅为23％。可见，浸泡SH固化剂有助于提高稻草的极限拉伸性能。

4. 稻草浸胶前后的微观结构变化

稻草浸胶前后的微观结构如图4.3所示。

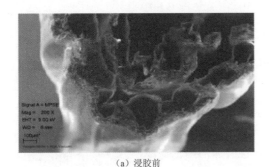
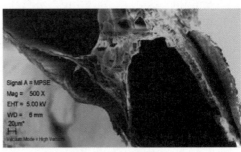

（a）浸胶前　　　　　　　　　　　　　　　　　　（b）浸胶后

图4.3　稻草浸胶前后的微观结构

稻草主要由纤维素、半纤维素和木质素组成，还含有一些无机成分，其中碳占大部分，约40％，其次为钾、硅、钙、镁、磷、硫等元素。由图4.3可以看出，稻草的横断面呈多层筒状，以大孔隙居多，在大孔隙之间存在着一些微小孔隙。SH固化剂包裹在稻草表面上，并填充了一部分小孔隙，使稻草的联结强度增加，提高了稻草的极限拉力和极限延伸率。从宏观上讲，部分孔隙被填充，使得稻草的孔隙面积减小，阻隔了水渗入稻草的部分通道，降低了稻草的吸水率。

4.1.2　稻草与麦秸秆吸水性及拉伸性能比较研究

以稻草和麦秸秆加筋滨海盐渍土，可提高土的强度和抗变形能力。使用SH固化剂对稻草和麦秸秆进行防腐处理，完成了防腐前后的吸水试验和极限拉伸试验。

1. 稻草与麦秸秆的微观结构比较

稻草与麦秸秆的微观结构如图4.4所示。

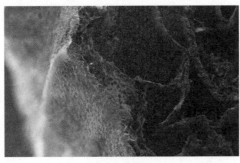
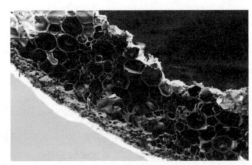

（a）稻草　　　　　　　　　　　　　　　　　　（b）麦秸秆

图4.4　稻草与麦秸秆的微观结构

由图 4.4 可以看出，稻草和麦秸秆的微观结构差异较大。稻草的横截面呈多层筒状，以大孔隙居多，在大孔隙的壁内分布有微小孔隙。麦秸秆的微观结构呈蜂窝状，外表皮光滑致密，中层和内层的组织较为疏松，孔径中等。稻草和麦秸秆的微观结构不同，决定了其物理力学性质具有差异。

天然稻草的极限延伸率平均为 1.99%，极限拉力平均为 122N；天然麦秸秆的极限延伸率平均为 1.13%，极限拉力平均为 53N。稻草的极限延伸率为麦秸秆的 1.8 倍，稻草的极限拉力为麦秸秆的 2.3 倍，天然稻草的极限拉伸性能优于天然麦秸秆。

2. 浸水稻草与麦秸秆的吸水率和拉伸性能比较

由图 4.5 可以看出，浸水前 4 周，稻草与麦秸秆持续吸水，吸水率随浸水时间的延长而增加；浸水 4 周后，麦秸秆的吸水率几乎不变，而稻草的吸水率仍缓慢增加。从微观结构角度分析，麦秸秆的大孔隙较多，无法吸附较多的水；稻草表面粗糙，且微小孔隙较多，便于水的聚集。因此，稻草的吸水率比麦秸秆的大。

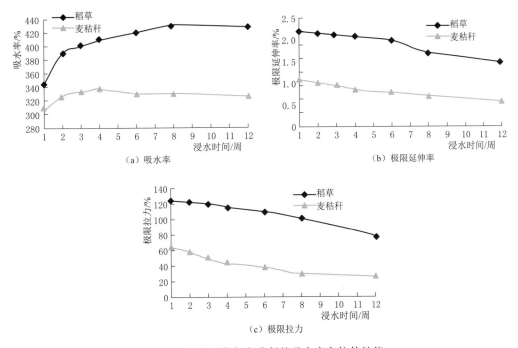

图 4.5　浸水稻草与麦秸秆的吸水率和拉伸性能

在 12 周的浸水时间内，稻草的极限延伸率和极限拉力都比麦秸秆的大。稻草与麦秸秆的极限延伸率和极限拉力的变化趋势相近，均随浸水时间的增加而降低。原因在于，随着浸水时间的增加，稻草和麦秸秆的纤维逐渐被水软化，且被水中的微生物腐蚀所致。

3. 浸胶稻草与麦秸秆的吸胶率和拉伸性能比较

稻草和麦秸秆易被水中的各种霉菌腐蚀，可使用 SH 固化剂对其进行防腐处理，然后与石灰共同加筋固化滨海盐渍土，以提高土的强度和抗变形能力。前期的实验结果表明：SH 固化剂干燥后不再溶于水，证实其吸附反应不可逆；SH 固化剂干燥后形成的胶膜阻挡了水的渗入，起到了防腐功效；SH 固化剂渗入到稻草与麦秸秆的微小缝隙中，包裹其纤维，增强它们的极限拉力和极限延伸率。浸泡 SH 固化剂的稻草和麦秸秆的吸胶率、极限延伸率和极限拉力随浸胶时间的变化曲线如图 4.6 所示。

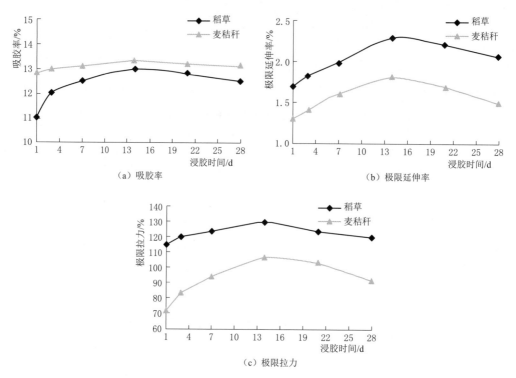

图 4.6　浸胶稻草与麦秸秆的吸胶率和极限拉伸性能

由图 4.6 可以看出，浸胶 0～14d 时，稻草和麦秸秆的吸胶率呈上升趋势；浸胶 14d 后，吸胶率趋于平缓，表明浸胶 14d 时稻草和麦秸秆吸胶基本饱和。麦秸秆的吸胶率比稻草的略大，这与吸水率刚好相反。结合图 4.4 分析可知，这是因为稻草以大孔隙为主，在大孔隙的壁内分布有微小孔隙，而麦秸秆的孔隙大小适中且较为均匀；麦秸秆孔隙壁的表面积大，吸附在孔隙壁上的胶液比稻草多；而稻草孔隙壁内的微小孔隙更易于水分的渗入，所以，稻草的吸水率虽高于麦秸秆，但吸胶率却比麦秸秆的小。

浸胶后稻草的极限延伸率和极限拉力均比麦秸秆的大。随浸胶时间的增加，稻草与麦秸秆的极限拉力和极限延伸率均呈现先增大后减小的变化趋势。产生该现象的原因是：随浸胶时间的增加，渗入稻草和麦秸秆孔隙中的 SH 固化剂逐渐增多，胶液的吸附和固化作用使得极限延伸率和极限拉力提高；浸胶 14d 后，稻草和麦秸秆吸胶饱和，此时 SH 固化剂中的水对稻草和麦秸秆的腐蚀作用开始有所体现，所以，极限延伸率和极限拉力又呈逐渐下降趋势。

4. 浸胶后再浸水稻草与麦秸秆的吸胶率和拉伸性能比较

分别将稻草与麦秸秆浸胶 1d、3d、7d、14d、21d、28d 后再浸入海水中不同时间，完成了吸水率试验和极限拉伸试验。选择浸胶后再浸泡海水是因为稻草和麦秸秆防腐后作加筋材料时，稻草和麦秸秆仍处于咸水中。鉴于浸胶相同时间后再浸海水不同时间的稻草和麦秸秆的吸水率、极限拉力和极限延伸率的变化趋势相近，且以浸胶 14d 时最优，所以，选定浸胶 14d 后再浸海水不同时间的稻草与麦秸秆，比较其吸水率、极限延伸率、极限拉力，结果见图 4.7。

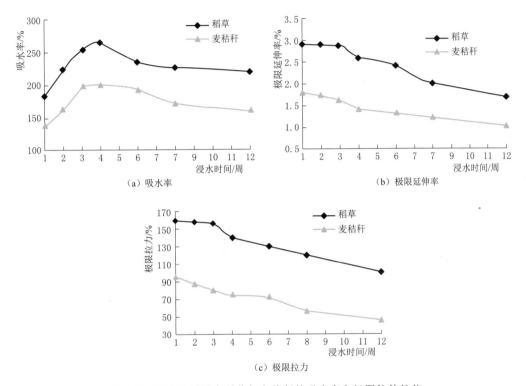

图 4.7　浸胶后再浸水稻草与麦秸秆的吸水率和极限拉伸性能

与天然状况相比，浸胶 14d 后再浸海水，稻草与麦秸秆的吸水率均下降。由图 4.5 和图 4.7 可以看出，未浸胶和浸胶 14d，稻草的吸水率都比麦秸秆的大。稻草浸胶后吸水率的降低率为 35.4%～48.8%；而麦秸秆为 40.9%～54.9%，可见浸胶防腐对麦秸秆更有利。这是由于麦秸秆的吸胶率高于稻草，形成的胶膜隔断了水的渗入通道，所以，SH 固化剂对麦秸秆的防腐效果优于稻草的防腐效果。

与只浸泡海水状态相比，浸胶 14d 后再浸海水，稻草与麦秸秆的极限拉力和极限延伸率均有提高。浸胶 14d 后再浸泡海水稻草与麦秸秆的极限拉力和极限延伸率都随浸水时间的增加而减小。在任何浸水时间内，稻草的极限延伸率和极限拉力均比麦秸秆的大。因此，若使用防腐后的稻草作加筋材料，其较高的极限延伸率将使加筋土能承受更大的变形。

浸胶后麦秸秆极限拉力的增长率和极限延伸率的增长率均比稻草的高，也就是说，浸胶对于改善麦秸秆的抗拉性能更为有利。这还是源于麦秸秆的吸胶率高于稻草，麦秸秆与更多的 SH 固化剂发生了吸附、搭接、架桥等化学作用，因此，提高了其极限拉力和极限延伸率。

4.1.3　稻草与麦秸秆比较结论

　　稻草与麦秸秆的微观结构不同，决定了它们在物理力学性质上的差异。天然和浸胶后稻草的吸水率均高于麦秸秆，麦秸秆的吸胶率比稻草的大。在天然、浸海水、浸胶、浸胶 14d 后再浸海水等 4 种工况下，稻草的极限拉力和极限延伸率均比麦秸秆的大。若使用防腐后的稻草作加筋材料，其良好的拉伸性能将使加筋土能承受更大的变形。对加筋土的抗变形能力要求较高时，宜优先选用稻草作为加筋材料。浸胶 14d 后再浸海水麦秸秆的吸水率的降低率、极限拉力的增长率和极限延伸率的增长率均比稻草的高。麦秸秆的浸胶防腐效果优于稻草，在潮湿地区应用（对筋材的防腐性能要求较高）时，宜优先选用麦秸秆作为加筋材料。

4.1.4　小结

　　吸水使稻草的极限拉力和极限延伸率急剧减小，浸水 4 周后，极限拉力和极限延伸率的降幅变小，此阶段的稻草基本不再吸水。吸水量与拉伸性能的弱化程度是对应的。随浸胶时间的增加，极限拉力和极限延伸率均呈现先增大后减小的特征。SH 胶包裹在稻草表面上，并填充了一部分小孔隙，使稻草的联结强度增加，提高了稻草的极限拉力和极限延伸率。天然稻草的极限拉伸性能优于天然麦秸秆，稻草的吸水率比麦秸秆的大，麦秸秆的吸胶率比稻草的略大，这与吸水率刚好相反。浸胶后稻草的极限延伸率和极限拉力均比麦秸秆的大。使用防腐后的稻草作加筋材料，其较高的极限延伸率将使加筋土能承受更大的变形。麦秸秆的浸胶防腐效果优于稻草，在潮湿地区应用（对筋材的防腐性能要求较高）时，宜优先选用麦秸秆作为加筋材料。

4.2　稻草加筋盐渍土的抗压与抗剪强度

　　上述研究表明，稻草的物理力学性能比麦秸秆具有优势。为量化不同天然加筋材料（麦秸秆、稻草）对盐渍土力学性能的影响，分别采用稻草和麦秸秆加筋滨海盐渍土。选择加筋长度、质量加筋率、筋材形状及防腐处理作为影响因素，比较稻草加筋土和麦秸秆加筋土的无侧限抗压强度

4.2.1　稻草与麦秸秆加筋盐渍土的抗压强度比较

　　1. 试验条件与方法

　　选取前述研究中使用的盐渍土，稻草和麦秸秆分成圆管状、二分之一状、四分之一状，截成长度为 10mm 和 15mm 的段。SH 固化剂作为稻草和麦秸秆的防腐材料，选择稻草和麦秸秆作为加筋材料，以加筋长度、质量加筋率（筋材质量与干土质量的比值）、筋材形状、防腐处理（浸泡 SH 固化剂）为影响因素，测试稻草加筋土和麦秸秆加筋土的无侧限抗压强度[6]。

　　2. 加筋长度和加筋率对稻草及麦秸秆加筋盐渍土抗压强度的影响

　　稻草及麦秸秆加筋盐渍土的无侧限抗压强度试验结果如图 4.8 所示。

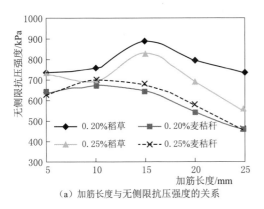
（a）加筋长度与无侧限抗压强度的关系

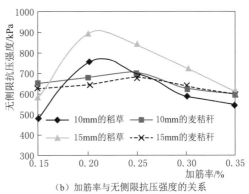
（b）加筋率与无侧限抗压强度的关系

图 4.8　加筋长度和加筋率影响下稻草与麦秸秆盐渍土的无侧限抗压强度

由图 4.8 可知，不同长度的稻草和麦秸秆作为加筋材料处理盐渍土，其无侧限抗压强度的变化趋势不同，稻草加筋土的无侧限抗压强度先增加，后逐渐降低，有明显的峰值点。麦秸秆加筋土的无侧限抗压强度先缓慢增加，后缓慢降低，无明显的峰值点。这是因为：加筋长度过小时，土中的裂纹容易绕开筋材继续发展，不能起到很好的加筋作用。加筋长度过长时，会在土体内部形成薄弱面，也将抵消加筋对强度的增强效果。

对于稻草加筋土，在加筋长度为 15mm，质量加筋率为 0.20% 时，稻草加筋土的无侧限抗压强度处于最大值，比加筋长度为 10mm 时增加了 16.1%。对于质量加筋率为 0.25% 的麦秸秆加筋土，当加筋长度从 10mm 增加到 15mm 时，其抗压强度仅降低了 4.3%。因此，10mm 或 15mm 均可作为稻草的适宜加筋长度。

在 0.15% 的质量加筋率时，麦秸秆加筋土的无侧限抗压强度高于稻草加筋土，但随着质量加筋率的增加，稻草加筋土的无侧限抗压强度呈抛物线趋势变化，而麦秸秆加筋土抗压强度则平缓增加，增加幅度较小。这是因为：加入筋材，增大了土的孔隙度，过大的孔隙度将抵消加筋对强度的增强效果；过多的加筋材料容易在土中重叠，减弱了土颗粒间的黏结，使其抗压强度降低。

在质量加筋率为 0.20% 时，稻草加筋土的无侧限抗压强度达到峰值，而在 0.25% 时，又降低了 6.3%。麦秸秆在加筋率为 0.25% 处，加筋土的抗压强度最大，至 0.20% 处又减少了 3.2%。可见，麦秸秆的适宜加筋率为 0.20% 或 0.25%。稻草加筋土的适宜加筋长度为 15mm，质量加筋率为 0.20%。麦秸秆的适宜加筋长度为 10mm 或 15mm，质量加筋率为 0.20% 或 0.25%。土颗粒与筋材的良好摩擦性能，使土的强度提高。麦秸秆表面含有蜡质，表面光滑，而稻草的表面比麦秸秆粗糙，两者与土颗粒间的摩擦系数不同，由此导致其适宜加筋条件的不同。

3. 筋材形状和防腐处理对麦秸秆及稻草加筋盐渍土抗压强度的影响

将稻草和麦秸秆分成圆管状、二分之一状和四分之一状，制备加筋土样并测定抗压强度。同时，使用 SH 固化剂浸泡稻草和麦秸秆，对其进行防腐处理并测定防腐筋条作为加筋材料的盐渍土的无侧限抗压强度，结果如图 4.9 所示。

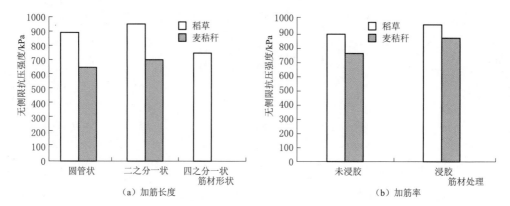

图 4.9　筋材形状和防腐处理影响下的稻草与麦秸秆加筋盐渍土的抗压强度

由图 4.9 可知，对于稻草，二分之一状加筋土与圆管状加筋土相比，加筋土的无侧限抗压强度增加了 6.7%。对麦秸秆而言，二分之一状加筋土与圆管状加筋土相比，加筋土的无侧限抗压强度增加了 4.8%，四分之一状加筋土与二分之一状加筋土相比，加筋土的无侧限抗压强度增加了 7.1%。筋材形状造成土的无侧限抗压强度不同的原因是，与圆管状相比，二分之一状的稻草和麦秸秆的内外表面均与土接触，与土颗粒的有效接触面积增大了一倍，即摩擦力增加了；与二分之一状相比，四分之一状的筋材个数增加了一倍，这使得筋材发生交织成网的概率大为增加。两种原因导致加筋土的无侧限抗压强度增大，残余强度也较大。

防腐稻草加筋土的无侧限抗压强度比天然稻草加筋土的增加了 5.6%，防腐麦秸秆加筋土的无侧限抗压强度比天然的增加了 13.7%。天然稻草和防腐稻草加筋土的无侧限抗压强度都高于天然麦秸秆和防腐麦秸秆加筋土的无侧限抗压强度。工程应用时，宜优先考虑防腐稻草做加筋材料。浸 SH 固化剂防腐后，麦秸秆和稻草的极限拉力和极限延伸率大为提高，吸水性能下降，能很好地适应并协调土的变形，提高了加筋土的无侧限抗压强度。

通过加筋土的无侧限抗压强度对比，证实稻草加筋土的无侧限抗压强度高于麦秸秆加筋土，同时还得出：稻草的适宜加筋长度为 15mm，质量加筋率为 0.20%；麦秸秆的适宜加筋长度为 10mm 或 15mm，质量加筋率为 0.20% 或 0.25%；就筋材形状而言，二分之一状优于圆管状，四分之一状优于二分之一状；浸泡在 SH 固化剂中，对麦秸秆和稻草作防腐处理，这使得加筋土的无侧限抗压强度均有不同程度的提高。考虑到加筋土的耐久性问题，在将稻草和麦秸秆用于加筋之前，需对其进行防腐处理。

4.2.2　稻草加筋盐渍土的强度和变形特征

1. 制样条件和试验方法

选取稻草的质量加筋率分别为 0.15%、0.2%、0.25%、0.3% 和 0.35%，加筋长度分别为 5mm、10mm、15mm、20mm、25mm 和 30mm，制备稻草加筋盐渍土的无侧限抗压强度试样。以质量加筋率分别为 0.2%、0.25% 和 0.3%，加筋长度分别为 15mm、20mm 和 25mm 为制样条件，制备稻草加筋盐渍土的三轴压缩试样。选定稻草加筋盐渍土试样的含水率为 22%，干密度为 1.71g/cm³。

无侧限抗压强度试验的测力环为 10kN，应变速率为 1mm/min。试样的直径为 50mm，高度为 50mm。采用不固结不排水剪切试验，围压为 100kPa、200kPa、300kPa 和 400kPa，加载速率为 0.828mm/min。试样的直径为 61.8mm，高度为 125mm。

2. 无侧限抗压强度

无侧限抗压强度试验结果如图 4.10 所示。含水率为 22%、干密度为 1.71g/cm³ 的盐渍土试样的无侧限抗压强度为 149kPa。加筋率为 0.15% 的试样的无侧限抗压强度最低，加筋率为 0.2% 的试样的抗压强度最高。加筋长度为 5mm 和 30mm 的试样的无侧限抗压强度最低，加筋长度为 15mm 的试样的无侧限抗压强度最高。图 4.10 中的曲线呈抛物线形，综合对比后确认稻草加筋土的适宜加筋率为 0.2%，适宜加筋长度为 15mm，这种加筋条件下，稻草的加筋作用最优。

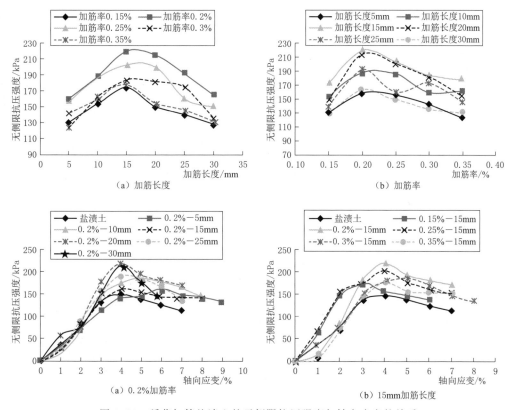

图 4.10 稻草加筋盐渍土的无侧限抗压强度与轴向应变的关系

增大加筋率，稻草的数量增多，筋土间的总摩擦力增大，土的抗压强度增加。加筋率增大至一定数值后，加筋稻草易发生重叠，重叠稻草间缺少了土颗粒的黏结，试样的整体性受到破坏，导致其无侧限抗压强度降低，个别强度甚至低于盐渍土。稻草长度过小时，在土中形成了点状加筋，单根加筋能控制土的范围很小，无法保持试样的整体性，加筋土受压时，土中的微裂纹常可绕开筋材，继续扩展，使稻草不能起到很好的加筋作用。

由图 4.10 可以看出，0.2％-15mm（表示加筋率为 0.2％，加筋长度为 15mm，下同）试样的峰值强度和残余强度均最大。盐渍土和加筋土均呈应变软化特征，加筋土的抗变形性能明显优于盐渍土。在轴向应变较小时，不同加筋长度和加筋率的强度-应变曲线相互接近，随着轴向应变的增加，曲线间的差别才逐渐增大。说明只有在达到一定的轴向应变时，稻草的加筋作用才能发挥出来。达到峰值强度后，加筋土依然保持较高的残余强度。主要原因是，稻草发挥筋土摩擦作用，约束了土的变形；同时，稻草的良好抗拉性能分担了部分拉应力，延缓了裂缝的进一步扩展，提高了土的强度。

两者的强度-应变曲线形态相似，表明加筋并未从根本上改变土的应力-应变属性。考虑到路堤填料的抗变形性能要求较高，后续的研究中还需考虑掺加无机固化材料，发挥固化和加筋的联合功效。

3. 三轴剪切强度特征

盐渍土与稻草加筋土抗剪强度指标见表 4.1。由加筋土的黏聚力变化可看出，稻草加筋土的适宜加筋长度为 20mm，适宜加筋率为 0.2％。抗压试验与抗剪试验得出的适宜加筋长度不同，这表明适宜加筋长度与试样的直径有关。加筋属于物理作用，没有改变土颗粒的尺寸和形态及颗粒间的胶结型式，因此稻草加筋对盐渍土的内摩擦角影响不大。与盐渍土相比，稻草加筋土的黏聚力增长较明显，平均增长率达 41％。加筋使得盐渍土的黏聚力增加，说明稻草的加筋作用符合纤维加筋土的"准黏聚力"理论。

表 4.1　　　　　　　　不同加筋条件下的稻草加筋盐渍土抗剪强度指标

加筋率/%	加筋长度/mm	黏聚力/kPa	内摩擦角/(°)	加筋率/%	加筋长度/mm	黏聚力/kPa	内摩擦角/(°)
0.2	15	42	13	0.25	15	39	13
0.2	20	56	12	0.25	20	34	12
0.2	25	51	11	0.25	25	50	10
0.3	15	31	12	0.3	25	43	11
0.3	20	36	13	0	0	30	10

盐渍土和 0.2％-20mm 试样偏应力与轴向应变的关系如图 4.11 所示。可见，在初始

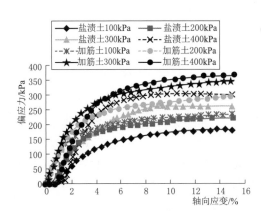
图 4.11　加筋土偏应力与轴向应变的关系

阶段，特别是侧向变形较小时，加筋土和盐渍土的应力-应变关系曲线很接近。随着轴向应变的逐渐增大，加筋土与盐渍土的应力-应变关系曲线间的距离逐渐加大，最终趋向一个定值，说明随着轴向应变的增大，加筋作用在逐渐增强；当应变达到一定值后，在相同的偏应力下，加筋土的应变小于盐渍土的应变，稻草加筋提高了盐渍土的强度和抗变形能力。盐渍土和加筋土的应力-应变曲线均呈应变硬化型，表明稻草加筋并未从根本上改变盐渍土的应力-应变属性。

4. 抗压与剪切破坏形态

盐渍土与稻草加筋土的破坏形态如图 4.12 所示。

无侧限抗压试验　围压100kPa下的三轴试验　围压200kPa下的三轴试验　围压300kPa下的三轴试验　围压400kPa下的三轴试验

（a）盐渍土破坏形态

无侧限抗压试验　围压100kPa下的三轴试验　围压200kPa下的三轴试验　围压300kPa下的三轴试验　围压400kPa下的三轴实验

（b）稻草加筋土破坏形态

图 4.12　盐渍土与稻草加筋土的破坏形态

由图 4.12 可知，无侧限抗压试验过程中稻草加筋土产生了微张裂缝，张裂缝进一步扩展时遇到稻草，稻草使张裂缝的扩展受阻，此时的张裂缝必将改变方向，由原沿张裂缝滑动改变为沿筋材面滑动，即张裂缝的扩展方向被改变，延缓了张裂缝形成贯通的滑动面，从而增强了试样的抗压强度和抗变形能力。

三轴压缩试样破坏后的裂缝均为斜剪裂缝。随着围压的增加，斜剪裂缝的数量增多；围压越大，交叉斜剪裂纹越明显。盐渍土侧向变形特征是中间大、两端小，呈渐变过渡。加筋土的侧向变形量则明显减小，表明筋材对土的侧向变形有较强的约束作用。这是因为加筋土是土与筋材形成的复合体，它们共同受力、协调变形。当受到外荷载作用时，土产生侧向伸张变形。由于筋材的弹性模量远高于土的弹性模量，致使土与筋材之间发生相互错动。这种错动土颗粒沿筋材分布方向发生，筋土间必然发生摩擦作用，抵抗土的位移。只有应变较大时，才能发挥稻草的抗拉作用，加筋效果最优。

适宜加筋长度与试样尺寸有关。依据无侧限抗压试验结果确定的适宜加筋率为0.2%，适宜加筋长度为15mm。由三轴 UU 压缩试验结果确定的适宜加筋率为 0.2%，适宜加筋长度为 20mm。加筋使盐渍土的抗压强度提高48%，使盐渍土的黏聚力和内摩擦角分别提高 87% 和 20%。盐渍土和加筋土均呈应变软化特征。加筋土在达到峰值应力之后，仍然保持较高的残余强度。只有在达到一定的轴向应变时，稻草的加筋作用才能发挥出来。稻草加筋提高了土的强度，增强了土的抗变形能力。稻草纤维加筋属于体积补强，加筋对土的抗剪强度贡献主要体现在黏聚力增加，加筋土的内摩擦角几乎与盐渍土的内摩擦角相同。

4.2.3　干密度和含水率影响下的稻草加筋盐渍土强度

研究稻草加筋盐渍土的干密度和含水率对其无侧限抗压强度、抗剪强度和应力-应变性能的影响，对于优化加筋处理方案及实际工程应用有指导作用。

1. 试验方案与条件

无侧限抗压试验的应变速率为 1mm/min。试样的直径为 50mm，高度为 50mm。采用不固结不排水三轴剪切试验，围压分别为 100kPa、200kPa、300kPa 和 400kPa，加载速率为 0.828mm/min。试样的直径为 61.8mm，高度为 125mm。

土的干密度决定了其孔隙比大小，也决定了土颗粒间的咬合程度和颗粒间的作用力。以重型击实试验获得的最大干密度 1.80g/cm³ 为基准，结合路堤的不同填筑部位所要求的压实度不同，将加筋土的干密度设计为 1.66g/cm³、1.71g/cm³ 和 1.76g/cm³。考虑到天津滨海地区的春季水分蒸发、夏季地表水下渗和地下水位上升等因素，一年中，路堤土的含水率将发生变化，因此以最优含水率 22％为基准，上下浮动 2％，将加筋土的含水率设计为 20％、22％和 24％。

2. 干密度对稻草加筋土抗压强度的影响

三种干密度的稻草加筋盐渍土的抗压强度-轴向应变特征和破坏形态如图 4.13 所示。

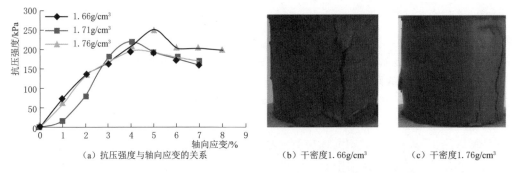

|（a）抗压强度与轴向应变的关系|（b）干密度1.66g/cm³|（c）干密度1.76g/cm³|

图 4.13　稻草加筋盐渍土的抗压强度-轴向应变特征和破坏形态

由图 4.13（a）可知，制备干密度较大的土样所需要的压实功较大，土颗粒施加在筋材表面上的正压力也就较大；同时，单位体积的土颗粒增多，即稻草与土颗粒的接触面积增加，界面摩擦力随之增加。因此，随着土的干密度增大，稻草加筋土的抗压强度增加。加筋土的抗压强度-轴向应变曲线显示，与干密度为 1.66g/cm³ 和 1.71g/cm³ 的试样相比，干密度为 1.76g/cm³ 的试样达到峰值强度的轴向应变增大，残余强度也较高。干密度增大，土的抗压强度也增大，这符合水土作用的一般规律。加筋土呈应变硬化特征，即加筋没有从本质上改变土的应力-应变性能，只对抗变形能力有所改善。

加筋土的破坏形态显示，干密度为 1.66g/cm³ 的试样形成了贯穿裂缝。干密度为

$1.76g/cm^3$ 的试样较为密实，裂缝较细、较少。两个试样均呈压裂破坏，表明加筋土呈不完全塑性破坏。

3. 含水率对稻草加筋土抗压强度的影响

三种含水率的稻草加筋盐渍土的抗压强度-轴向应变特征和破坏形态见图4.14。

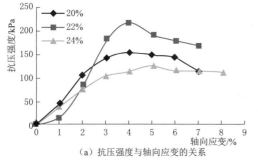

（a）抗压强度与轴向应变的关系　　　（b）含水率20%　　　（c）含水率24%

图4.14　稻草加筋盐渍土的抗压强度-轴向应变特征和破坏形态

与最优含水率的加筋土相比，大于或小于最优含水率的试样，其强度均有所降低。低于最优含水率，即含水率为20%时，土颗粒表面的结合水膜较薄，颗粒移动所需的功较大，土样不易被压实，导致加筋土的抗压强度较低。处于最优含水率时，黏土颗粒的结合水膜厚度增大，颗粒间的作用力适中，颗粒易于滑动，土易被压密，土的抗压强度最高。高于最优含水率时，界面处的自由水分增多，颗粒间错动较为容易，同时筋材表面也被充分润滑，从而减小了筋土间的摩擦力，加筋作用被弱化。两者共同作用，导致稻草加筋土的抗压强度较低。

随含水率增加，加筋土的抗压强度-轴向应变曲线由弱应变软化型过渡到应变硬化型。含水率对应力-应变性能的影响强于干密度的影响。含水率为20%的加筋土有贯穿裂缝，且有较小的脱落土块。含水率为24%的加筋土试样的裂缝不多，呈现微塑性破坏。

4. 干密度对稻草加筋土抗剪强度的影响

三种干密度的稻草加筋盐渍土的偏应力-轴向应变关系见图4.15。

随土的干密度增加，加筋土的峰值偏应力逐渐增加，300kPa和400kPa围压时的增量较大。盐渍土三轴压缩试验得到的黏聚力为30kPa，内摩擦角为10°。随土的干密度增加，加筋土的黏聚力增加。干密度从 $1.66g/cm^3$ 变化到 $1.71g/cm^3$ 时，黏聚力增加了30%。干密度为 $1.76g/cm^3$ 和 $1.71g/cm^3$ 的加筋土相比，黏聚力增加了57%。加筋土的内摩擦角变化不大。增加干密度，使土颗粒与稻草的接触面积增大，加筋土的黏聚力随之增大。稻草加筋属于物理作用，加筋没有形成更大的土团粒，也不能增加土颗粒间的咬合力，因此对土的内摩擦角影响较小。加筋土的干密度越大，应力-应变性能的硬化趋势就越明显。

5. 含水率对稻草加筋土抗剪强度的影响

三种含水率的稻草加筋盐渍土的偏应力-轴向应变关系见图4.16。与含水率为22%的加筋土的峰值偏应力相比，含水率为20%的加筋土在100kPa、200kPa、300kPa和400kPa围压下的降低率分别为52%、57%、62%和61%；含水率为24%的加筋土的降低率分别为58%、59%、30%和21%。含水率为20%和24%加筋土的峰值偏应力均比含水率为22%加筋土的小很多。含水率从22%降低到20%，加筋土的黏聚力从56kPa降到

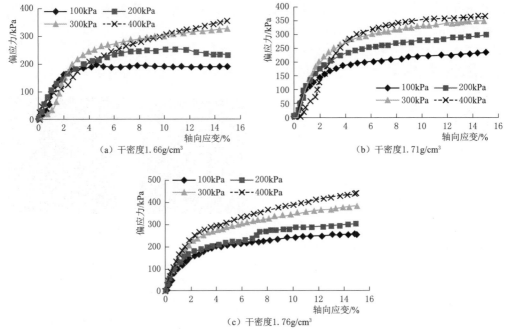

图 4.15　稻草加筋盐渍土的偏应力-轴向应变关系

46kPa，降低率为 18%；内摩擦角从 12°降低到 9°，内摩擦角降低率为 25%。当含水率从 22%增加到 24%时，其黏聚力下降到 28kPa，降低率为 50%，内摩擦角降低了 33%。可见，含水率对加筋土的抗剪强度影响较明显，含水率对抗剪强度影响的原理与对抗压强度影响相同。随含水率的增加，加筋土的应力-应变关系由硬化型向弱硬化型转变。

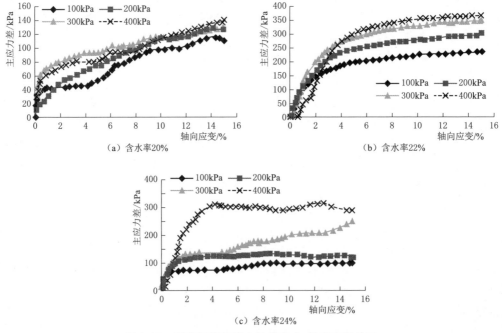

图 4.16　稻草加筋盐渍土的偏应力-轴向应变关系

稻草加筋提高了盐渍土的强度和抗变形能力。筋土摩擦作用的充分发挥使得加筋明显增强了盐渍土的黏聚力。由于加筋属于物理作用，没有改变土的结构形态，所以对土的内摩擦角影响不大。干密度越大，加筋土的强度越高，抗变形能力越强，加筋土的应力-应变曲线就越显应变软化特征。随含水率的增加，加筋土的强度和抗变形能力均减弱。在最优含水率和最大干密度条件下，稻草加筋盐渍土的强度和抗变形能力最优。加筋土其他性能的试验研究工作宜在接近最优含水率和最大干密度的条件下制备样品，包括加筋土的动力学性能、CBR、回弹模量等，满足施工设计需要且便于各种数据间的对比分析。

4.2.4 稻草加筋盐渍土和稻草加筋石灰土的抗剪强度

石灰可抵抗滨海盐渍土中氯盐的腐蚀，且可增强滨海盐渍土的抗压强度。用稻草做加筋材料，辅以石灰共同加筋固化滨海盐渍土，完成了不同干密度的加筋盐渍土和加筋石灰土的三轴压缩试验[7-10]，并研究干密度对加筋土的抗剪强度的影响。

1. 试验方案

制备试样类型为盐渍土、石灰土、加筋盐渍土和加筋石灰土。提前一天将水均匀喷洒于盐渍土，制样时再拌入稻草和石灰，稻草均匀分布于整体试样中。然后，将混合料分三层装入钢质模具中，其内壁涂抹黏稠油脂，层间打毛深度5mm，借助千斤顶和反力装置，上下同时缓慢挤压而成。压制成型后静置5min，以保证制备的试样有较好的整体性。试样直径为61.8mm，高度为125mm。鉴于土的最大干密度为1.78g/cm³，并考虑到施工中的压实度取93%~98%，故制备干密度为1.66g/cm³、1.71g/cm³、1.76g/cm³的试样。

2. 抗剪强度分析

将盐渍土、石灰土、加筋盐渍土、加筋石灰土的黏聚力和内摩擦角列于表4.2中。

表4.2 四种土的抗剪强度指标

土质/%	干密度/(g/cm³)	黏聚力/kPa	内摩擦角/(°)	土质/%	干密度/(g/cm³)	黏聚力/kPa	内摩擦角/(°)
盐渍土	1.71	30	10	石灰土	1.71	149	32
加筋盐渍土	1.71	56	12		1.66	43	10
	1.76	88	11	加筋石灰土	1.71	249	33
	1.66	193	31		1.76	345	30

由表4.2可以看出，掺加石灰使盐渍土的黏聚力和内摩擦角均显著增加，而加筋只增大盐渍土和石灰土的黏聚力。对于加筋盐渍土和加筋石灰土，随干密度的增大，黏聚力均有大幅增加，而内摩擦角的变化则不明显。当干密度为1.76g/cm³时，加筋石灰土的抗剪强度指标相对最优。以上现象产生的原因如下：

（1）对盐渍土，加入石灰后，增强了盐渍土颗粒间的黏结力。原因是加入石灰后，石灰发生水化反应，使得石灰和盐渍土颗粒形成胶结物，使土颗粒之间的黏结方式发生变化，增加了土颗粒之间的黏结力，同时处于分散状态的胶粒因石灰的加入而大量聚集，大大降低了孔隙比，提高了土的结构强度。表现为黏聚力增长397%，内摩擦角增长220%。

（2）在盐渍土和石灰土中加入筋材后，剪切加筋土时，需克服由稻草组成的纤维网对盐渍土的空间约束。因稻草在土中随机分布，在土样中易形成相互交织的立体网络，位于纤维网内的土颗粒，在受力产生运动趋势时，就会受到纤维网的约束作用。

（3）对加筋盐渍土和加筋石灰土，当干密度从 1.66g/cm³ 增大到 1.76g/cm³ 时，使土颗粒间的接触及土颗粒与稻草纤维的接触更紧密，当土颗粒有运动趋势时，需克服的摩擦力更大。表现为加筋盐渍土的黏聚力增长 105%，加筋石灰土的黏聚力增长 79%。对土的内摩擦角而言，加筋和增加土的密度并未改变土颗粒的表面性质和外部性状，粗大颗粒嵌固作用的影响也相对较小。因此，土的内摩擦角变化不大。

3. 干密度对稻草加筋土和稻草石灰固化土的抗剪强度比较

干密度为 1.71g/cm³ 的盐渍土和石灰土应力-应变关系，以及不同干密度条件下加筋盐渍土和加筋石灰土的应力应变关系如图 4.17 所示。掺加石灰使盐渍土的偏应力明显增大。当干密度相同时，增大围压使加筋石灰土的偏应力变化较大，使加筋盐渍土的偏应力变化较小。在干密度和应变相同时，掺加石灰可使加筋土的偏应力有显著提高。随着轴向应变的增加，四种土均呈应变硬化特性。

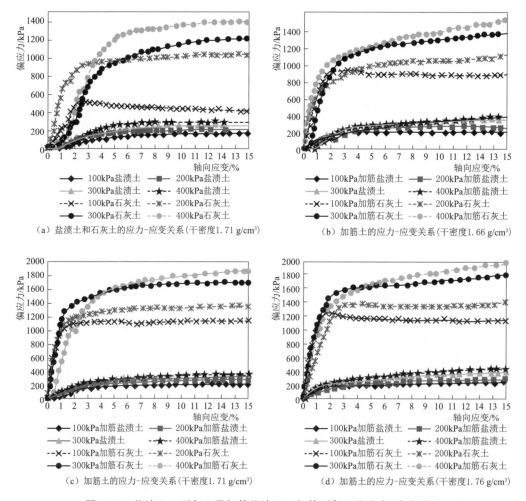

图 4.17　盐渍土、石灰土及加筋盐渍土、加筋石灰土的应力-应变关系

相同干密度下，围压对加筋石灰土的偏应力影响较大，对加筋盐渍土的偏应力影响不大；对加筋盐渍土来说，土颗粒间及土颗粒与筋材间的摩擦作用并不强烈，此时围压处于次要因素，所以加筋盐渍土的偏应力改变较小。对于加筋石灰土，当轴向应变在3%以内时，围压对偏应力的影响不明显；当轴向应变大于3%时，围压越大，应力-应变曲线愈陡，应力-应变曲线的硬化特征愈明显，偏应力也越大。掺加入稻草可以提高盐渍土和石灰土的偏应力，且使石灰土的主应力差提高较多。

4. 围压对稻草加筋土和稻草石灰固化土的抗剪强度比较

不同围压下的加筋盐渍土和加筋石灰土的应力-应变关系如图4.18所示。在四个围压下，随着干密度的增大，土的偏应力均逐渐增大，且能明显看出掺加石灰后，加筋石灰土偏应力有显著增大。且随围压增大，两种土的偏应力也有提升。相同围压时，初始干密度为1.76g/cm³的加筋石灰土，在100kPa和200kPa的围压下应力-应变曲线均出现软化特征，而当围压逐步增大后，应力-应变曲线转变为硬化型。主要是因为干密度较大时，土颗粒间的作用力较强，较小的围压不足以影响土的横向变形。对于加筋石灰土，无论何种围压时，当干密度从1.66g/cm³增大到1.76g/cm³后，偏应力均有大幅的提高。

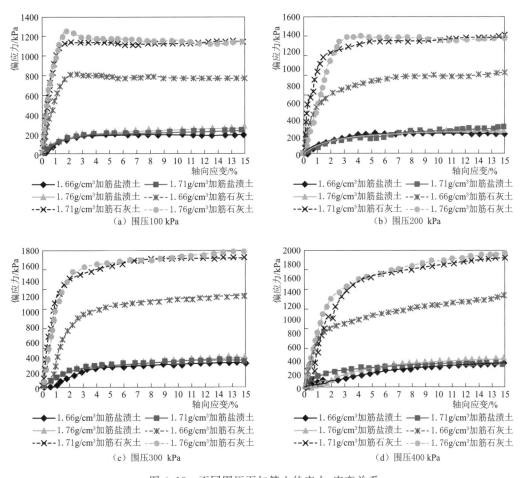

图4.18 不同围压下加筋土的应力-应变关系

加筋石灰土在轴向应变大于 10％时，干密度为 1.71g/cm³ 和 1.76g/cm³ 时的应力-应变曲线趋于重合，说明当轴向应变较大时，干密度对土偏应力的影响近乎消失，此时土的偏应力主要取决于围压，围压越大，土的偏应力越大。干密度的大小决定了土的结构的紧密程度，并影响土的抗剪强度。随着土的干密度的增大，加筋盐渍土和加筋石灰土的黏聚力均显著增大，而内摩擦角则变化不大。

　　相同干密度时，加筋石灰土较加筋盐渍土的偏应力有大幅提升，说明石灰对增强加筋盐渍土的抗剪强度作用较为明显。不同干密度时，当加筋石灰土的轴向应变大于 10％时，干密度为 1.71g/cm³ 和 1.76g/cm³ 的土应力-应变曲线趋于重合，说明当轴向应变较大时，干密度对土的偏应力的影响近乎消失，此时土的偏应力取决于围压。加入稻草和石灰，通过稻草和土的界面摩擦作用，可以增强对土的侧向约束作用，提高土的承载力，而石灰的固化作用又使得筋土摩擦作用进一步增强。

4.2.5　小结

　　不同加筋长度的稻草和麦秸秆加筋土抗压强度的变化趋势不同，稻草加筋土抗压强度先增加，后逐渐降低，有明显的峰值点。麦秸秆加筋土的抗压强度先缓慢增加，后缓慢降低，无明显的峰值点。稻草的适宜加筋长度为 15mm，质量加筋率为 0.20％；麦秸秆的适宜加筋长度为 10mm 或 15mm，质量加筋率为 0.20％或 0.25％；就筋材形状而言，二分之一状优于圆管状，四分之一状优于二分之一状；浸泡在 SH 固化剂中，对麦秸秆和稻草作防腐处理，这使得加筋土的抗压强度均有不同程度的提高。盐渍土和加筋土的应力-应变曲线均呈应变硬化型，稻草加筋并未从根本上改变盐渍土的应力-应变属性。筋材对土的侧向变形有较强的约束作用，但只有在达到一定的轴向应变时，稻草的加筋作用才能发挥出来。盐渍土和加筋土均呈应变软化特征，加筋土在达到峰值应力之后，仍然保持较高的残余强度。稻草加筋提高了盐渍土的强度和抗变形能力，筋土摩擦作用的充分发挥使得加筋明显增强了盐渍土的黏聚力，对土的内摩擦角影响不大。相同干密度下，围压对加筋石灰土的偏应力影响较大，对加筋盐渍土的偏应力影响不大。随着土的干密度的增大，加筋盐渍土和加筋石灰土的黏聚力均显著增大，而内摩擦角则变化不大。

参 考 文 献

［1］　周瑾 . SH 材料对夯筑遗址土的加固效果试验研究 ［D］. 兰州：兰州大学，2018.

［2］　魏丽，柴寿喜 . SH 固土剂对滨海盐渍土的固化作用评价 ［J］. 工程地质学报，2018，26（2）：407-415.

［3］　李敏，柴寿喜，魏丽 . 麦秸秆的力学性能及加筋滨海盐渍土的抗压强度研究 ［J］. 工程地质学报，2009，17（4）：545-549.

［4］　魏丽，柴寿喜，蔡宏洲，等 . 麦秸秆的物理力学性能及加筋盐渍土的抗压强度 ［J］. 土木工程学报，2010，43（3）：93-98.

［5］　魏丽，柴寿喜，蔡宏洲，等 . 麦秸秆加筋材料抗拉性能的实验研究 ［J］. 岩土力学，2010，31（1）：128-132.

［6］　石茜，柴寿喜，李敏，等 . 潮湿环境中稻草的防腐效果及极限拉伸性能 ［J］. 吉林大学学报（地球科学版），2011，41（1）：200-206.

［7］ 柴寿喜，石茜. 加筋长度和加筋率下的稻草加筋土强度特征［J］. 解放军理工大学学报（自然科学版），2012，13（6）：646－650.

［8］ WEI L，CHAI S X，ZHANG H Y，et al. Mechanical properties of soil reinforced with both lime and four kinds of fiber［J］. Construction and Building Materials，2018，172（30）：300－308.

［9］ 柴寿喜，石茜. 干密度和含水率对稻草加筋土强度与变形的影响［J］. 煤田地质与勘探，2013，41（1）：46－49.

［10］ LI M，CHAI S X，DU H，et al. Effect of chlorine salt on the physical and mechanical properties of inshore saline soil treated with lime［J］. Soils & Foundations，2016，56（3）：327－335.

第5章 冻土的热力学特性

5.1 土的非线性冷冻过程和冻土比热及相变潜热

环境温度降低过程中，盐渍土中的盐分不断析出产生盐胀；随着温度的进一步降低，土中水开始逐渐相变成冰，从而改变土体的力学和热学行为。因盐渍土中物质相态含量的不同，在此过程中盐渍土的热参数会产生非线性变化，导致冻土温度场与常规材料温度场的预测方式存在差别。提升纤维加筋盐渍土的抗冻融性能：一方面可以增强加筋土体的强度；另一方面还可以劣化加筋材料对外部冷源的敏感性，保持加筋土体的温度平稳度。因此，盐渍土的热参数及其在温度场预测中的适用性，对于评价纤维加筋盐渍土的抗冻融特性具有重要作用。

5.1.1 土体温度场与热参数综述

土体温度场是土体内某一时刻所有点温度的总称，一般来说，温度场是与时间和空间相关的函数[1]。土中热量的传输可由傅里叶定律进行描述，即热流密度和温度梯度之间存在线性关系，具体公式为[2]

$$q = -\lambda \mathrm{grad}\, T \tag{5.1}$$

式中：λ 为土体的导热系数。结合能量守恒定律，热传导过程可以描述为

$$C_\rho \frac{\partial T}{\partial t} = \mathrm{div}(\lambda \mathrm{grad}\, T) + q_\mathrm{v} \tag{5.2}$$

式中：C_ρ 为土体体积比热，可由质量比热和土体密度之积计算获取，即 $C_\rho = C \cdot \rho$；q_v 为单位时间内单位土体中热源发出的热量；t 为时间。式（5.2）即为经典形式的热传导方程。

热传导微分方程是依据热力学第一定律和傅里叶定律建立起来的，可以描述介质温度在时间和空间上的分布，通用于所有的热传导过程。为了保证式（5.2）中解的唯一性，必须给出该方程的初始条件和边界条件，其初始条件——某一时刻的土体温度场为

$$T(x,y,z,t)\big|_{t=0} = f(x,y,z) \tag{5.3}$$

第 I 类边界条件用于描述土体与冷/热源接触处的理想温度，即为

$$T(x,y,z,t)\big|_\Gamma = f(M(x,y,z,),t) \tag{5.4}$$

第 II 类边界条件给出了描述边界的热流密度，该热流密度与土体温度无关，即为

$$-\lambda \frac{\partial T(x,y,z,t)}{\partial n}\bigg|_\Gamma = q(M(x,y,z),t) \tag{5.5}$$

第 III 类边界条件给出了物质本身的温度和温度增长的斜率，即温度的导数。公式为

$$-\lambda \frac{\partial T(x,y,z,t)}{\partial n}\bigg|_\Gamma = a(M(x,y,z),t)\big[T(x,y,z,t)\big|_\Gamma = f(M(x,y,z),t)\big] \tag{5.6}$$

式中：$a(M(x,y,z),t)$ 为土中点 M 处的热交换系数。

第Ⅳ类边界条件给出了复合介质接触面的条件，即接触热阻 R_e 对热传导的影响。公式为

$$
\left.
\begin{aligned}
k_1 \frac{\partial T_1}{\partial n} &= \frac{(T_2 - T_1)}{R_e} \\
k_1 \frac{\partial T_1}{\partial n} &= k_2 \frac{\partial T_2}{\partial n}
\end{aligned}
\right\}
\tag{5.7}
$$

从式（5.2）提供的热传导方程可直观看出，影响温度场计算结果的热参数有导热系数、比热、潜热等，导热系数和比热是温度场确定的常规热参数[3]。此外，土的冻结过程也与其边界条件密切相关。

5.1.2　冻土的非线性热传导过程

现有的研究给出了冻土导热系数和比热随不同负温非线性变化的事实[1,3]，但是造就冻土热传导过程非线性的原因并非局限于此。影响冻土热传导过程的因素包含热参数和边界条件两个方面。描述冻土热传导过程的物理方程中包含比热容 $C(T)$、土体密度 $\rho(T)$、导热系数 $\lambda(T)$ 和土中的内热源 q_v，如式（5.2）所示。可见，影响冻土热传导过程的因素至少包括比热、导热系数和土中的内热源 q_v。由于（冻）土中水/冰的存在，水的冻结和冰的融化均会导致土中出现潜热[4]。因此，冻土的热传导过程是建立在导热系数、比热随负温的非线性变化和潜热释放的非线性基础之上的强非线性问题。

此外，为保证热传导问题的唯一性，热传导过程需要附加一定的边界条件。第一类和第二类边界条件给定了土体的环境温度和土体温度变化的恒定动力，第三类边界条件表明了热传导过程中外部环境因素对土体温度场的影响，第四类边界条件表明了复合介质对热传导过程的影响。对于任何绝热情况下的热传导现象，第一类和第二类边界条件必然存在，如钢材受热升温、高温冰体的降温。冻土多处于寒区室外或地下工程中，拟冻结区和外部存在不可避免的热交换，从而构成了冻土问题的第三类边界条件。受非均一土层影响，模型试验还需考虑第四类边界条件。即使采用同一土体，冷冻过程中同一时刻不同位置的土体温度仍然不同，造就了土中热参数分布的差异性（具备了不同土层的属性），这是冻土存在第四类边界条件的另一原因。考虑不同土层冻结过程热参数特性的差异性，将使得冻土热传导中的第四类边界条件更为复杂。因此，冻土的形成和发展过程是与第一、第二、第三类和第四类边界条件密切相关的非线性问题。

综上所述，受热参数非线性和实际存在的复杂边界条件影响，冻土的热传导是强非线性的热物理过程。研究冻土传热现象及其非线性描述方法，对于提升冻土温度场预测精度，服务于寒区建设和人工冻结法施工具有重要的工程意义。

5.1.3　冻土比热

冻土比热，亦称比热容，是指单位质量的冻土温度改变 1℃ 吸收或释放的热量，单位为 $J/(kg \cdot ℃)$。比热是与方向无关的标量，比热仅影响冻土达到预定温度所需的时间。冻土比热的计算符合加权计算原理，其测试方法一般分为两种，即直接测试方法和间接确

133

定方法。

1. 比热的常规测定方法

需要说明的是，比热是与温度相关的函数，不同温度下同种物质的比热是不同的。某温度下所对应的比热值即为真比热。为避免积分运算热量的麻烦，工程上常采用平均比热作为物体比热，即某温度内比热的平均值。本书中未特殊说明的比热均是指真比热。

直接测试是将冻土当成一整体物质，进而测试其比热容，直接测试方法主要是混合量热法。混合量热法是将具有稳定负温的冻土置入量热器中，经一段时间混合后，量热器中的温度达到平衡，基于热平衡原理，依据量热液混合前后的热量之差和冻土升高的温度计算冻土比热。公式如下：

$$C_f = \frac{C_w m_f (T_s - T_e)}{(T_e - T_f) \cdot m} \tag{5.8}$$

式中：C_f 为含潜热影响的冻土平均比热，$kJ/(kg \cdot ℃)$；C_w 为量热溶液的比热，$kJ/(kg \cdot ℃)$；m_f 为量热溶液的质量，kg；T_s 为量热溶液的初温，℃；T_e 为混合量热完成后量热溶液与冻土混合物的温度，℃；T_f 为冻土的温度，℃；m 为冻土的质量，kg。

显然，式（5.8）提供的仅为冻土的平均比热，即冻土试样从 T_f 至 T_e 区间的平均值。受冻土中冰体相变影响的潜热，也包含在该测试结果中。该比热并不能反映冻土冻结过程中比热随负温的变化规律。

间接确定方法，是指通过反演或者计算公式确定冻土比热的方法。例如，依据温度场发展结果，反推冻土的导温系数，再利用导热系数和导温系数之比确定冻土比热；或是依据冻土中土骨架（有机/无机的固相物质）、未冻水、冰体和气体的含量，按照加权计算方法确定冻土的比热。该方法需要确定冻土各相的组成和含量，由于水、冰的比热可以理论取值，冻土中气体质量含量和比热值均很小。因此，冻土比热的间接测试方法可简化为确定：①冻土骨架的比热值；②土骨架和未冻水含量；③土体初始含水量（冰体含量可依据初始含水量与未冻水含量计算得到）。土骨架比热的测定方法有混合量热法、绝对量热法和加热-冷却法，混合量热法原理简单、操作便捷，因而应用广泛。

直接测试方法原理简单，仪器设备价格低廉，可普及性佳；间接确定方法计算结果明确，能够正确反映冻土比热随负温的非线性变化，但存在未冻水测试设备精度和价格的要求，难以直接应用或大范围应用。鉴于两种方法的优点和不足，提出了能够通过直接测试方法确定冻土比热的方法——冻土系统量热法。

2. 冻土系统量热法

结合图 5.1 可知，式（5.8）确定的为冻土从 T_f 至 T_e 温度阶段的平均比热，由于冻土升高至 0℃ 之后转变为土颗粒和水两相。因此，在式（5.8）的基础上可计算出冻土从 T_f 至 0℃ 温度阶段的平均比热[3]，计算式如下：

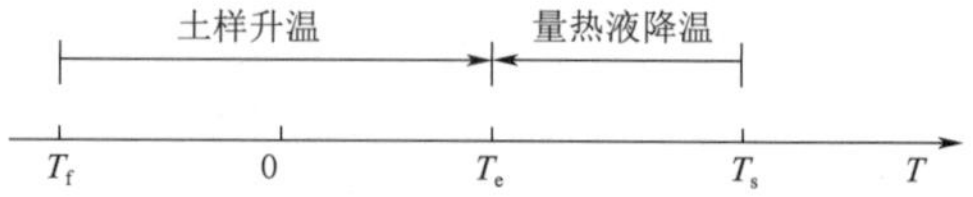

图 5.1　冻土混合量热过程

$$C'_f = \frac{C_w m_f (T_s - T_e) - T_e (m_s C_s + m_w C_w)}{|T_f| \cdot m} \tag{5.9}$$

式中：C'_f 为冻土土样的修正平均比热，$kJ/(kg \cdot ℃)$；m_s、m_w 分别为冻土样中土颗粒的质量和水的质量，kg；C_s 为冻土样中土颗粒的比热，kJ/(kg·℃)。

由式（5.8）和式（5.9）提供的冻土比热计算过程不难看出，该类计算考虑了测试过程中将热量分布在量热液全部区间造成的误差，但仍然未考虑混合量热导致的冰体融化对测试结果的影响。混合量热中量热溶液释放的热量应由两部分构成：一部分是土中冰体融化吸收的潜热；另一部分是使得土样升温的热量。欲去除潜热对冻土比热测试过程的影响，需要确定潜热的量并从量热溶液释放的热量中扣除。冻土潜热出现的原因是土中冰体的融化，因而需要确定混合量热过程中冰体的融化量。考虑到冻融过程的可逆性，可建立融化过程中冰体减小量与冻结过程中未冻水减小量之间的质量等价关系。冻土比热可依据冻土的各相组成和含量进行计算，也就是说，可以建立冻土比热与未冻水含量之间的计算关系。

考虑冻土中水相变释放的潜热，结合比热加权计算方法，负温阶段的冻土测试比热与冻土各相满足如下公式：

$$C_t = M_i C_i + M_s C_s + M_w C_w + \Delta M_i L \tag{5.10}$$

式中：C_t 为冻土试样的混合量热测试值，kJ/(kg·℃)；C_i、C_s、C_w 分别表示冰体、土颗粒、水的比热，kJ/(kg·℃)；M_i、M_s、M_w 分别表示冰体、土颗粒、水占冻土总质量的百分含量，%；ΔM_i 为微小温度间隔 ΔT 阶段内的冰体增量占冻土总质量的百分含量，%；L 为 H_2O 的结冰和融化潜热，334.5kJ/kg。由于冻土中各相在冻结过程中任意时刻均满足质量守恒定律，即

$$M_i + M_s + M_w = 1 \tag{5.11}$$

将式（5.11）代入式（5.10）进一步推导，并将 ΔM_i 表示为 M'_w 至前一单位区间 M_w 未冻水含量差值，即 $\Delta M_i = (M'_w - M_w)/\Delta T$，$\Delta T = 1℃$，则可建立比热与未冻水含量之间的反演关系，即

$$M_w = \frac{C_t - (1 - M_s)C_i - M_s C_s - M'_w L}{C_w - C_i - L} \tag{5.12}$$

$$W_u = \frac{M_w}{M_s} \times 100\% \tag{5.13}$$

式中：M'_w 为冻结前一阶段的未冻水质量占比，%。

式（5.9）确定的是含有潜热影响的冻土比热。考虑相变潜热吸收的热量与总热量之间的计算关系。依据式（5.12）获取的未冻水含量，即可从测试比热 C'_f 除去相变潜热所吸收的能量对测试值的影响，即

$$C_k = C'_f - \frac{L(m_w - m_s M_u)}{|T_f| \cdot m} \tag{5.14}$$

式中：C_k 为冻土土样的平均真比热，kJ/(kg·℃)。

由于冻土的实际比热是随温度不断变化的，且冻土从 T_f 至 0℃ 温度阶段的平均真比热 C_k 并不能反映土体冻结过程中比热的非线性变化。采用式·(5.14) 的方法分别计算出毗邻 k 温度的两温度点的平均真比热 $C_{k+\Delta}$、$C_{k-\Delta}$（$\Delta > 0$），可知该 $C_{k+\Delta}$、$C_{k-\Delta}$ 分别是 $[0 \sim k+\Delta]$ 和 $[0 \sim k-\Delta]$ 温度阶段的平均比热。则单位质量的冻土在 $[0 \sim k+\Delta]$ 和 $[0 \sim k-\Delta]$ 温度区间吸收的总热量分别为

$$Q_{k+\Delta} = |k+\Delta| \cdot C_{k+\Delta} \tag{5.15}$$

$$Q_{k-\Delta} = |k-\Delta| \cdot C_{k-\Delta} \tag{5.16}$$

进一步，在 $[k+\Delta \sim k-\Delta]$ 温度阶段单位质量的冻土吸收的热量 Q 可概括为

$$Q = |k-\Delta| \cdot C_{k-\Delta} - |k+\Delta| \cdot C_{k+\Delta} \tag{5.17}$$

若温度区间 $[k+\Delta \sim k-\Delta]$ 取的足够小，则温度 k 点的实际比热 C 可通过下式计算，即

$$C = \frac{|k-\Delta| \cdot C_{k-\Delta} - |k+\Delta| \cdot C_{k+\Delta}}{2\Delta} \tag{5.18}$$

该方法将冻土作为一个系统，通过测定某负温两侧的冻土比热，进而间接确定了冻土在某负温下的比热。

3. 冻土系统量热装置与步骤

冻土比热混合量热装置如图 5.2 所示，该方法的步骤如下：

（1）利用净尺寸为 20.4mm（直径）×60mm（高度）的圆柱形模具，制备干密度为 ρ_d、含水率为 w 的土样，并将制备完成后的土样置于温度为 T_f 的恒温箱中 4h，之后将土样进行脱模，脱模后将土样置于恒温箱中 48h。

（2）称量 3 份质量为 m_f、温度与室内温度相同的量热液并分别置入散热校准器、搅拌热校准器、混合量热器中。

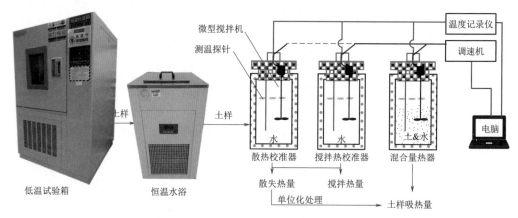

图 5.2　考虑搅拌热和热散失的冻土比热的系统量热装置

（3）将散热校准器、搅拌热校准器、混合量热器静止在室内封闭环境中 5min，之后盖上保温护盖并打开温度采集仪监测量热液的温度变化，待散热校准器、搅拌热校准器、混合量热器中的量热溶液温度一致，若三者温度不一致，应重新打开散热校准器、搅拌热校准器、混合量热器静止在室内封闭环境中 5min，直至三者与室温 T_0 相同时进行下一步骤。

（4）散热校准器、搅拌热校准器、混合量热器与室温 T_0 相同后，同时打开散热校准器、搅拌热校准器、混合量热器，并将步骤（1）所述的脱模后的土样置于混合量热器中，之后同时盖紧散热校准器、搅拌热校准器、混合量热器的保温盖。

（5）设置的散热校准器、搅拌热校准器、混合量热器的搅拌器转速和时间，之后利用混合量热器中的测温探针监测内量热液的温度变化，待混合量热器的量热液的温度连续

20s 不产生波动后停止试验并将该温度记为 T_e，同时记录散热校准器、搅拌热校准器内量热液温度并分别记为 T_d、T_a。

（6）依据式（5.19）计算混合量热过程中的散热量 Q_d：

$$Q_d = (T_0 - T_d) m_f C_s \tag{5.19}$$

式中：Q_d 为混合量热过程中的散热量，kJ；T_0 为混合量热溶液的初始温度，℃，依据步骤（3）确定；T_d 为散热校准器 A 的量热液混合量热完成后的温度，℃，依据步骤（5）确定；m_f 为混合量热用的量热液质量，kg；C_s 为量热液的比热，kJ/(kg·℃)。

（7）依据式（5.20）计算混合量热过程中的搅拌热 Q_a：

$$Q_a = |T_0 - T_a| m_f C_w + (T_0 - T_d) m_f C_w \tag{5.20}$$

式中：Q_a 为混合量热过程中的搅拌热，kJ；T_a 为搅拌热校准器 B 的内量热液混合量热完成后的温度，℃，依据步骤（5）确定；C_w 为量热液的比热，kJ/(kg·℃)。

（8）依据式（5.21）计算土样与量热液的换热量 Q_e：

$$Q_e = (T_0 - T_e) m_f C_w - Q_a + Q_d \tag{5.21}$$

式中：Q_e 为土样与量热液的换热量，kJ；T_e 为混合量热器 C 内量热液混合量热完成后的温度，℃，依据步骤（5）确定。

（9）依据式（5.22）计算量热液混合量热开始时的等效温度 T_s：

$$T_s = \frac{Q_e}{m_f C_w} \tag{5.22}$$

式中：T_s 为量热液混合量热开始时的等效温度，℃。

（10）依据式（5.23）计算土样从温度 T_f 到 0℃的平均比热：

$$C'_f = \frac{C_w m_f (T_s - T_e) - T_e (m_s C_s + m_w C_w)}{|T_f| \cdot m} \tag{5.23}$$

式中：C'_f 为土样从温度 T_f 到 0℃的平均比热，kJ/(kg·℃)；C_s、C_w 分别为土颗粒比热和量热液的比热，kJ/(kg·℃)；m 为土样的质量，kg。

（11）依据式（5.24）计算冻土中的未冻水含量 W_u：

$$W_u = \frac{1}{M_s} \frac{C'_f - (1 - M_s) C_i - M_s C_s - M'_w L}{C_w - C_i - L} \times 100\% \tag{5.24}$$

式中：W_u 为冻土中的未冻水含量，%；M_s 为土颗粒的质量百分比含量，%；C'_f 为土样从温度 T_f 到 0℃的平均比热，kJ/(kg·℃)；C_i、C_s、C_w 分别为冰的比热、土颗粒的比热和水的比热，kJ/(kg·℃)；M'_s 为临近较高温度点土样中的未冻水质量百分比含量，%，依据土样中水的质量 m_w 从 0℃逐级推算；L 为水的相变热，kJ/kg。

（12）依据式（5.25）计算土体在温度 i℃下不含潜热的比热 C_k：

$$C_i = C'_f - \frac{L(m_w - m_s W_u)}{|T_f| \cdot m} \tag{5.25}$$

式中：C_i 为土体在温度 i℃下不含潜热的比热，kJ/(kg·℃)；m_w、m_s 分别为水的质量和土颗粒的质量，kg。

（13）依据式（5.26）计算土体在某温度下的比热值 C_k：

$$C_k = \frac{|k - \Delta| \cdot C_{k-\Delta} - |k + \Delta| \cdot C_{k+\Delta}}{2\Delta} \tag{5.26}$$

式中：$C_{k+\Delta}$ 为土体在温度 $(k+\Delta)℃$ 下不含潜热的比热，kJ/(kg·℃)，依据步骤（12）计算；$C_{k-\Delta}$ 为土体在温度 $(k-\Delta)℃$ 下不含潜热的比热，kJ/(kg·℃)，依据步骤（12）计算；Δ 为温度增量（$0<\Delta<3$），℃。

5.1.4 冻土未冻水含量和潜热

受毛细作用、土粒表面能等因素影响，土体发生冻结时，土中部分液态水保持未冻结状态，该部分液态水称为未冻水[2]。潜热，亦称相变潜热，是指物质在等温等压情况下，从一相转变为另一相所吸收或释放的热量[1,3]，如水的冻结、蒸发，冰的融化。可见，冻土中潜热的源泉是土中冰体的融化或者液态水的冻结。因此，未冻水与潜热总量之间具有函数计算式，即

$$E_a = \Delta W_a \cdot L \tag{5.27}$$

式中：E_a 为土中潜热总量，kJ；ΔW_a 为某负温阶段的未冻水变化量（结冰量），kg；L 为水的潜热，量热法中取 334.5kJ/kg。

式（5.27）给出的潜热总量是冻土中冰体在某负温阶段冻结释放的总热量。土中的水/冰含量仅占土中部分体积，因而应将某单元中冰体相变释放的潜热总量均布到土中各处，以满足数值计算中的土体均一假设。徐敩祖等[2]给出了一种土体潜热的计算方法，具体为

$$Q = L\rho_d (W - W_u) \tag{5.28}$$

式中：Q 为单位体积土体的潜热，kJ/m³；ρ_d 为土体干密度，kg/m³；W 为土体含水量，%；W_u 为未冻水含量，%。在此基础上，可将 Q 单位转化为 kJ/kg，以满足数值计算软件的量纲协调，具体计算公式为

$$Q' = \frac{L\rho_d (W - W_u)}{\rho} \tag{5.29}$$

式中：Q' 为单位质量土体的潜热，kJ/kg；ρ 为土体密度，kg/m³。

1. 未冻水和潜热的关系

某土样在恒定负温下具有唯一的未冻水含量测试值，在同一状态下其变化也仅与负温相关。土体潜热是由未冻水凝结成冰释放的热量，脱离未冻水含量的变化，则冻土中是不存在潜热的。也就是说，潜热只存在于两个温度之间的区域，对于某温度点的潜热不具有理论意义。

文献［4］给出了一组土样在不同负温下的冻土未冻水含量测试值，如图 5.3 所示。图中所示的潜热为上一温度点至该温度点未冻水含量变化获取的计算值。

由图 5.3 可知，潜热是与区间相关的区域数值，潜热的变化趋势与冻土未冻水曲线的斜率相关，斜率的绝对值越大，潜热值越大。潜热是与时间无关的标量，将负温区间划分得越小，潜热值越小。同时，

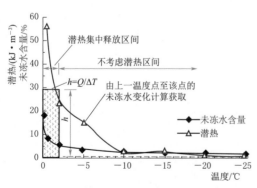

图 5.3 随负温变化的未冻水含量和潜热

图 5.3 中的潜热值是总量概念（从一温度点至另一温度点的总释放量）。潜热总量 Q 一定的情况下，潜热释放区间越大，单位温度下的潜热值越小。

2. 潜热的非线性表示

将冻土潜热分布在微小的均匀负温区间上，则未冻水变化较大区域的潜热值大。冻土未冻水含量变化能够反映土体的冻结速率，然而依据未冻水含量变化计算的潜热并不能反映冻结趋势和冻结特性。为具象反映冻土潜热释放规律，提出了一种面积平衡方法。计算示意图如图 5.4 所示，需要说明的是，由于潜热不具备区间概念，图 5.4 中所示热量为潜热与其所释放温度区间之商。

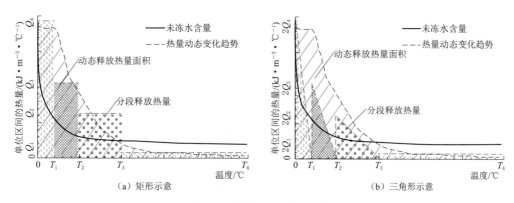

图 5.4 潜热区间表示示意

由图 5.4 可知，基于 0℃和 T_1℃两温度点的未冻水含量之差所计算的潜热为一定值，其与两温度点之间的商是一个稳定数值 Q_4 或初值为 $2Q_4$ 的线性变化值。与实际情况相比，平均分布（矩形）或线性分布（三角形）均无法反映土体冻结过程中潜热的动态变化，且在分段点 T_i 存在两个不等的潜热值。冻结过程的连续性决定了潜热释放过程的连续性，其变化趋势也应是连续的。

假设土体未冻水含量随不同负温的变化曲线符合指数函数关系[1,2]，即

$$W_u = a e^{bT} \tag{5.30}$$

对式（5.30）中 T 求导数，可得到未冻水含量随负温的变化率，即为

$$W'_u = a b e^{bT} \tag{5.31}$$

则在某微小负温区间的潜热变化量可表示为

$$dQ = \frac{L \rho_d}{\rho} a b e^{bT} dT \tag{5.32}$$

某负温区间 $[T_n \sim T_j]$（$T_n < T_j$）区段内，其潜热总量为

$$Q_{(T_n \sim T_j)} = \int_{T_n}^{T_j} dQ = \frac{L \rho_d}{\rho} a b \int_{T_n}^{T_j} e^{bT} dT \tag{5.33}$$

现有的研究指出，土体潜热可通过计算获取[80]。相较于通过两温度点的未冻水含量之差计算的潜热量，式（5.33）考虑了潜热随未冻水含量变化而不断变化的事实，且能够刻画出潜热与不同负温的变化关系，对于热传导解析解问题的进一步研究具有重要作用。需要说明的是，当未冻水变化趋势不符合或者难以符合某一条指数曲线时，可通过分段积

分求和的方法表示某负温区间的潜热总量。

5.1.5　冻土潜热转化为比热的方法

从本质上来看，冻土潜热源自未冻水含量的变化，只有土中的未冻水凝结为固态冰，才能释放潜热。在封闭系统中，土中水凝结释放的全部潜热被土中的固态颗粒、未冻水和孔隙内的气体所吸收，从而导致土体需要更多的冷源用于土体的降温（等价于需要更少质量的土体使冷源升温）。该过程与土体（土颗粒、水、气）比热的增大所产生的效果具有一致性。因此，将冻土相变潜热释放的热量转换为冻土比热存在理论可行性。

比热是单位质量的物质升高（或降低）1℃所吸收（或释放）的热量，单位为 kJ/(kg·℃)[3]；潜热是单位质量物质从一相转化为另一相所吸收或者释放的热量，单位为 kJ/kg。土体冷冻过程中温度降低释放热量，土中水凝结释放潜热。若将冻土潜热转化为比热，需要明晰该潜热的释放区间，并将该热量等分或线性分配至该区间不同区段。可以看出，比热存在点的概念，而潜热是区间概念。

假定存在负温 T_1、T_2、T_3（$T_3 < T_2 < T_1 < 0$），负温 T_1、T_2、T_3 和 0℃所对应的土体比热和未冻水含量分别为 C_1、C_2、C_3、C_0，W_{u1}、W_{u2}、W_{u3}、W_{u0}，如图 5.5 所示。

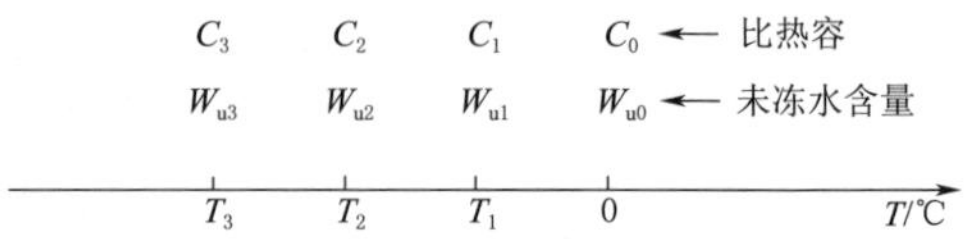

图 5.5　冻土潜热转化为比热示意

由图 5.5 结合式（5.29）可知，从 0℃ 降至负温 T_1 的冻土释放的潜热总量为

$$Q' = \frac{L\rho_d(W_{u0} - W_{u1})}{\rho} \tag{5.34}$$

若土中未冻水的凝结规律是线性的，即在某两个微小时间段内潜热释放总量是一致的，则在 $[T_j℃ \sim T_k℃]$（$0 \geqslant T_j > T_k > T_i$）温度区间潜热转化的土体比热为

$$C'_{T_j \sim T_k} = \frac{L\rho_d(W_{uk} - W_{uj})}{\rho(T_j - T_k)} \tag{5.35}$$

同理，$[T_k℃ \sim T_i℃]$ 温度区间潜热转化的土体比热也可通过式（5.35）表示出来。由于温度点 T_k 两侧潜热转化的比热不同，可采用两相邻区段加权平均的方法，获取节点比热，而后将节点比热叠加至土体比热 C_k，即为土体的等效比热，公式为

$$C'_k = C_k + \frac{C'_{T_j \sim T_k} + C'_{T_k \sim T_i}}{2} \tag{5.36}$$

式中：C_k 为温度点 k 的冻土比热。将式（5.10）和式（5.35）代入式（5.36），考虑冰水冻结前后的质量平衡，进一步将式（5.36）转换为

$$C'_k = m_s C_s + (1 - m_s - m_{W_u}^k)C_i + m_{W_{uk}} C_w + \frac{L\rho_d}{\rho}\left(\frac{W_{uk} - W_{uj}}{T_k - T_j} - \frac{W_{ui} - W_{uk}}{T_i - T_k}\right) \tag{5.37}$$

式中：$m_{W_u}^k$ 为温度点 k 下冻土中未冻水占土体的质量百分含量。式（5.37）中，土体性质确定的情况下，其未知量仅有未冻水含量。

通过对等式（5.37）移项，可以得到等效潜热 C'_k 与真比热 C_k 之间的计算关系，结合式（5.38）即可将等效比热转换为冻土的真比热，具体公式为

$$C_k = C'_k - \frac{L\rho_d}{\rho}\left(\frac{W_{uk}-W_{uj}}{T_k-T_j} - \frac{W_{ui}-W_{uk}}{T_i-T_k}\right) \tag{5.38}$$

依据式（5.38）即可基于冻土等效比热反演的冻土未冻水含量，将测试获取的等效比热转换为冻土的真比热。

5.2 冻融土的导热系数测试与计算方法

导热系数，也称热传导系数，是指稳定传热条件下，单位厚度的介质在单位温度差的作用下，在 1s 内通过单位面积传递的热量。土的比热，即单位质量的土温度改变 1℃ 所吸收或释放的热量。土体比热决定了单位物质温度变化所交换的热量，是与传导方向无关的标量，比热影响了土体达到某温度所需的时间。导热系数是与方向相关的矢量，是土体最重要的热物理性质[4]。

对于单一相且无相变过程的介质，采用式（5.2）的热传导方程和相关边界条件，就能够简单求解某时刻该介质的温度场分布。冻土是由土颗粒、水、冰体和气组成的多相体。受土体矿物组成、外荷载、含盐量、土颗粒表面张力等多种因素的影响，土中水的冻结并不发生在 0℃ 点，而是在 0℃ 以下相当大的温度区间[5]。可见，从物质构成的角度来看，土的冻结过程是受相变影响的。

液态水的导热系数约为固态冰导热系数的四分之一[4,5]，即使不考虑土中基质随温度变化对导热系数的影响，土体冻结前后，其导热系数也是不同的。土是碎散的多相体，其结构排列决定了不同方向土体的导热系数存在较大差异。与常温土体不同，不同负温下冻土的冰体含量和分布状况是不同的，因此，冻土不仅在不同方向的导热系数存在差异，在不同冻结时刻同一方向的冻土导热系数也存在明显差异。同样地，采用冻土中物质构成所描述的冻土比热，也是与冻结时刻密切相关的[1]。因此，从冻土导热系数和比热的角度来看，土的冻结过程与单质或无相变过程材料的导热过程也是不同的。

5.2.1 冻土的导热系数测试方法

不同于常规多孔介质的导热系数测试方法，冻土导热系数测试中，对试样的冻结状态和测试环境温度均具有较高要求。冻土导热系数测试方法主要分为三大类，分别为稳态法、正规状态法、瞬态法[6,7]。其中，稳态法包括热流计法和比较法，瞬态法包括平板热脉冲法和热线法。不同的冻土导热系数测试方法存在原理和操作上的区别，其适用范围也存在一定差别。

1. 稳态法

稳态法是指试样达到温度平衡后，通过增加加热装置和测温装置确定试样内的热流密度和温度梯度，测定试样的导热系数。稳态法是基于试样温度不随时间变化，依据温度梯度计算试样导热系数[6]。常用的稳态法主要有热流计法、比较法。

（1）热流计法。热流计法是在试样温度平衡后，利用试样两端温差形成的温度梯度，结合一维热传导方程计算冻土的导热系数[8]，其原理如图 5.6 所示。热流计法计算公式如下：

$$\lambda = \frac{k \cdot c \cdot \Delta h}{10^5 \times (T_h - T_l)} \tag{5.39}$$

141

式中：λ 为导热系数，W/(m·℃)；k 为热流计读数，μ；c 为热流计标定系数，W/(m²·mV)；Δh 为土样厚度，cm；T_h、T_1 分别为热端和冷端温度，℃。

（2）比较法。比较法是将待测试样与已知导热系数的试样进行比较，从而获取热平衡后试样所吸收的热量，进而计算待测试样的导热系数。比较法是国内规范推荐的一种方法[9]，其原理如图 5.7 所示。比较法的计算公式如下：

$$\lambda = \frac{\lambda_0 \Delta\theta_0}{\Delta\theta} \tag{5.40}$$

式中：λ_0 为石蜡的导热系数，取 0.279W/(m·℃)；$\Delta\theta_0$ 为石蜡两侧的温差，℃；$\Delta\theta$ 为待测试样两侧的温差，℃。

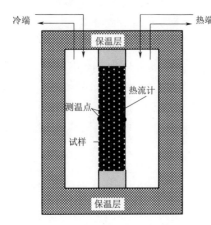

图 5.6　热流计原理示意图[8]

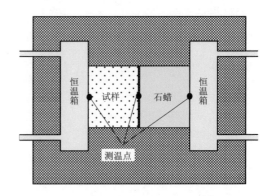

图 5.7　比较法原理示意图[9]

2. 瞬态法

瞬态法是指试样在温度随时间而变化的非稳态温度场下，借助试样温度变化速率测定试样的导热系数[6]。目前常用的瞬态法有平板热脉冲法、热线法、球形探针法、闪光法。

（1）平板热脉冲法。平板热脉冲法为在两试样之间布置一个平板式加热器，通过加热器提供的热量使得试样内温度达到平衡，基于此计算冻土土样的导热系数[7]。其原理如图 5.8 所示。

平板热脉冲法的计算公式如下：

$$\lambda = \frac{\theta_a \sqrt{a}\,(\sqrt{t} - \sqrt{t-t_0})}{\sqrt{\pi}\,F(\theta - \theta_0)} \tag{5.41}$$

$$\theta_a = 0.86U^2/R_a \tag{5.42}$$

$$a = l^2/4t'y \tag{5.43}$$

$$B(y) = \frac{(\theta' - \theta_0)(\sqrt{t} - \sqrt{t-t_0})}{(\theta' - \theta_0)\sqrt{t'}} \tag{5.44}$$

式中：a 为土样的热扩散系数，m²/h；θ_0 为土样初温，℃；t_0 为加热器加热时间，h；F 为加热板面积，m²；θ 为远离加热板的测温点温度，℃；θ_a 为加热器热容量，W/h；U 为加热电压，V；R_a 为加热器电阻，Ω；l 为加热器至远测温点的距离，m；t' 为远端测温点测温时间，h；θ' 为远离加热板的测温点 t 时刻的温度，℃；y 可查表确定。

（2）热线法。利用加热丝对土体加热，并用测温装置获取温度变化与加热时间之间的关系，进而计算冻土的导热系数，此即为热线法。目前用于冻土导热系数测试的线热源探针法分为单针法和双针法，单针仅能测量冻土的导热系数，而双针在测量冻土导热系数的基础上还可测试其体积热容量[6]。其原理如图 5.9 所示。热线法计算公式如下：

$$\lambda = \frac{IU}{4\pi L} \cdot \frac{\ln(t_2/t_1)}{T_2 - T_1} \tag{5.45}$$

式中：I 为电流强度，A；U 为输出电压，V；t_1 和 t_2 为加热过程开始与结束时间；T_1 和 T_2 为上述两次时间所对应的温度，℃。

相较于热线法，球形探针可简化为点热源形式，其原理与线热源类似，由于其用于冻土导热系数测定的精度较差[10]，不做详述。

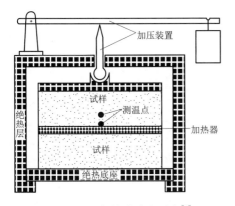

图 5.8　平板热脉冲法示意[7]

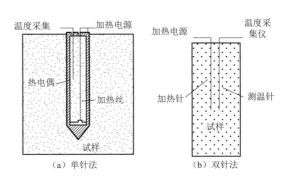

（a）单针法　　（b）双针法

图 5.9　热线法测定导热系数装置[6]

3. 正规状态法

将具有某恒定负温的冻土试样置入恒温介质中，由于冻土试样与恒温介质存在温差，热交换持续进行直至热平衡[11]。依据试样在恒温试样中的加热规律，可间接测定冻土试样的导热系数[7]。其原理如图 5.10 所示。

正规状态法是通过计算导温系数，进而确定冻土导热系数。其计算公式如下：

$$\lambda = 0.006 k_\varphi C \cdot \frac{\ln\theta_1 - \ln\theta_2}{t_2 - t_1} \cdot \rho_d \tag{5.46}$$

式中：C 为冻土比热，kJ/(kg·℃)；θ_1、θ_2 分别为 t_1、t_2 时刻土样温度，℃；ρ_d 为土体干密度，kg/m³；k_φ 为量热器形状系数，cm²，其计算式为

$$k_\varphi = \frac{R^2 h^2}{9.87 R^2 + 5.78 h^2} \tag{5.47}$$

式中：R、h 分别为受热箱半径和高度，cm。

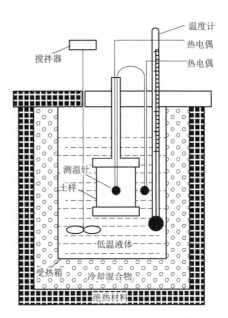

图 5.10　正规状态法测试示意[7]

将各测试方法的技术原理和特点进行整理，详见表 5.1。

表 5.1　　　　　　　　　　不同测试方法技术原理及特点

序号	测试方法	应用原理或应用范围	测试技术评价	特　　点
1	热流计法	单向热传导；土温恒定；热流垂直测试土样；无内热源[12]；原状土或重塑土均适用	仅需一个试样盒[8]；原理简单；测试时间长；一次仅能得到一个结果	测试时间较长；适用于室内，试验环境要求高[13-14]；测试理论及测试方法相对成熟
2	比较法	对比土样与导热系数已知试样的热流传播速度，得出待测物导热系数[3]；便于重塑土样应用	需要两个试样盒；热流传播距离长；对冷端要求高；建立有测试标准[13]	
3	平板热脉冲法	温度在 −20℃ 以上，粒径小于等于 20mm 的粒状砂质土等粗粒土[7]；根据土样与加热器接触，以及与加热面一定距离处土样温度变化来计算	需要通过获取冻土的导温系数来确定导热系数，引入了测试变量 y；因试样较大，完整土样取样困难[13]	测试时间短；计算较复杂，测试误差大[24]；存在线热源、点热源、面热源等形式；须结合未冻水含量测试结果或经验值进行修正[6]
4	热线法	适用于粉状、颗粒状材料[12]；土体无内热源，探针自身热容量小，加热功率稳定	结果平均偏大 $1.1 \sim 1.6$ 倍[10]；误差可能超过真实值 10 倍[6]	
5	正规状态法	适用于粒径 5mm 以下的砂性和黏性含水融土，土温低于 −10℃[7]；适用于原状土，土样尺寸要求不高[13]	同样可以测定冻土比热[7]；国内现行规范采用的方法[9,15]	可同时测定土体的导温系数、体积热容量[7]

5.2.2　冻土导热系数计算模型

基于统计学方法在岩土工程中的应用，冻土导热系数研究从仪器改进转入了对测试数据的以特殊见一般的规律总结。研究冻土导热系数随一些因素的变化规律，并逐步用于实践。目前的冻土导热系数计算方法有经验模型法、理论模型法。

5.2.2.1　经验模型法

利用冻土导热系数实测数据进行统计分析，从而进行公式拟合，进而建立基于各参数的冻土导热系数模型。

1. 统计分析模型

统计分析方法是进行导热系数变化规律总结的重要手段。相关研究均对冻土导热系数与温度、含水率及干密度之间的关系进行了回归分析，提出了应用于某区域土质导热系数的评价模型。文献 [16] 和文献 [17] 也记录了粉质黏土在高温冻结区间的导热系数经验公式，如下式所示。

$$\lambda = (24.25\rho_{d} - 9.83\rho_{d}^{2} - 15.81)WT + (4.75\rho_{d} - 2.44)W \quad [16] \qquad (5.48)$$

$$\lambda = (-0.0587T + 1.034) \times (\rho_{d} - 0.7) \times (1.083 + 0.0706S_{r} + 0.2481S_{r}^{2}) \quad [17] \qquad (5.49)$$

式中：W 为土体含水量，%。依据式（5.48）和式（5.49）对某饱和土的导热系数进行预估，其计算结果如图 5.11 所示。

由图 5.11 可知，文献［16］和文献［17］预估的饱和冻土导热系数存在明显差异。整体呈现出：随着负温的降低，两者之间的预测误差逐渐减小；随着干密度的增大，两者之间的误差逐渐增大，两者之间的最大相对误差为 34%～51%。基于大量试验建立线性回归模型，进而预估的冻土导热系数精度难以保证。样本关系离散、数据筛选困难和样本数量受限，以及土体的地域性特性等，使得一般类的冻土导热系数模型难以建立，制约了该类模型的广泛应用。

2. 神经网络模型

李国玉[18]利用神经网络方法建立了青藏高原高含冰冻土的导热系数预估模型，同时，利用回归分析方法对导热系数与干密度、含冰量之间的关系进行了分析。基于线性回归方法和神经网络方法，对青藏高原高含冰冻土的导热系数进行了预测，预测值与实测值对比如图 5.12 所示。

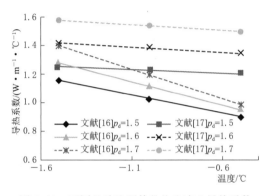

图 5.11 不同经验法预估的饱和冻土导热系数   图 5.12 不同方法预估的高含冰冻土导热系数

由图 5.12 可知，较回归模型而言，神经网络方法能够较好地预测冻土导热系数。在高含冰量阶段，神经网络方法较回归模型能更好地预测冻土导热系数，但其与实际值仍存在约 30% 的误差。

3. 归一化经验模型

归一化方法建立了特殊问题与一般问题之间的桥梁，考虑到冻土中土骨架对导热系数的初始影响，Johansen[19]利用归一化方法对经验模型进行了修正，以提升冻土导热系数预测精度。提出的归一化计算式为

$$\lambda = \left(\lambda_w^n \lambda_s^{1-n} - \frac{0.137\rho_d + 64.7}{2650 - 0.947\rho_d}\right)\lambda_r + \frac{0.137\rho_d + 64.7}{2650 - 0.947\rho_d} \tag{5.50}$$

式中：λ_w、λ_s 分别为土中水和土骨架的导热系数，W/(m・℃) 或 W・m^{-1}・℃$^{-1}$。

原喜忠等[20]将干密度、含水率作为主导因子，建立了适用于非饱和（冻）土导热系数预估的计算模型，如下式所示。

$$\lambda = (\lambda_{sat} - \lambda_{dry})\lambda_r + \lambda_{dry}^{[20]} \tag{5.51}$$

式中：λ_r 为归一化系数；λ_{sat}、λ_{dry} 分别为土体在饱和及干燥状态下的导热系数，W・m^{-1}・℃$^{-1}$ 或 W/(m・℃)。

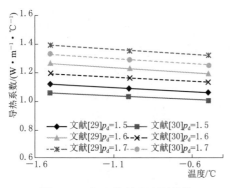

图 5.13　归一化经验法预估的
饱和冻土导热系数

归一化模型解决了因土体骨架导热系数不同导致的导热系数无法预估的不足。不妨将图 5.11 进行归一化表示，以文献［17］的 λ_{sat}、λ_{dry} 对预估的冻土导热系数进行修正，得到的归一化导热系数如图 5.13 所示。

由图 5.13 可知，归一化经验法修正了土质因素引起的导热系数预估误差，提升了冻土导热系数的预测精度。归一化后文献［16］与文献［17］之间的最大相对误差由 34%～51% 缩小为 5%～5.75%。所示两类方法预估的导热系数仍有一定误差，表明经验法所依据的导热系数数据，可能存在样本数据失真、样本不全等问题。采用线性回归分析难以预估非线性土体冻结引起的导热系数变化。

5.2.2.2　理论模型法

基于冻土的各相组成，一些学者建立了若干冻土导热系数的理论模型。

1. 热阻模型

Anatoly 等[21] 提出了一种计算冻土导热系数的理论方法：

$$\lambda = \frac{\lambda_s}{y_4^2 R} \tag{5.52}$$

式中：R 为包含冻土中各相的综合热阻，通过土中各相的含量计算得到；λ_s 为土颗粒的导热系数；y_4 是通过孔隙率确定的函数。

2. 几何平均法模型

Johansen[19] 首次提出了土体导热系数的几何平均模型，而后相关学者[22] 对其适用性和应用条件进行了研究并指出：当各相导热系数差别在一个数量级以内时，可应用几何平均法对导热系数进行预估。徐敩祖等[2] 在相关研究中应用了几何平均法对冻土导热系数进行了预测，并给出了计算式：

$$\lambda = \lambda_s^{p_s} \lambda_w^{p_w} \lambda_i^{p_i} \lambda_a^{p_a} [3] \tag{5.53}$$

式中：λ_s、λ_w、λ_i、λ_a 分别为土颗粒、水、冰、气体的导热系数，$W \cdot m^{-1} \cdot \mathbb{°C}^{-1}$；$p_s$、$p_w$、$p_i$、$p_a$ 分别为土颗粒、未冻水、冰体、气体占冻土总体积的比重，取小数。不同地域及成因的土体矿物导热性能差别较大，表 5.2 列举了部分土体组成矿物的导热系数。可见，不同矿物含量的土体骨架导热性能不同，这也决定了冻土导热系数的变化区间。基于式（5.53）列举了饱和冻土中土体矿物导热系数 λ_s 对冻土导热系数的影响，如图 5.14 所示。

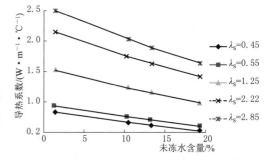

图 5.14　土体矿物对冻土导热系数的影响

表 5.2	土体组成矿物的导热系数[2]		
常见组成矿物名称	常规矿物	干苔藓	干泥炭
导热系数/(W·m⁻¹·℃⁻¹)	1.256~7.536	0.07~0.08	0.05~0.06

由图 5.14 可知，矿物组成极大影响了冻土导热系数的取值范围，冻结温度及其未冻水含量影响导热系数变化趋势。当 λ_s 相差 0.1 时，冻土的导热系数相对误差在 11.7%~13.1%，且随着 λ_s 与 λ_w 差别的扩大而急剧扩大。考虑土体矿物组成前提下，对土体冻结发展及导热系数随负温的变化趋势进行有效归纳，得出能够反映冻土导热系数随负温变化的一般关系，对于指导实践具有重要意义。

3. 介质类比模型

将冻土的土、水、冰、气四相组成转化为四种材料按照一定规律排列的形式，依据热电（热阻）比拟方法，建立了冻土导热系数类比模型。Zhu[23] 将 Wiener[24] 的最大最小导热系数理论引入了冻土导热系数计算领域，总结出两类较常用的类比模型，如图 5.15 所示。将冻土中各相按照并联或串联的形式进行冻土导热系数的预估。给出的串并联导热系数预估公式可概括为

$$串联：\lambda = \left[\sum \frac{p_j}{k_j} \right]^{-1} \tag{5.54}$$

$$并联：\lambda = \sum p_j k_j \tag{5.55}$$

式中：p_j 为第 j 相体积分数；k_j 为第 j 相导热系数。

夏锦红等[25] 考虑冻土热流传递过程中并联与串联同时进行的耦合特性，将未冻水体积含量按照土/冰体积比例分配给土颗粒和冰体，依据热量平衡原理，建立了考虑固-液界面的导热系数计算模型，如图 5.16 所示。并给出的考虑固-液界面一次传递情况下的导热系数计算式：

$$\lambda = p_s (\lambda_s + \lambda_w) \left(0.25 + 0.75 \frac{\lambda_w}{\lambda_s} \right) + V_s \lambda_s - p_s \lambda_w + p_i (\lambda_i + \lambda_w) \left(0.25 + 0.75 \frac{\lambda_w}{\lambda_i} \right) + V_i \lambda_i - p_i \lambda_w \tag{5.56}$$

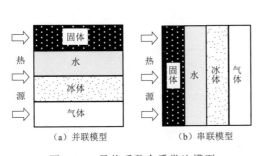

图 5.15 导热系数介质类比模型

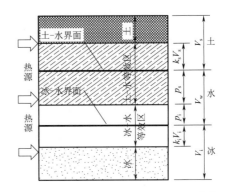

图 5.16 考虑固-液界面的计算模型[25]

可见，图 5.16 所示的模型考虑了复合介质热传导过程中的方向性，赋予了冻土各相明确的物理意义。

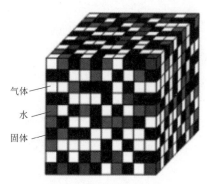

图 5.17　导热系数计算模型结构[26]

4. 仿真分析模型

随着数值仿真分析软件的应用，谭贤君等[26]考虑冻土各相的随机分布，提出应用计算机软件对冻土导热系数进行预估的方法。建立的含 d_N 个立方体土体模型如图 5.17 所示。

在图 5.17 中，通过赋予土中各相的导热系数及其随机分布情况，获取冻土模型的温度场计算云图。结合式（5.57）可计算冻土在某方向的导热系数。

$$\lambda = \frac{QL}{T_L - T_0} \tag{5.57}$$

式中：λ 为导热系数，$\mathrm{W \cdot m^{-1} \cdot \text{℃}^{-1}}$；$Q$ 为总热流，$\mathrm{W/m^2}$；L 为土样尺寸，m；T_L 和 T_0 分别为模型热传导两侧在同时刻的温度，℃。结合本模型及试验结果，给出了冻土导热系数预测平均误差为 2.3%[26]。

5.2.3　冻土导热系数的影响因素

自温度场计算理论和导热系数（热导率）概念诞生以来，围绕冻土工程温度场预测问题，先后报道了一系列冻土导热系数研究成果。

1. 导热系数随负温的变化

早期的冻土导热系数研究主要是以冻土、融土分别进行导热系数的测试，如陶兆祥等[27]以正负温的形式对石炭土的导热系数进行了实测。而后，陆续有学者对导热系数随负温的变化关系进行了试验研究[28]，如图 5.18 所示。可知，导热系数在高温冻土阶段的变化较为迅速，随着负温的降低其变化趋势趋缓。砂土的导热系数随温度的变化较黏土敏感，含水率是影响冻土导热系数变化率的重要因素。图 5.18 中草炭亚黏土的含水率较大，

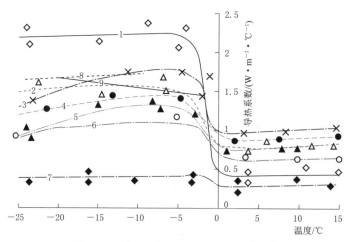

图 5.18　冻土导热系数与负温关系[28-29]

1—粉质砂土（$\rho_d=1.60$，$W=18.3$）；2—粉质黏土（$\rho_d=1.50$，$W=29.0$）；3—细砂土（$\rho_d=1.64$，$W=18.3$）；
4—粉质黏土（$\rho_d=1.62$，$W=16.8$）；5—黏土（$\rho_d=1.32$，$W=30.7$）；6—黏土（$\rho_d=1.41$，$W=21.6$）；
7—黏土（$\rho_d=1.45$，$W=13.0$）；8—亚黏土（$\rho_d=1.49$，$W=28.7$）；8—草炭亚黏土（$\rho_d=0.82$，$W=74.8$）

但其导热系数随负温的变化较为平缓，验证了土体结构性是影响材料导热性能的重要因素。正温阶段的土体导热系数变化较为平缓，验证了土中各相成分及含量同样是影响冻土导热系数变化的重要因素。

2. 导热系数随干密度、含水率的变化

在考虑冻土导热系数随负温变化的前提下，报道了若干反映土体构成与导热系数之间关系的研究成果。干密度和含水率是评估土体构成的基本参数，干密度决定了土体中矿物骨架的含量，含水率表明了土中孔隙被液体填充的程度。依据文献［3］整理的冻土导热系数与含水率 W 及干密度 ρ_d 之间的关系，如图 5.19 所示。

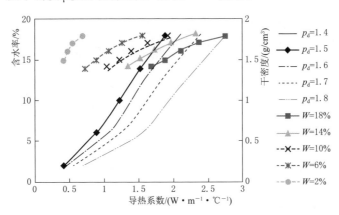

图 5.19　冻土导热系数与干密度及含水率的关系

由图 5.19 可知，冻土导热系数随着干密度或含水率的增大而增大。冰的导热系数约为水的 1/4，因此，干密度相同的土样，随着土样含水率的增大，土体冻实后的导热系数终值也较大，但并不意味着其导热系数增长速率大。这与报道的不同土质冻结温度试验结果是吻合的[28]，即不同土质的冻结发展速率不同。

3. 含盐量与冻土导热系数的关系

构成土体骨架的原生矿物和次生矿物中富含一些固体盐离子，另外土中水富含的一些盐离子使得土中存在一定含盐量。土中水的盐分使得土体冻结温度显著降低[30]，纯净水对含盐土样的干湿循环具有一定的洗盐作用[3,28]。因此，初始含盐量 S 及干湿循环次数 T 对冻土导热系数具有重要作用。图 5.20 整理了干密度 ρ_d 和含水率 W 相同的冻土导热系数与含盐量 S 之间的关系[31]。

由图 5.20 可知，同一负温冻土的导热系数随着含盐量的增大而降低，含盐冻土仍具备随冻结温度降低导热系数呈上升趋势的一般特性。

4. 结构性对冻土导热系数的影响

结构性表示土体部分之间的排列分布特征，是评价原状土与重塑土的重要指标。在土体内外宏微观力的作用下，颗粒结构会有一定程度的变化，进而改变土体的导热系数。结构性对冻土导热系数的影响体现在两个方面：①改变土颗粒之间的接触面积，从而改变基质之间的传导性能；②使得土中水重分布，依据水相变成冰相对位置的变化改变土体热传导性能。基于最小热阻理论，图 5.21 示意了原状土颗粒周围团聚有胶体对冻土导热系数的影响。

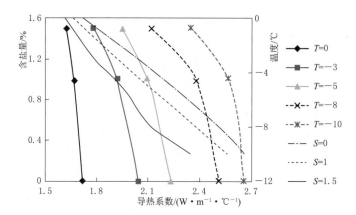

图 5.20　冻土导热系数与含盐量的关系

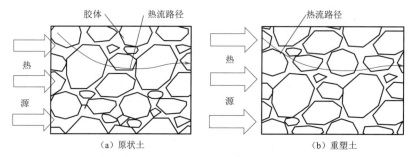

（a）原状土　　　　　　　　　　　　　（b）重塑土

图 5.21　土的组成结构示意图

　　一般情况下，原状土的土颗粒周围团聚有一定的胶体矿物（接触），胶体矿物降低了基质之间的接触热阻，重塑造成胶体流失。因此，原状土的基质传导性能优于重塑土。据文献记载，土体结构变化会使得土体导热系数降低 $10\% \sim 30\%$[29]。受土中水相变影响，

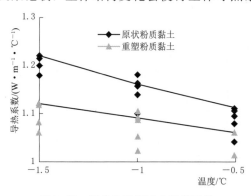

图 5.22　原状和重塑冻土导热系数

整体土的导热系数变化速率因土质而异。图 5.22 给出的结构性原状土与重塑土导热系数差异[16]，进一步验证了土体结构性对冻土导热系数具有一定影响。

　　5. 土体类型对冻土导热系数的影响

　　依据土的颗粒级配和液塑限等基本物理指标，可将土分为黏土、粉质黏土、粉土、砂土等类型。土的类型对冻土热传导过程的影响主要体现在不同类型土中固相颗粒导热系数和比热的差异上。

　　测试大块体材料粉碎前后的导热系数可以发现，粉碎后材料的导热性能发生了显著改变[11]。这种导热性能的改变可归咎于块体材料破碎前后接触界面量的变化[27]；由块体原本的不同单元之间的连续接触变成了小块体之间点、面的接触形式，部分原本封闭的接触单元也为孔隙所填充。

　　相似地，土的类型对导热系数的影响也体现在固相颗粒接触界面量的变化上，但相较

于块体材料的物理破碎，土的类型对导热系数的影响要复杂得多。砂粒、粉粒、黏粒具有不同的比表面积，其吸附水分子的能力和毛细作用强度也不相同[32]。这种持水能力的强弱进一步影响了不同类型的土在冻结状态下导热系数的演变速率。

温度、干密度、含水量一致的不同土呈现不同的冻结规律[33]。同一类型的土在不同温度、干密度、含水率状态下的冻结状态也有一定差别，受冻结状态所影响的土体导热系数与土的类型和土体温度、干密度等因素密切相关[34]。考虑土体冻结的基本条件，冻土一般出现在一定含水量下的负温环境中，常见的冻土土质类型有黏土、粉质黏土、粉土、砂土等。图5.23给出了孔隙率相同的不同土质土体导热系数的变化关系[35]。从整体上看，在相同干密度下，3种类型土的导热系数存在以下关系：砂土大于粉土大于粉质黏土，即随土样粒径的增大，导热系数变大[11,35]。

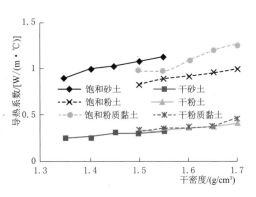

图 5.23　不同类型土体的导热系数[35]

6. 导热系数影响因素的敏感性分析

冻土导热系数与负温、含水率、干密度和含盐量等因素相关。在多种因素的联合作用下，不同因素变化对导热系数的敏感性不同。为评估因素变化对冻土导热系数的影响，定义单位区间内某因素与导热系数关系曲线的斜率为敏感系数，构造公式如下：

$$k=\left|\frac{\lambda_{i+1}-\lambda_i}{F_{i+1}-F_i}\right| \tag{5.58}$$

式中：F_i 为第 i 因素取值；λ_i 为 F_i 因素下土体的导热系数。依据式（5.58）将图5.18中导热系数随负温的变化关系进行整理，得到负温对导热系数的敏感性。同样，将图5.19和图5.20的结果进行整理，结果见表5.3。

表 5.3　　　　　　　　　各影响因素变化对导热系数的敏感性

因素	$k_{\max}$	$k_{\min}$	k_{avg}
温度/℃	0.267	0.002	0.012
干密度/(g/cm³)	2.992	0.208	1.670
含水率/%	0.143	0.083	0.099
含盐量/%	0.320	0.108	0.169

注　$k_{\max}$、$k_{\min}$、k_{avg} 分别表示最大值、最小值和平均值，其中 k_{avg} 按照各因素所有区间的 k 取值进行计算。

由表5.3中 k_{avg} 的计算值可知，各因素变化对导热系数的敏感性影响存在以下关系：干密度大于含盐量大于含水率大于温度。但按照 $k_{\max}$ 的计算值可发现，各因素敏感性呈现：干密度大于含盐量大于温度大于含水率的关系。因而，在进行具体的冻土导热系数研究中应考虑研究区间对研究因素的影响。

5.2.4 冻土导热系数的测试修正方法

1. 冻土与常规材料导热系数的差异性

对于常规材料而言，导热系数测试过程中，施加给试样的热量能够全部转换为温度显示出来，即待测材料升高的温度能够与提供的热量建立唯一的关系。冻土是由土颗粒、冰、水和气体组成的多相体，导热系数试验过程中，在外热源作用下土样整体实现了升温。冻土升温的过程中有：①土颗粒、冰体、未冻水和气体的整体升温；②部分冰体融化。由于冻土中土颗粒、冰、未冻水和气的比热容不同，升高至同一温度过程中存在：①外热源与冻土中各相的热传导；②冻土中各相间的热传导。H_2O（水或冰）是晶体材料，其在相变过程中吸收热量而温度不产生变化。因此，导热系数试验中外热源施加给土样的热量并不全部反映在冻土温度的增加上，还有一部分热量被冰的融化所吸收，而此时冰体的温度并不增加，这就无法建立热量与温度之间的一一对应关系。这同样也是冻土温度场计算中需要考虑相变潜热的原因。因此，常规的测试确定方法是无法直接确定真实的冻土导热系数的。

同样的，混合量热过程中冻土比热测试也存在此类问题。导热系数、比热和潜热是计算带相变材料温度场的基本参数，若不能将该潜热影响的热量从热参数测试中剥离，则基于导热系数、比热和潜热的冻土温度场计算中考虑多重潜热影响，不仅影响计算结果，且混淆了热参数的物理意义。

2. 基于热线法的冻土导热系数测试修正

在对冻土土样加热升温的过程中，受土中冰体融化吸收潜热影响，同等加热功率情况下，测定的土样温度小于真实的理论温度，如图 5.24 所示，试样吸收热量引起的温度增量并不是线性。因此，采用测温法确定的冻土导热系数实际未排除冰体融化吸收潜热的影响。

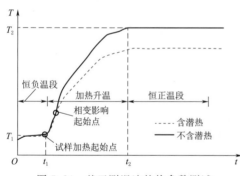

图 5.24 基于测温法的热参数测试

冻土潜热出现的实质是土中未冻水含量的变化，以探针法为例，对冻土导热系数的一种修正方法进行说明。探针法测定导热系数的计算式为

$$\lambda = \frac{IU}{4\pi l} \cdot \frac{\ln(t_2/t_1)}{T_2 - T_1} \tag{5.59}$$

式中：I 为电流强度，A；U 为输出电压，V；t_1 和 t_2 为加热过程开始与结束时间；T_1 和 T_2 为上述两次时间所对应的温度，℃。

在式（5.59）中，认为电流强度 I 和输出电压 U 施加给长度为 l 土样的热量，全部用于土样由 T_1℃ 升至 T_2℃。结合前文可知，该部分热量还有一部分用于土中冰体的相变。基于此，对含相变材料的线热源情况下的导热系数计算方法进行推导。由于同一温度下，同一冻土的导热系数和比热具有唯一值。因此，将土中冰体融化吸收的热量，以温度的形式加至土体的温度增量上，即式（5.59）转化为

$$\lambda = \frac{IU}{4\pi l} \cdot \frac{\ln(t_2/t_1)}{T_2 - T_1 + L\rho_d(W_0 - W_u)/(\rho C)} \qquad (5.60)$$

式中：L 为冰体融化吸收的潜热值，kJ/kg；W_0、W_u 分别为土样的初始含水量和负温土样的未冻水含量，%；ρ_d、ρ 分别为土的干密度和密度，kg/m³；C 为土样的比热，J/(kg·℃)。

5.3　砂性冻土导热系数的理论模型推导及验证

常规计算中一般将冻土导热系数设为定值并进行热工计算，在土的实际冻融过程中，水和冰的含量始终在变动并保持着动态的平衡。因此，与土体构成相关的导热系数并不是恒定值。为了实现多场耦合过程中热参数与物理、力学的动态相关，采用导热系数理论模型能够极大程度上减少计算程序分析难度，提升计算的收敛性。在季节冻土区盐渍土临时道路的纤维加筋处理中，发现现有的导热系数模型与真实结果存在一定误差。提升理论模型的适用性，对于提升纤维加筋盐渍土配方和加筋工艺的优化，具有重要的基础作用。

既存的导热系数经验模型一般是建立在试验数据的统计基础之上的，从土颗粒的分布形态和接触出发，研究不同负温条件下冻土导热系数的变化机理并建立相应的计算模型并不多见。

5.3.1　正交热传导几何模型

为有效模拟冻土中各成分的构成，抽象出一种由均匀土颗粒在坐标方向相切的热传导几何模型，如图 5.25 所示。该模型骨架由若干均质的土颗粒相切组成，土颗粒之外的区域均被液态水充满。假设饱和冻土由若干微元组成，且每个微元中均包括有土颗粒、水、冰三相。冷源传递在微元之间进行，且在同一时刻微元内各处的温度一致。由于微元中不同位置的孔隙水受到土颗粒表面能等作用的不同，土中水分为不同的结合能级别，冰体首先在远离土颗粒的孔隙水中产生并逐渐发展[1,2]。依据土中水依附形式的不同，冻结首先在任意 4 个相邻土颗粒围合的水体中心区域产生并呈球状发展直至土体冻实。

取模型单元并建立空间直角坐标系（图 5.26）。图 5.26 中，坐标原点为冰体中心，某相邻 2 个土颗粒球心连线为坐标方向。依模型假定，冻结首先发生在任意 4 个土颗粒围合的形心并呈球形发展。为解读冰体半径发展过程中冰体体积的变化趋势，依据冰体与球形土颗粒之间的位置关系，将本冻结过程分为两个阶段：①冰体在单元中心产生并持续增大，但冰体与土颗粒不产生接触现象，为初始冻结阶段；②冰球与土颗粒已经接触并进一步发展直至冻实，为接触阶段。

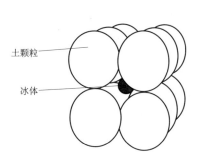

图 5.25　正交热传导模型

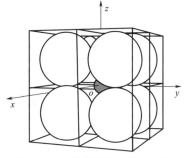

图 5.26　计算热传导坐标示意图

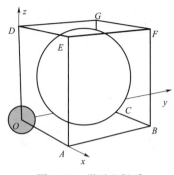

图 5.27 微元坐标系

1. 初始冻结阶段导热比例计算

将本几何模型网格化并取出局部坐标系，如图 5.27 所示，在单位正方体网格内内切有 1 个土颗粒，冰体中心位于正方体网格角点，则单位网格内实际有 1 个土颗粒及 8 个 1/8 冰球组成。

依据冰体产生与发展趋势的假定，冻结从 O 点开始发生，设冻结球半径为 r（mm），土颗粒半径为 R（mm），则冻结球与土颗粒的球心距为 $\sqrt{3}R$。当冻结球与土颗粒相离时，即 $r<(\sqrt{3}-1)R$ 时 [图 5.28 (a)]，此时定义为初始阶段，则网格内冻结球的体积 V_b 为

$$V_b=\frac{4}{3}\pi r^3, r<(\sqrt{3}-1)R \tag{5.61}$$

2. 接触阶段导热比例计算

当冻结体进一步发展并与土颗粒相交，如图 5.28（b）所示，此时定义为接触阶段。此时冻结体与土颗粒相交体积 V_i' 为

$$V_i'=\frac{\pi}{3}\left(R-\frac{4R^2-r^2}{2\sqrt{3}R}\right)^2\left(2R+\frac{4R^2-r^2}{2\sqrt{3}R}\right)+\frac{\pi}{3}\left(r-\frac{r^2+2R^2}{2\sqrt{3}R}\right)^2\left(2r+\frac{r^2+2R^2}{2\sqrt{3}R}\right) \tag{5.62}$$

式中：r 满足 $(\sqrt{3}-1)R<r\leqslant\sqrt{2}R$。

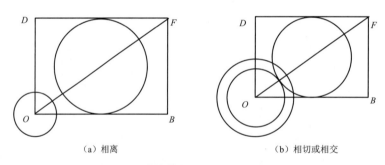

（a）相离

（b）相切或相交

图 5.28 冻结体与土颗粒发展截面示意

3. 几何模型计算比例的确定

冻土导热系数表征的为温度梯度为 $1K\cdot m^{-1}$ 时，单位时间内通过单位面积的热量。因此，结构排列均匀的情况下，复合介质的导热系数与其各相的体积含量相关。现有的研究也表明，冻土的导热系数与其单位体积内各组分的体积含量相关[2]。因此，模型中的未冻水体积含量的确定是进行导热系数计算的关键。

对单位立方体内冻土各相进行体积比例的确定，基于图 5.28 的计算坐标系可知，土颗粒内切于边长为 $2R$ 的正方体中，冰体呈球状并以任意 4 个相接土颗粒围成区域的中心为球心。则在单位立方体中，半径为 R 的球体按照本模型排列共有 $(1000/2R)^3$ 个网格单元体；每个网格单元体中由 8 个 1/8 冰体组成，计有 $(1000/2R)^3$ 个冰体单元。

单位立方体中土颗粒体积 V_s：

$$V_s = \frac{5 \times 10^8}{3} \pi \tag{5.63}$$

单位立方体中液态水总体积 V_f：

$$V_f = 10^9 - V_s \tag{5.64}$$

单位立方体中某阶段的冰体含量 V_i：

$$V_i = \left(\frac{500}{R}\right)^3 \times \frac{4}{3} \pi r^3, \ r < (\sqrt{3} - 1)R \tag{5.65}$$

$$V_i = \left(\frac{4}{3} \pi r^3 - 4V'_i\right)(1000/2R)^3 \tag{5.66}$$

式中：V'_i 见式（5.62），且 r 满足 $(\sqrt{3} - 1)R < r \leqslant \sqrt{2}R$。

单位立方体中某阶段的未冻水理论体积含量 V_w：

$$V_w = V_f - V_i \tag{5.67}$$

考虑到水冻结后的体积增量，对冰体的体积增量进行修正，任意冻结时段冻土中的土颗粒、未冻水、冰体占总体积的比重分别记为 p_s、p_w、p_i：

$$p_s = \frac{V_s}{V_s + V_f + \frac{1}{10}V_i} \tag{5.68}$$

$$p_w = \frac{V_w}{V_s + V_f + \frac{1}{10}V_i} \tag{5.69}$$

$$p_i = \frac{1.1V_i}{V_s + V_f + \frac{1}{10}V_i} \tag{5.70}$$

式中：V_s、V_w、V_f、V_i 分别为单位体积中土颗粒、未冻水、孔隙水、冰体所占的体积。

5.3.2 计算模型建立

依据冻土未冻水含量随负温的变化，Johansen 和 Wiener 等[19,24]学者解读了冻土中各相组成与其导热系数之间的关系。依据几何模型的冻结发展机理，结合实测获取的冻土导热系数和未冻水体积含量，提出了一种冻土导热系数计算模型。

1. Johansen 经验模型

基于 Johansen 等的假设和徐敩祖等[2,19]的考虑冻土中含有未冻水的导热系数计算方法，冻土的导热系数 λ_f 为

$$\lambda_f = (2.22)^{p_i}(0.55)^{p_w} \lambda_m^{p_s} \tag{5.71}$$

式中：λ_m 为土中矿物颗粒的导热系数，因土质等条件不同土中矿物颗粒的导热系数不具体标明，大致取值范围为 $[1.256 \sim 7.536]$[1,2]。表 5.4 给出了冻土中各组成成分的导热系数。

表 5.4　　　　　　　　　　　　不同材料的导热系数

材料类型	土	水	冰
导热系数/$(W \cdot m^{-1} \cdot {}^\circ\!C^{-1})$	λ_m	0.55	2.22

将式（5.68）～式（5.70）代入式（5.71）可获得基于正交热传导几何模型的冻土导热系数。由表 5.4 可知，冰的导热系数为水的 4 倍，冻结之后土的导热系数必然显著增加。当土中矿物颗粒导热系数取值较小时，干密度较大的饱和土的含水总量较小，冻实后的冰体含量也较少。冻结前后其导热系数的变化也较小；也就是说，干密度较大的饱和土冻实后的导热系数不一定比干密度小的饱和土冻实后大。

2. Wiener 理论模型

Wiener 等[24]提出了复合介质的热传导系数存在上下两个界限，当各相叠加方向与热量方向垂直时，导热系数最小，如图 5.29（a）所示。当叠加方向与热量方向平行时，导热系数最大，如图 5.29（b）所示。

当各相叠加方向与热量方向垂直时，此时按照垂直流计算；当叠加方向与热量方向平行时，按照平行流计算。计算式如下：

$$垂直流：\lambda = \left[\sum \frac{p_j}{k_j} \right]^{-1} \tag{5.72}$$

$$平行流：\lambda = \sum p_j k_j \tag{5.73}$$

式中：p_j 为第 j 相体积分数；k_j 为第 j 相导热系数。将式（5.68）～式（5.70）代入式（5.72）、式（5.73）可获得冻土导热系数上下界限的理论值。

3. 混合流计算模型的建立

饱和土是由土颗粒与孔隙水组成的两相体，其导热系数受两部分影响：①两相内部各自进行的热传递；②不同相间进行的热传递。基于最小热阻理论，热量的传递首先服从最小热阻传递，不考虑不同物质之间的传递，则饱和土中的热量分别在土体内部和孔隙水内部进行传递。根据孔隙水首先在远离土颗粒的区域开始冻结的客观规律[2]，孔隙冰首先在孔隙水的一定区域内产生，并被孔隙水包裹，如图 5.30（a）所示。

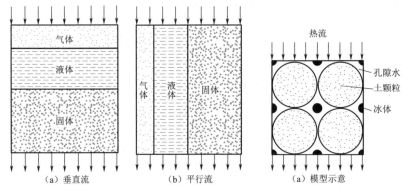

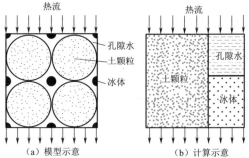

图 5.29　垂直流和平行流示意图　　　　图 5.30　混合流导热系数计算模型

冻结初期孔隙冰并未形成连续状态，此时，热量是依据"水-冰-水"的形式传递的。基于此，将孔隙水与孔隙冰的热传递定义为垂直流的形式，土颗粒与冰水混合物之间依据平行流进行热量的传递，如图 5.30（b）所示。建立的计算公式为

$$\lambda_f = p_s \lambda_s + (1-p_s) \left[\frac{p_w}{\lambda_w(1-p_s)} + \frac{p_i}{\lambda_i(1-p_s)} \right]^{-1} \tag{5.74}$$

式中：λ_s、λ_w、λ_i 分别为土颗粒、水、冰的导热系数。

随着冻结体的不断增大，在某截面上孔隙水的连续性逐渐被孔隙冰截断，此时土颗粒、孔隙水、孔隙冰三者逐渐成为平行流定义的计算形式。此时冻土的导热系数计算式为

$$\lambda_f = p_s\lambda_s + p_w\lambda_w + p_i\lambda_i \tag{5.75}$$

将式（5.68）～式（5.70）代入式（5.74）、式（5.75）可获得混合流计算模型确定的冻土导热系数。

依据饱和土体的干密度和土体的相对密度，用式（5.68）确定单位模型中土颗粒的体积含量 V_s。依据式（5.64）计算出土体中的液态水体积含量 V_f，进而可确定几何模型中土颗粒的粒径。

5.3.3 修正的正交热传导几何模型

由于正交热传导几何模型未考虑到土体的干密度情况，不能预测不同干密度土体的等效导热系数。因此，在正交热传导几何模型基础上，在热流方向的任意两个土颗粒 R 球心连线的中点存在一个半径为 χ 的土颗粒（$\chi \leqslant R$），如图 5.31 所示。该土颗粒与相邻两个大土颗粒相交，通过改变土颗粒与相邻大土颗粒相交体积来决定土体干密度，进而预测土体的等效导热系数。

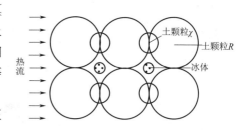

图 5.31 修正正交热传导几何模型

按照冻结球与土颗粒的位置关系，对修正的正交热传导几何模型进行冻结阶段的划分：①当冻结球与土颗粒未接触时，定义为初始阶段；②当冻结球首先与土颗粒相交时，定义为接触阶段；③当冻结球与两种粒径的土颗粒相交时，定义为趋缓阶段。按照划分的 3 个阶段对修正的正交几何模型进行推导。

基于前文推导，可知本阶段单位立方体中土颗粒的增量为土颗粒 χ 与土颗粒 R 相交之外的体积。首先计算土颗粒 χ 与土颗粒 R 相交部分体积 V'：

$$V' = \frac{(6R^2 - \chi^2)\chi^4\pi}{24R^3} + \frac{\pi}{3}\left(\chi - \frac{\chi^2}{2R}\right)^2\left(2\chi + \frac{\chi^2}{2R}\right) \tag{5.76}$$

单位立方体中土颗粒 χ 引起的土颗粒增量 $V_{\Delta s}$ 为

$$V_{\Delta s} = \left(\frac{500}{R}\right)^3 \times \left(\frac{4}{3}\pi\chi^3 - 2V'\right) \tag{5.77}$$

因土颗粒 χ 与土颗粒 R 的大小关系需要加以界定，以 $\chi < (1 + \sqrt{2} - \sqrt{3})R$ 为例进行说明，即冻结体首先与土颗粒 R 相交，单位立方体中某阶段的冰体含量 V_i 为

（1）初始阶段冰体含量 V_{ib}：

$$V_{ib} = (1000/2R)^3 \times \frac{4}{3}\pi r^3, \quad r < (\sqrt{3} - 1)R \tag{5.78}$$

（2）接触阶段冰体含量 V_{ic}：

$$V_{ic} = \left(\frac{4}{3}\pi r^3 - 4V'_i\right)(1000/2R)^3 \tag{5.79}$$

式中：V'_i 见式（5.62）且 r 满足 $(\sqrt{3}-1)R<r\leqslant\sqrt{2}R-\chi$。

（3）趋缓阶段冰体含量 V_{is}：

$$V_{is}=\left(\frac{500}{R}\right)^3\times\left(\frac{4}{3}\pi r^3-4V'_i-V_{i\chi}\right) \tag{5.80}$$

式中：V'_i 见式（5.62）；$V_{i\chi}$ 为单位立方体中土颗粒 χ 与冻结球相交部分的体积，即为

$$V_{i\chi}=\frac{\pi}{3}\left(\chi-\frac{\chi^2-r^2+2R^2}{2\sqrt{2}R}\right)^2\left(2\chi+\frac{\chi^2-r^2+2R^2}{2\sqrt{2}R}\right)+\frac{\pi}{3}\left(r-\frac{r^2-\chi^2+2R^2}{2\sqrt{2}R}\right)^2\left(2r+\frac{r^2-\chi^2+2R^2}{2\sqrt{2}R}\right)$$
$$\tag{5.81}$$

且 r 满足 $\sqrt{2}R-\chi<r\leqslant\sqrt{2}R$。

依据式（5.67）计算单位立方体中某阶段的未冻水含量 V_w，在此基础上，依据式（5.68）～式（5.70）可确定不同冻结阶段冻土中的各相体积比。

5.3.4　试验验证和分析

为验证提出的热传导聚合几何模型和计算方法的预测精度，基于热线法原理实施了一系列饱和冻土的导热系数试验[37]。采用的试验装置如图 5.32 所示。

（a）测试仪器

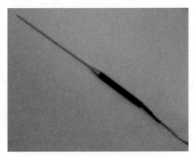
（b）加热测温探针

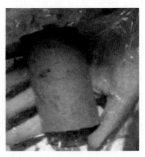
（c）试样

图 5.32　导热系数测定

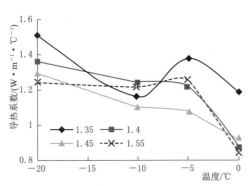

图 5.33　不同干密度的饱和土在不同
负温下的导热系数

将制备好的干密度分别为 1.35g/cm^3、1.4g/cm^3、1.45g/cm^3、1.55g/cm^3 的饱和砂土土样置于低温试验箱中 24h，待试样内外温度稳定后，将探针插入土样中并开启温度采集仪；待数据读取的温度稳定后开启直流稳压电源，待温度再次稳定后关闭直流稳压电源并保存温度数据。根据直流稳压电源提供的电压电流数据计算出加热器提供的功率，进而可计算出不同负温下饱和砂土的导热系数，计算值如图 5.33 所示。

由图 5.33 可知，试验测定的导热系数并不

呈现理想的线性。由干密度为 $1.35\text{g}/\text{cm}^3$ 和 $1.45\text{g}/\text{cm}^3$ 试样的导热系数变化曲线可知，冻结后干密度大的试样导热系数反而变小。这与前文的干密度较大的饱和土样，冻实后的导热系数不一定比干密度小的饱和土样冻实后大的论断是吻合的。从冻土导热系数随负温的演变规律来看，给出的干密度 $1.55\text{g}/\text{cm}^3$ 的砂土在 $-10\,℃$ 的导热系数显然失真。

制作干密度为 $1.4\text{g}/\text{cm}^3$ 的饱和砂土土样，土样成型后置入烘箱烘干，测定其在负温阶段的平均导热系数为 $1.028\text{W}\cdot\text{m}^{-1}\cdot℃^{-1}$。依据正交热传导几何模型结合提出的混合流计算方法，取模型中土颗粒半径为 1mm，对干密度为 $1.4\text{g}/\text{cm}^3$ 的饱和砂土进行导热系数预测，并与 Johansen 法、Wiener 的平行流法和垂直流法进行比较，如图 5.34 所示。

由图 5.34 结合未冻水含量测试结果可知，干密度为 $1.4\text{g}/\text{cm}^3$ 的饱和砂土土样在 $-2\,℃$ 时未冻水体积含量为 0.24%，与冻结半径为 0.76mm 时相当；$-5\,℃$ 的未冻水体积含量为 0.11%，与冻结半径为 0.9mm 时相当。提出的混合流计算曲线位于水平流和垂直流中间，符合 Wiener 的最大最小理论。在冻结初期趋向于垂直流，这是因为土体中的未冻水含量较多，水的导热系数与土体差别较小，土体整体服从最小热阻传递形式。随着冻结的深入，冻土中的冰体含量逐渐增加，导热系数显著增加，这与实际情况是吻合的[1,2]。在冻结后期，土体中的未冻水含量减少，土体中的冰体逐渐连续，从而形成了较畅通的热量传递通道，导热系数更多地受到土中连续冰的影响。同时不难看出，按照冻结半径线性增加的方式，给出的冻土导热系数理论值演变规律与实测值宏观规律并不一致。可见，土中冰体成核后的体积扩展方式并非线性增加的，也就是说土的冷冻过程中冰是非线性增加的。

依据干密度为 $1.4\text{g}/\text{cm}^3$ 的饱和砂土在不同负温下的冻土未冻水含量测试结果，结合提出的聚合几何模型可计算得到基于 Johansen 法、Wiener 法和混合流计算法的导热系数值。为验证各方法在高温冻土区的适用性，增加了砂土在 $-2\,℃$ 的导热系数。将该计算值与图 5.35 中干密度为 $1.4\text{g}/\text{cm}^3$ 的饱和砂土的导热系数实测值进行了比较，如图 5.35 所示。

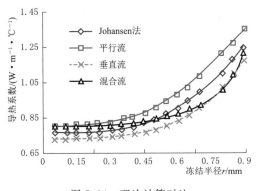

图 5.34　理论计算对比

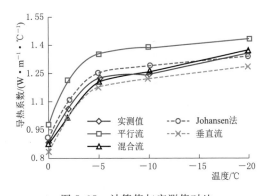

图 5.35　计算值与实测值对比

由图 5.35 可以看出，实测值始终位于 Wiener 的平行流法及垂直流法中间，表明实测值符合整体规律。Johansen 法整体位于实测值的上部，与实测值有一定误差，整体精度高于 Wiener 法。所提出的混合流导热系数计算方法在冻结初期预测值偏大，在冻结后期预测值偏小，但整体精度高于 Johansen 法，且始终位于 Wiener 提出的平行流和垂直流之间，整体精度较高。

综上可知，正交热传导模型中的土颗粒体积含量与土体粒径无关，因此在热传导几何模型应用中，满足土体干密度与几何模型对应的前提下，设置的土颗粒粒径越接近于实际工况，相应的计算越精确。提出的修正正交热传导模型依据干密度设置土颗粒 χ 的半径，增加了单位体积中的土颗粒含量，可达到与原土土水比例相似的目的，为预测不同干密度饱和冻土的导热系数提供了依据。本模型对于解读冻土未冻水分布与土体吸力之间的关系具有基础作用[38]。该研究成果对于评价盐渍土路基砂性土垫层的导热性能，具有基础作用和应用价值。

5.3.5　小结

本章建立了基于均质球形颗粒的聚合几何模型，在此基础上，基于土颗粒、水、冰的三相组成，从饱和冻土的组成和球形颗粒之间的接触等微观角度出发，建立了导热系数的混合流计算方法。提出的混合流计算方法能够高精度地预测高温冻结阶段砂土的导热系数；聚合几何模型解答了干密度较大的土体冻实后的导热系数不一定较大的现象，具象地揭示出冻土导热系数随不同负温变化的原因是土中冰体含量的动态变化；同时，依据冻结核产生位置建立的混合流导热系数计算方法，赋予了 Wiener 法在冻土导热系数预测中的具体物理意义。

5.4　考虑相间热相互作用的冻土导热系数模型

前文给出了一种混合流导热系数理论模型，并验证了其在砂性土路基垫层应用上的可行性。实际工程中，盐渍土多为细粒的黏性土或者粉黏性土，砂性含盐土几乎不存在异于常规砂性土的行为。基于现有的理论研究成果，对 Wiener 法给出了冻土导热系数的最大和最小理论值模型进行了研究，进一步给出了考虑固-液界面影响的冻土导热系数模型。

5.4.1　冻土导热系数经验模型

Wiener 模型[24]给出了冻土导热系数的最大最小理论值，依据计算软件 ABAQUS 模拟了平行流（最大值）情形下的热传导过程。利用计算软件 ABAQUS，基于图 5.36（a）所示的并联模型建立了理想材料的温度场计算模型，对水冰二相介质的并联模型进行数值模拟。其中固体（冰）与水之间的边界设定为自由传热边界，平面模型的上下边界均为 20℃的恒温边界，平面模型的左右边界为绝热边界。模型尺寸为 1cm 的正方形，每相介质宽度为 0.25cm。计算获取的温度场分布如图 5.36（b）所示。

由图 5.36（b）可知，受各相导热系数和比热不同的影响，模型温度场分布并不呈现理想条状，Wiener 模型给出的各相并联情形并不存在。同时，土颗粒之间的咬合，土中固相颗粒与液态水、气体之间的交错分布，冰体的伴生等都造成土中两相交接界面并不光滑。因而，也就无法采用该模型进行冻土导热系数的预测。考虑土中不同相界面之间的相互作用，基于热流传递过程中并联与串联同时进行的耦合特性，建立了考虑固-液界面的

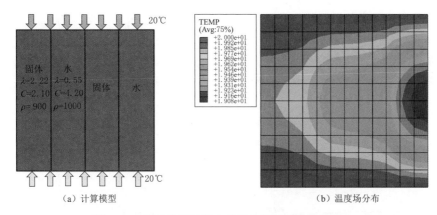

图 5.36　并联模型及其在理想热源下的温度场分布

导热系数计算模型。不仅能够赋予计算模型中各参量明确的物理意义，对于指导冻土导热系数预测也具有重要作用。

5.4.2　考虑相间热相互作用的冻土导热系数模型

由于冻土中不同相体之间的导热系数存在差异，土柱模型的热流传播模式并非图 5.37 所示的平行传输模式。也就是说，热流除了平行传递外，在不同相间也会进行传递，如图 5.37（a）所示。热传导条件下，模型中的热流会在土柱-水、冰柱-水、土柱-冰柱之间传递，并最终达到热流平衡。因此，导热系数理论计算中，除依据图 5.36（a）所示的各相不同的体积来分配传输的热量外，还需考虑各相导热系数不同带来的传输问题。考虑土、水、冰之间的导热系数差异，土柱模型的典型热流传递形式，如图 5.37（b）所示。

由图 5.37（b）可知，土颗粒和固态冰的导热系数较液态水大，同等时间下，某土柱截面上固相土和冰中的热流较早到达。此时热流会沿着土-水、冰-水交接界面向液态水中传播。土柱模型截面的热流除在方向上产生变化外，不同相间交接界面的导热系数应为两相的均值。

考虑固-液界面的冻土导热系数必然存在：①土柱截面不同相之间的热流传输；②交接界面处的导热系数加权计算。考虑固-液交接界面特性的导热系数计算模型，如图 5.38所示。

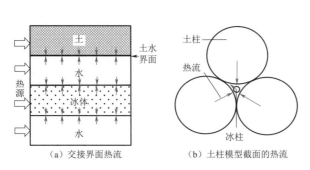

图 5.37　固-液界面的热流形式

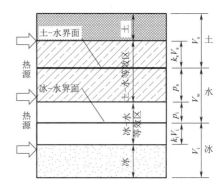

图 5.38　考虑固-液界面的计算模型

在图 5.38 中，将冻土未冻水依据固体土颗粒和冰占固相的比例分为两部分：一部分与土颗粒进行热流传递，另一部分与固态冰进行热流传递，即

$$p_s = \frac{V_s}{V_s + V_i} V_w \qquad (5.82)$$

$$p_i = \frac{V_i}{V_s + V_i} V_w \qquad (5.83)$$

在同一时间下，体积为 p_s 的液态水需要一定体积的土颗粒与其达到热流平衡。该区域与其导热系数之积与一定体积土颗粒和土颗粒导热系数之积相等，即

$$\frac{V_s}{V_s + V_i} V_w \lambda_w = k_s V_s \lambda_s \qquad (5.84)$$

同样，冰体与水之间满足

$$\frac{V_i}{V_s + V_i} V_w \lambda_w = k_i V_i \lambda_i \qquad (5.85)$$

式中：k_s、k_i 分别为导热系数差异引起的土颗粒和冰的体积等效系数。

不难想象，$(p_s + k_s V_s)$ 部分与 $(V_s - k_s V_s)$ 部分之间仍存在导热系数差别引起的热流传递现象，如图 5.38 所示。也就是说，各相导热系数差别引起的热流横向传递持续存在，直至各相材料达到热流的平衡。若考虑 $(p_s + k_s V_s)$ 部分与 $(V_s - k_s V_s)$ 部分之间仍存在导热系数差别，二次进行传递后的等效区域服从

$$(p_s + k_s V_s)\bar{\lambda} = \alpha (V_s - k_s V_s)\lambda_s \qquad (5.86)$$

式中：α 为土-水混合物和土导热系数差异引起的体积等效系数；$\bar{\lambda}$ 为土-水混合物的等效导热系数。

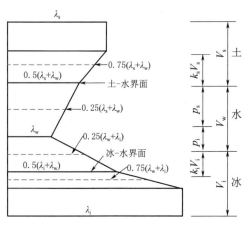

图 5.39　考虑固-液界面的计算示意

前文所述，固-液界面上的导热系数为土颗粒与水导热系数的平均值，则导热系数应从固-液界面向两侧线性变化。为简化计算量，以考虑固-液仅传递一次为例，进行导热系数计算方法的说明，如图 5.39 所示。

饱和冻土是由土颗粒、水和冰组成的三相体，由于水的导热系数显著小于土颗粒和冰的导热系数，冰首先产生于远离土颗粒的液态水中，加之固相间接触产生的 Kapitza 阻抗较大[39]。因此，在冻结初期可认为饱和冻土中的冰体与土颗粒不直接接触，据此可依据土、冰所占固体的体积分配等效体积，建立的考虑固-液界面的导热系数计算公式为

$$\lambda = p_s \times 0.25(\lambda_s + \lambda_w) + k_s V_s \times 0.75(\lambda_s + \lambda_w) + \lambda_s (V_s - k_s V_s) + p_i \times 0.25(\lambda_i + \lambda_w)$$
$$+ k_i V_i \times 0.75(\lambda_i + \lambda_w) + \lambda_i (V_i - k_i V_i) \qquad (5.87)$$

将式（5.82）～式（5.85）引入式（5.87），消去含有的动态变量 $k_s V_s$ 和 $k_i V_i$，得到考虑固-液界面一次传递的导热系数计算式为

$$\lambda = p_s(\lambda_s + \lambda_w)\left(0.25 + 0.75\frac{\lambda_w}{\lambda_s}\right) + V_s\lambda_s - p_s\lambda_w + p_i(\lambda_i + \lambda_w)\left(0.25 + 0.75\frac{\lambda_w}{\lambda_i}\right) + V_i\lambda_i - p_i\lambda_w$$

$$(5.88)$$

依据式（5.85）、式（5.88）和冻土中各相的组成，可计算获取冻土在不同负温下的导热系数。

5.4.3 冻土导热系数和冻结温度测试

将原状粉质黏土烘干碾碎后，重塑成不同干密度的饱和试样。之后采用探针法对不同温度下的冻土导热系数进行测定，获取的不同干密度饱和黏土的导热系数和冻结温度，见表5.5。

表5.5 饱和粉质黏土导热系数和冻结温度试验结果

干密度 /(g/cm³)	导热系数/(W·m⁻¹·℃⁻¹)				冻结温度 /℃
	0℃	−5℃	−10℃	−20℃	
1.80	1.254	1.581	1.621	1.679	−0.48
1.70	1.208	1.535	1.626	1.691	−0.42
1.65	1.211	1.346	1.425	1.502	−0.35
1.60	1.208	1.260	1.294	1.373	−0.35
1.55	1.079	1.312	1.389	1.424	−0.33
1.50	1.014	1.170	1.219	1.301	−0.30

由表5.5可知，随着冻结温度的降低，土体的导热系数逐渐增大，且在高温冻土区间变化明显，这与实际情况是吻合的[2,40]。同时发现，同一温度情况下，随着土样干密度的增大，其导热系数增速并不显著，甚至有减小的趋势。这是由于土体干密度增大的实质是一定体积内孔隙水含量的减少，土颗粒将孔隙水分割为更多的单元，孔隙水量的减少决定了水的相变总量，更多的孔隙水单元使得冰体难以连续，因而土体的导热系数变化趋缓。同样，从不同干密度土体的冻结温度可看出，随着饱和土样干密度的增大，其冻结温度呈现逐渐降低趋势，这与冻土导热系数随温度的变化趋势是吻合的。

5.4.4 模型有效性分析

基于第2章提出的最紧密排列土柱几何模型，用Johansen的土体导热系数预估方法，Wiener平行流法和考虑固-液界面的方法对冻土导热系数进行计算，并将三种计算模型的计算值与瞬态探针法实测值进行了比较。

1. Johansen法分析

基于Johansen和徐敩祖等[2,19]提出并完善的冻土导热系数计算方法，结合提出的冻土导热系数几何模型，对试验获得的数据进行对比和分析。以半径1mm的土柱为例，进行导热系数理论模型的计算，得到不同冻结阶段饱和冻土导热系数的变化趋势，如图5.40所示。依据不同直径土柱的几何模型在不同冻结时刻的导热系数，得到饱和冻土干密度与冻土导热系数的关系，如图5.41所示。

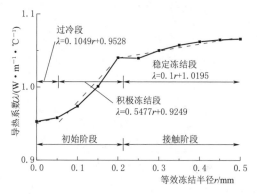

图 5.40　理论模型的导热系数演变趋势

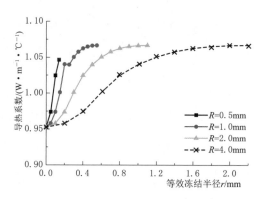

图 5.41　不同直径土柱的导热系数

由图 5.40 可知，随着冻土中等效冻结半径（冰柱）的增大，其导热系数逐渐增大，且初始阶段导热系数增速大于接触阶段的导热系数增速。反映出冻土的导热系数增长趋势与不同负温相关，这与实际情况是相符的[1]。冻土导热系数在积极冻结阶段变化明显，并随着冻土未冻水含量的稳定，其导热系数也趋于平缓。土柱模型能够较好地反映土体在冻结过程中的过冷、积极冻结和稳定冻结等阶段。

由图 5.41 可以看出，冻结半径增速均匀情况下土体导热系数变化与冻土中土颗粒含量相关。随着土柱半径的增大，即土体干密度的相对增大，饱和土体的导热系数变化越平缓。究其原因是：冻土中土颗粒含量的相对增多，使得土体的导热系数变化更多地受到土颗粒因素的制约，土中水相变成冰后导热系数增大约 4 倍，而土颗粒的导热系数变化受温度影响较小。也就是说，同等冰体含量下，饱和土体的干密度越小，冻土的导热系数变化越敏感，这与表 5.5 中土体冻结温度的试验结果是吻合的。

2. Wiener 平行流法分析

基于 Wiener 平行流法，结合提出的冻土导热系数几何模型，对试验获得的数据进行对比分析。以半径 1mm 的土柱为例进行导热系数理论计算，获取的导热系数曲线如图 5.42 所示。

由图 5.42 可以看出，Wiener 平行流法与 Johansen 法计算模型的导热系数变化趋势较为相似。总体看来两者之间的差别微小，均是随着冻土温度的下降，冻土导热系数上升。

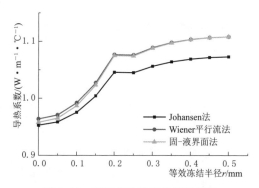

图 5.42　不同方法计算的导热系数

3. 考虑固-液界面方法的理论计算

考虑固-液界面的导热系数计算方法，将传输过程中因各相导热系数差异引起的热流传输预测差别降到了最低。也就是说该模型考虑了热流一维传播过程中垂直方向的影响。以半径 1mm 的土柱为例进行导热系数理论计算，获取的考虑固-液界面方法的导热系数，如图 5.42 所示。可看出，在冻结初期，固-液界面法计算获取的冻土导热系数位于 Johansen 法和 Wiener 平行流法之间。

随着冻结的深入，冻土中冰体含量的增多，固-液界面法与 Wiener 平行流法计算获取的数据基本一致，这与土体冻实后冰体连续导致的导热系数增大现象是一致的。

5.4.5 试验数据对比分析

饱和土体的干密度与体积比之间可用式（5.89）换算，即

$$V_s = \frac{\rho_d V}{d_s} \tag{5.89}$$

试验测定了干密度为 1.8 和 1.55 的粉质黏土在不同负温下的未冻水含量。结合 Johansen 法、Wiener 平行流法和固-液界面法，计算得到了不同负温下的冻土导热系数，并将其与表 5.5 中的实测数据进行了对比，结果见表 5.6。

表 5.6 不同方法获取的导热系数计算值和实测值

方　法	$\rho_d = 1.8\mathrm{g/cm^3}$ 试样				$\rho_d = 1.55\mathrm{g/cm^3}$ 试样			
	0℃	−5℃	−10℃	−20℃	0℃	−5℃	−10℃	−20℃
实测未冻水含量/%	18.79	10.51	5.76	4.77	27.75	16.2	15.21	9.98
实测/(W·m⁻¹·℃⁻¹)	1.254	1.581	1.621	1.679	1.079	1.312	1.389	1.424
Johansen 法/(W·m⁻¹·℃⁻¹)	1.163	1.335	1.444	1.468	1.119	1.214	1.234	1.347
Wiener 平行流法/(W·m⁻¹·℃⁻¹)	1.264	1.429	1.523	1.543	1.243	1.315	1.335	1.439
固-液界面法/(W·m⁻¹·℃⁻¹)	1.259	1.428	1.523	1.543	1.239	1.312	1.332	1.438

由表 5.6 可知，依据未冻水含量测试结果，获取的不同负温下冻土导热系数的计算值与实测值并不相等，甚至存在一定差距。总体而言，Johansen 法和 Wiener 平行流法以及固-液界面法均能预测冻土导热系数随不同负温的变化趋势。相较于 Wiener 平行流法，固-液界面法预测的冻结初期导热系数更逼近于实测值，冻结后期其预测值与 Wiener 平行流法预测值基本一致。

计算值与实测值存在一定误差的原因可从以下方面分析：①土中固相矿物的导热系数测试存在误差；土中一些矿物离子特别是随温度变化敏感离子使得计算结果存在误差；②导热系数测试存在误差，探针法的插针位置对干密度较小的土体测试结果影响较大。土体在冻结过程中，水分迁移等情况持续发生，因而存在一些数据点的离散，最终测试结果失真，这也为冻结法设计与施工埋藏了隐患。提出的冻土导热系数几何模型，适用于 Johansen 法、Wiener 平行流法以及提出的固-液界面法，能够为冻土导热系数的预测提供理论依据。

5.4.6 小结

考虑实际冻土中三相组成的含量随温度变化而不断变化的事实，基于热流传递过程中并联与串联同时进行的耦合特性，建立了考虑固-液界面的导热系数计算模型。依据冻土导热系数试验数据和土体的起始冻结温度，对建立的考虑固-液界面的导热系数计算模型进行了分析和验证。表明本研究提出的理论土柱模型能够揭示土体在冻结过程中导热系数的演变规律，且印证了冻土导热系数随不同负温变化的主要原因是受其未冻水含量的影

响。建立的考虑固-液界面的导热系数计算模型，考虑了复合介质热传导过程中的方向性，赋予了混合介质中各相在热传导过程中应具有的物理意义。

5.5　基于未冻水含量的热参数在温度场计算中的应用

温度场预测中首先需要确定冻土在不同负温下的导热系数、比热和未冻水含量，测试工程量极大。研究表明，土中固体矿物的导热系数、比热随不同负温的变化极小，冻土导热系数等热参数随不同负温变化主要依据冻土中未冻水含量的变化。因此，依据导热系数、比热与未冻水含量之间的计算关系，建立某一实测热参数与冻土其他热参数之间的计算关系具有理论可行性。

5.5.1　冻土热参数和未冻水含量测试

试验用土为取自天津地铁某区段联络通道的粉质黏土。将土体烘干碾碎并重塑成干密度为 1.8g/cm^3 的饱和粉质黏土土样，实测其在不同温度下的导热系数、比热及未冻水含量。

1. 导热系数测试

采用探针法对不同温度下饱和粉质黏土的导热系数进行测试，采用的试验装置和土样如图 5.32 所示。

使用静力挤压法制备 $d \times h = 61.8 \text{mm} \times 120 \text{mm}$ 的圆柱形试样，在试样外部缠绕透明胶带，以模拟温度场冻结试验中模型箱土体的侧向约束。用钢丝在试样圆面的轴心插孔即形成探针孔洞，而后将与探针直径相同的 PVC 塑料杆插入探针孔洞。将试样置于恒温试验箱中冻结 60h，待土样内外温度一致后，把 PVC 塑料杆抽出并将长度为 10cm 的探针插入土样预留的测试孔洞中并开启 Agilent 温度采集仪；约 2min 后采集仪读取的温度稳定后开启 LP 2002D 直流稳压电源，待温度再次稳定后关闭直流稳压电源并保存温度数据。某试样导热系数测试过程中的温度变化，如图 5.43 所示。

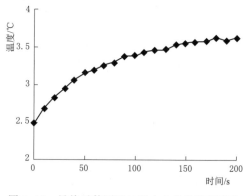

图 5.43　导热系数测试过程中土样的温度变化

根据直流稳压电源提供的电压和电流数据计算出加热器提供的功率，依据文献 [1] 提供的方法计算试样的导热系数。将测试获取的两组代表性饱和试样的导热系数整理后如图 5.44（a）所示。饱和土样的导热系数测试完毕后，将土样置于烘干箱烘干，而后测定干土试样在不同温度下的导热系数，两组干土试样导热系数的测试平均值如图 5.44（b）所示。

2. 比热容测试

采用本书前文提供的方法测定干密度为 1.8g/cm^3 的饱和粉质黏土在不同负温下的比热值。试样尺寸 $d \times h = 20.4 \text{mm} \times 25 \text{mm}$，待土样冻结 24h 后对土样进行脱模，并将脱模后的试样继续冻结至 60h，而后进行混合量热试验。同时，依据常规的混合量热法测定烘干后的

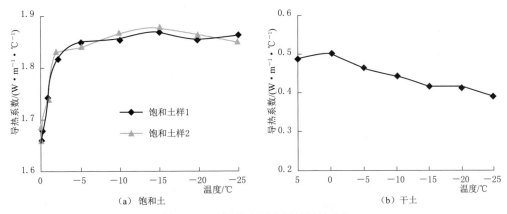

图 5.44 不同温度下土样的导热系数

土样比热和饱和土体在常温下的比热，计算得到土体矿物的比热为 $0.826kJ/(kg\cdot℃)$。计算获取的冻土真比热如图 5.45（a）所示。

3. 未冻水含量测试

采用脉冲核磁共振法测定冻土的未冻水含量，具体操作方法见文献 [1]。测试获取的冻土在不同负温下的未冻水含量如图 5.45（b）所示。

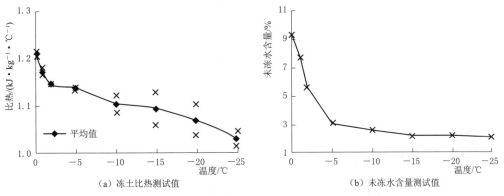

图 5.45 不同温度下的冻土比热和未冻水含量

5.5.2 基于未冻水含量的冻土热参数计算

本小节建立了未冻水含量与导热系数、比热之间的计算关系，据此对冻土的热参数进行计算和分析。

1. 基于导热系数反演未冻水含量

Johansen[19]、Wiener[24]分别依据多孔介质中各相所占的体积比，建立了导热系数的理论计算方法。Johansen 提出的饱和冻土导热系数计算式可表示为

$$\lambda = k_i^{p_i} k_w^{p_w} k_s^{p_s} \tag{5.90}$$

式中：λ 为土体的导热系数；p_s、p_w、p_i 分别为冻土中的土颗粒、未冻水、冰体占总体积的比重；k_s、k_w、k_i 分别为土体矿物、水、冰的导热系数。

Wiener 提出了多孔介质的导热系数存在最大最小值，即

$$最小值\ \mathrm{Wiener_{min}}: \quad \lambda=\left[\sum \frac{p_j}{k_j}\right]^{-1} \tag{5.91}$$

$$最大值\ \mathrm{Wiener_{max}}: \quad \lambda=\sum p_j k_j \tag{5.92}$$

式中：p_j 为第 j 相的体积分数；k_j 为第 j 相的导热系数。由该类计算方法可知，土体总含水量一定的情况下，冻土中的未冻水含量与冰体发育之间总是保持着一定的动态平衡关系。即冻土中的未冻水含量与其热参数之间具有一定的映射关系。

依据 Johansen、Wiener 提出的冻土导热系数理论计算方法，结合导热系数测试结果，可反演出不同负温下的冻土未冻水含量。依据式（5.90）～式（5.92）推导的基于冻土导热系数的未冻水反演公式为

$$\mathrm{Johansen}: \quad p_\mathrm{w}=\frac{\ln\lambda-p_\mathrm{s}\ln k_\mathrm{s}-(1-p_\mathrm{s})\ln k_\mathrm{i}}{\ln k_\mathrm{i}-\ln k_\mathrm{w}} \tag{5.93}$$

$$\mathrm{Wiener_{min}}: \quad p_\mathrm{w}=\frac{(k_\mathrm{i}/\lambda-p_\mathrm{s}k_\mathrm{i}/k_\mathrm{s}+p_\mathrm{s}-1)}{k_\mathrm{i}-k_\mathrm{w}} \tag{5.94}$$

$$\mathrm{Wiener_{max}}: \quad p_\mathrm{w}=\frac{\lambda-p_\mathrm{s}-k_\mathrm{s}-(1-p_\mathrm{s})k_\mathrm{i}}{k_\mathrm{w}-k_\mathrm{i}} \tag{5.95}$$

未冻水体积含量 p_w 与未冻水含量 W_u 之间可由式（5.96）计算：

$$W_\mathrm{u}=\left(\frac{m_\mathrm{i}}{\rho_\mathrm{i}}+\frac{m_\mathrm{s}}{d_\mathrm{s}}\right)\times\frac{p_\mathrm{w}}{1-p_\mathrm{w}} \tag{5.96}$$

式中：m_s、m_i 分别为冻土中的土颗粒、冰体占总质量的比重；ρ_i、d_s 分别为冰的密度和土体的相对密度。

构成土骨架的矿物导热系数一般依据其微观组成预估获取。为了获取土体矿物的导热系数值 k_s，依据干土和饱和常温土体的二相组成，结合 Johansen 的导热系数预估方法，推导的土体矿物导热系数计算公式为

$$k_\mathrm{s}=10^{\frac{\lg\lambda-V_\mathrm{p}\cdot\lg k_\mathrm{p}}{V_\mathrm{s}}} \tag{5.97}$$

式中：V_s、V_p 分别为饱和土试样中土体矿物和孔隙（水）的体积。

依据图 5.46（b）的干土导热系数及饱和土样在正温阶段的导热系数，结合式（5.97）计算得到土体矿物的导热系数均值为 1.904W/(m・℃)。对图 5.45 的两组饱和土样导热系数取均值，依据式（5.93）～式（5.96）对冻土中的未冻水含量进行反演，计算结果见表 5.7。

表 5.7　　　　　　　　　　各计算方法获取的冻土未冻水含量

温度/℃	Johansen/%	Wiener$_{max}$/%	Wiener$_{min}$/%	Wiener 均值/%	混合流法/%
0	6.85	10.51	4.64	7.57	5.65
−1	5.04	7.76	3.63	5.70	4.02
−2	3.16	4.77	2.64	3.71	2.73
−5	2.60	3.85	2.35	3.10	2.39
−10	2.41	3.16	2.14	2.65	2.16
−15	1.98	2.81	2.04	2.43	2.05
−20	2.15	3.27	2.18	2.73	2.20

2. 比热反演未冻水含量

依据前文提供的通过比热值反演未冻水含量的方法，反演得到不同负温下的冻土未冻水含量，见表 5.8。在此基础上，对不同负温下的冻土真比热进行计算，结果如前文图 5.8 所示。

表 5.8 　　　　　　　　　　基于冻土比热反演未冻水含量

温度/℃	测试比热/(kJ·kg⁻¹·℃⁻¹)	未冻水含量/%	真比热/(kJ·kg⁻¹·℃⁻¹)
0	34.68	8.80	1.212
−1	7.28	6.98	1.174
−2	5.71	5.62	1.146
−5	2.68	5.16	1.136
−10	6.14	3.66	1.104
−15	3.14	3.05	1.092
−20	4.66	1.98	1.069

3. 未冻水实测值与计算值对比

将图 5.45 实测获取的饱和粉质黏土在不同负温下的未冻水含量与表 5.7 和表 5.8 中计算获取的未冻水含量进行对比，如图 5.46 所示。

由图 5.46 可知，实测获取的未冻水含量与反演计算值并不相同，这与现有的研究是吻合的。在一定范围内未冻水测试误差较大，误差产生的原因主要从以下几个方面分析：①操作误差和仪器精度不足；②平行试样制作存在误差；③计算值依据的计算公式精度不够，主要表现为比热反演公式是将某阶段的冰体相变质量等价至某一时刻，同时导热系数计算公式存在微量误差，并不能精确预估冻土未冻水含量。

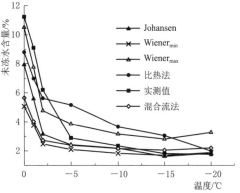

图 5.46　未冻水实测值与计算值

5.5.3　土体温度场冻结试验与数值计算

为评估基于未冻水含量获取的计算热参数，对冻土温度场预测精度的影响。进行了模型箱冻结试验，同时使用计算软件 ABAQUS，对模型箱冻结试验中土体温度场的演变进行了预测。

1. 土体温度场冻结试验

采用的模型试验装置与方法见文献 [1]，模型槽中特征点埋设有 K 型测温探头。模型槽试验装置及温度测点布置如图 5.47 所示。其中测点 1 位于两根冻结管之间，测点 2 和测点 3 位于冻结管外侧。

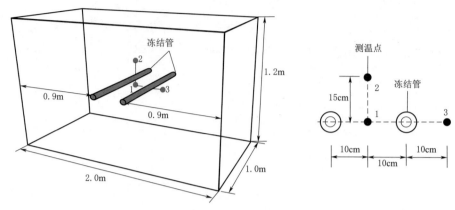

图 5.47 冻结试验装置及测点布置

2. 冻土温度场数值计算

采用计算软件 ABAQUS 进行冻土温度场的数值计算，依据模型箱尺寸及冻结装置建立三维数值计算模型。冻结管提供的冷端温度为 $-25℃$，模型箱外围布置有 4cm 厚保温棉，底面与室内地面直接接触。冻结箱周围温度约为 $6.7℃$，冻结箱上表面与空气对流换热系数取 $10W/(m^2 \cdot ℃)$。

假定土中水的剧烈相变温度在 $[0℃ \sim -2℃]$，其他阶段潜热转换为冻土比热进行温度场的计算。采用导热系数、比热随不同负温变化而变化的热参数代入方式，不考虑土体冻胀力对模型温度场的影响。其中，各计算热参数的取值方法见表 5.9。

表 5.9 各计算热参数的取值方法

计算编号	实测参数	推 导 方 法	推 导 参 数
1	W_u、λ、C	—	—
2	W_u	Johansen、加权平均法	λ、C
3	W_u	Wiener$_{max}$、加权平均法	λ、C
4	W_u	Wiener$_{min}$、加权平均法	λ、C
5	λ	Johansen 反演、加权平均法	W_u、C
6	λ	Wiener$_{max}$反演、加权平均法	W_u、C
7	λ	Wiener$_{min}$反演、加权平均法	W_u、C
8	C	加权平均法反演、Johansen	W_u、λ
9	C	加权平均法反演、Wiener$_{max}$	W_u、λ
10	C	加权平均法反演、Wiener$_{min}$	W_u、λ

注 表中 W_u、λ、C 分别表示冻土的未冻水含量、导热系数、比热；由于混合流法适用于砂性土，此处未依据混合流方法进行热参数的计算。

计算 1 的未冻水含量、导热系数和比热均采用实测值。计算 2～4 采用实测的未冻水含量，分别基于 Johansen 法、Wiener 最大值法和 Wiener 最小值法计算得到导热系数值，并基于冻土未冻水含量，结合加权计算原理获取其比热值。计算 5～7 采用实测获取的导热系数，分别依据 Johansen 法、Wiener 最大值法和 Wiener 最小值法反演冻土的未冻水含量，进而依据冻土的未冻水含量计算其比热值。计算 8～10 用实测获取的比热，采用考虑潜热的冻土比热计算方法，反演获取冻土的未冻水含量，进而基于冻土未冻水含量从Johansen 法、Wiener 最大值法和 Wiener 最小值法的角度计算冻土的导热系数。

5.5.4　结果分析

将模型箱冻结试验获取的冻土温度场实测值与数值计算值进行整理，各测点的温度场计算结果如图 5.48 所示。计算 1 各测点在不同冻结阶段的温度场误差值见表 5.10。

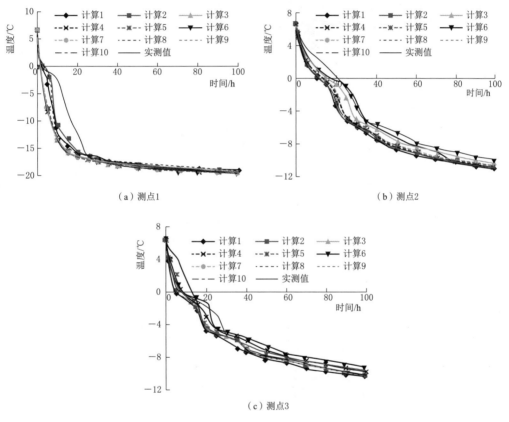

图 5.48　冻土温度场实测值与计算值

表 5.10　　　　　　　　　　各测点在不同时段的温度场误差

测点	30h 误差/℃	60h 误差/℃	90h 误差/℃	平均误差/℃
1	2.98	0.11	0.23	1.25
2	1.38	1.11	0.37	0.93
3	1.23	0.38	0.18	0.63

由图 5.48 结合表 5.10 可知，两根冻结管之间的测点 1 在冻结初期误差较大，随着冻结时间的深入，温度场计算误差逐渐缩小。测点 1 位于冻结管之间，冷源使得水分迁移剧

烈发生，不考虑水分迁移的冻土温度场计算无法较好地预估土体的温度场演变，因此测点
1 在冻结 30h 内的误差较大。测点 2 和测点 3 位于冻结管外侧，降温幅度较慢，在冻结
30h 内的误差较测点 1 小，其主要原因为水分迁移在远离冷源的测点不显著。冷源对测点
的影响较晚，导致了其误差在冻结 60h 内均较大。各温度场计算值与实测值的误差见
表 5.11。

表 5.11　　　　　　　　　　各计算不同时段的温度场误差

计算	30h 误差 /℃	60h 误差 /℃	90h 误差 /℃	平均误差 /℃	计算	30h 误差 /℃	60h 误差 /℃	90h 误差 /℃	平均误差 /℃
1	1.87	0.53	0.26	0.94	6	2.17	0.78	0.43	1.17
2	2.23	0.57	0.27	1.09	7	1.13	0.59	0.66	0.83
3	2.24	0.56	0.27	1.10	8	2.10	0.45	0.23	1.00
4	2.20	0.58	0.27	1.09	9	2.11	0.45	0.23	1.00
5	1.47	0.27	0.30	0.75	10	2.07	0.47	0.24	1.00

由表 5.11 可知，在冻结 30h 内，冻土温度场的计算误差均较大，随着冻结时间的
持续，各冻土温度场计算误差均逐渐缩小。冻土温度场计算中，基于实测导热系数依
据 Johansen 法反演未冻水含量，进而推导的热参数在温度场计算中精度最高（计算 5），
冻结过程中的温度场平均误差为 0.75℃。基于 $Wiener_{min}$ 反演未冻水含量，进而推导获
取的热参数在温度场计算中精度仍能满足要求（计算 7），其在冻结过程中的平均误差
为 0.83℃。基于实测比热反演未冻水含量，进而确定的冻土热参数在温度场计算中的
平均误差为 1℃。计算 5 和计算 7 基于导热系数反演的未冻水含量，推导热参数并预测
的温度场精度均高于计算 1 的基于实测热参数预测的温度场。因此，从冻土未冻水含量
角度出发，对用于冻土温度场计算的热参数进行计算是可行的。该类计算和推导在保
证温度场计算精度前提下，将温度场计算用热参数的测试工作量由导热系数、比热和
未冻水简化为导热系数 1 项。

5.5.5　小结

依据饱和冻土的土、水、冰三相组成，对基于导热系数的冻土未冻水含量反演公式进
行了推导。依据干土和饱和土体的二相构成，推导了适用于土体矿物导热系数预估的计算
公式。实测了粉质黏土在不同负温下的比热和导热系数值，结合比热确定未冻水含量的递
推方法和基于导热系数建立的未冻水含量反演公式，计算得到粉质黏土在不同负温下的未
冻水含量。基于实测和反演获取的未冻水含量，确定了随不同负温变化的冻土导热系数、
比热和潜热。将基于冻土未冻水含量确定的热参数代入计算软件 ABAQUS，获取不同计
算热参数下的冻土瞬态温度场计算值，并分别将各温度场计算值与模型试验实测值进行了
比较。研究结果表明：实测热参数和计算获取的热参数，在冻土温度场预测中均存在误
差，基于计算热参数得到的冻土温度场最大平均误差保持在可控范围内。通过 Johansen
法反演获取未冻水含量，进而依据反演的未冻水含量获取冻土比热和潜热，可将温度场计
算热参数测试工作量由导热系数、比热和未冻水简化为导热系数 1 项，且能较好地预测冻

土温度场。从热参数反演冻土未冻水含量的角度出发，建立某一实测热参数与冻土其他热参数之间的计算关系是可行的。

5.6 热参数对冻土温度场的影响及敏感性分析

为评估热参数取值对冻土温度场的影响，将导热系数、比热、潜热作为冻土温度场的影响因素进行试验设计。通过室内试验测定了饱和粉质黏土在不同负温下的导热系数、比热及潜热值，并基于 Johansen 法提出了考虑冻土未冻水含量的热参数修正算法，按照变参数和常参数形式代入计算软件 ABAQUS，获取了不同的温度场计算值，将不同负温下的热参数和某负温阶段的平均热参数代入数值分析软件，分析热参数变化对冻土温度场的影响。依据冻结试验获取了冻结 150h 的模型箱温度场实测值，并将计算值与实测值进行了比较。

5.6.1 冻土温度场计算方法

人工冻结法设计与施工过程中，瞬态温度场是决定冻土热学、力学性质的关键。为保证冻结工程的高强度、低透水等施工性能，往往采用较多的冻结源以确保土体达到较低的冻结温度和较大的冻结区域，不仅浪费了能源，过大冻结量引起的冻胀和融沉还会导致土体应力场重分布，最终影响结构安全。目前的冻土温度场数值计算采用的热参数代入方式不同，见表 5.12。

表 5.12   冻土温度场计算中相关参数的选取

序号	第一作者	导热系数/比热	潜热	潜热释放区间
1	孙立强[41]	随温度变化	考虑	未说明
2	胡　俊[42]	正负温分段取定值	考虑	[−1.0℃～0℃]
3	蔡海兵[43]	正负温分段取定值	考虑	[−1.2℃～0℃]
4	李　宁[44]	正负温分段取定值	未说明	未说明
5	刘　月[45]	正负温分段取定值	考虑	[−2℃～0℃]
6	汪仁和[46]	等效导热系数/比热采用正负温分段定值	未说明	等效导热

由表 5.12 可知，考虑热参数随不同负温的不同演变规律假设，目前的冻土温度场计算有多种形式。现有的研究表明，土中水的冻结发生在 0℃ 以下的某负温区间而不是 0℃点[2]。相应的，水相变成冰和释放潜热的过程也在这个区间。另外，液态水的比热和导热系数分别约为固态冰的 2 倍和 1/4。因此，土体的导热系数和比热等热参数是随负温变化而变化的。采用某特定假设下的热参数取值进行冻土温度场的计算，其计算结果必然表现出一定差别。

5.6.2 冻土热参数测试试验及修正

热参数测试多采用平行试样法，受制样误差和测试技术限制，热参数之间的相对误差较大。即使对不同土样进行同一试验，推导出的未冻水含量也存在一定差距。因此，除测试冻土的热参数外，还应对热参数测试结果进行辨识和修正。

1. 冻土的热参数测试

将取自天津地铁 5 号线的粉质黏土制作成若干组干密度为 1.80g/cm^3 的饱和土样，其中土体相对密度 d_s 为 2.72。采用瞬态探针法测定不同温度下冻土的导热系数；采用混合量热法测定不同负温下的比热值；基于测试获取的比热值计算出不同负温下的冻土未冻水含量[4]。基于 Johansen[19] 的预估土体导热系数原理提出了各热参数的修正方法。

2. 基于 Johansen 法的热参数修正

考虑到加热-测温法确定的冻土导热系数、比热未摆脱相变潜热的影响，从冻融过程中未冻水含量变化的角度，对冻土温度场计算用热参数进行修正。根据前文所述，土中固体矿物颗粒的导热系数随温度变化不明显，冻土热参数随负温的变化主要取决于冻土未冻水含量的变化。测试表明，冻土导热系数推导出的未冻水含量与比热法确定的未冻水含量存在一定差距，如图 5.46 所示。因此，以冻土中未冻水含量为依据，对冻土的导热系数、比热值进行修正。

Johansen 提出用广义几何平均法估算固体颗粒的导热系数。徐敩祖[2] 基于 Johansen 法提出了考虑冻土中未冻水含量的导热系数 λ_f 计算方法，即

$$\lambda_f = (2.22)^{p_i}(0.55)^{p_w}\lambda_m^{p_s} \tag{5.98}$$

式中：λ_m 为土体矿物的平均导热系数，将制备好的土样烘干，测定其在负温阶段的导热系数并求均值，即为 λ_m；p_i、p_w、p_s 分别为冰、水和土颗粒所占冻土中的体积比例含量。饱和土体的各相体积含量可用下式计算：

$$V_s = \frac{\rho_d}{d_s}V \tag{5.99}$$

$$V_i = \frac{11}{10}V - V_u \tag{5.100}$$

式中：V_s、V_u、V_i 分别为冻土中土颗粒、未冻水、冰体所占的体积，冻土未冻水含量可测试获得；V 为土体总体积；ρ_d 为土体干密度；d_s 为土颗粒相对密度。考虑冻土中水相变成冰后的体积增量，土体中各相所占体积比为

$$p_j = \frac{V_j}{V_s + V_f + \frac{1}{10}V_i} \tag{5.101}$$

式中：V_j 为饱和冻土中第 j 相所占冻土的体积比；V_f 为土中孔隙水所占的体积。相变热 Q 见式（5.29）。

据此，基于式（5.101）结合式（5.98）建立未冻水与导热系数、未冻水与比热之间的关系。将比热确定的未冻水含量与导热系数获取的未冻水含量进行平均，进而计算出修正的不同负温下冻土导热系数、比热值和潜热值。测试结果如图 5.44 和图 5.45 所示。

5.6.3　温度场数值计算及冻结试验

对模型箱内土体进行了冻结试验，依据相应的试验条件进行了数值模拟，并将获取的

实测值与模拟值进行了对比。

1. 温度场数值计算设计

将导热系数、比热、潜热作为冻土温度场的影响因素进行试验设计，分别采用以下方式对模型箱中的温度场进行数值计算。

（1）定值计算。采用定值的导热系数、比热且不考虑潜热的方法进行模型槽内土体温度场的数值计算。采用的导热系数和比热为负温阶段的平均值，计算结果如图 5.49（a）所示。

（2）单因素变量计算。分别采用随负温变化的导热系数、比热或考虑潜热的方法对模型箱中的土体温度场进行数值计算。假定初始潜热发生在 $[0℃～-2℃]$ 之间[43]，计算结果如图 5.49（b）、图 5.49（c）、图 5.49（d）所示。

（3）二因素变量计算。分别采用随负温变化的导热系数和比热、随负温变化的导热系数和考虑潜热、随负温变化的比热和考虑潜热的方法对模型箱中的土体温度场进行数值计算，计算结果如图 5.49（e）、图 5.49（f）、图 5.49（g）所示。

（4）随负温变化的热参数计算。采用随负温变化的导热系数、比热和考虑相变潜热的方法对模型箱中的土体温度场进行数值计算，计算结果如图 5.49（h）所示。计算中的各热参数取值见表 5.13 和表 5.14。

表 5.13　　　　　　　　　　温 度 场 取 值 计 算 表

计算序号	导热系数/(W·m⁻¹·℃⁻¹)	比热/(kJ·kg⁻¹·℃⁻¹)	潜热/(kJ·m⁻³)
1	1.721	0.836	0
2	λ	0.836	0
3	1.721	C	0
4	1.721	0.836	Q
5	λ	C	0
6	λ	0.836	Q
7	1.721	C	Q
8	λ	C	Q

表 5.14　　　　　　　　　　不同负温下的热参数取值

温度/℃	导热系数/(W·m⁻¹·℃⁻¹)	比热/(kJ·kg⁻¹·℃⁻¹)	潜热增量/(kJ·m⁻³)
常温	1.375	1.750	0
0	1.417	1.010	66.618
-5	1.628	0.878	28.508
-10	1.804	0.788	21.041
-15	1.867	0.758	7.150
-20	1.889	0.748	2.388
负温平均	1.721	0.836	—

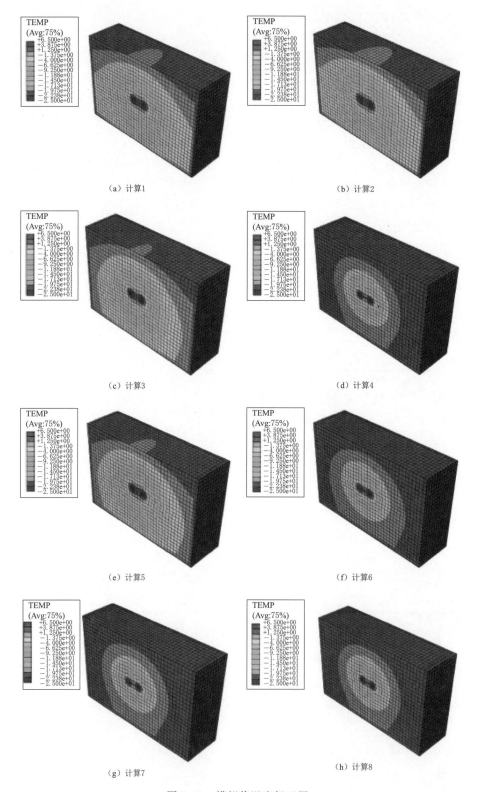

图 5.49　模拟值温度场云图

2. 温度场冻结试验

冻结试验的模型尺寸、冻结管和温度测点布置见图 5.47。

5.6.4 结果对比分析

依据表 5.13 的模拟方法和表 5.14 的热参数取值，分别使用计算软件 ABAQUS 进行土体温度场的数值计算，得到冻结 150h 的温度场云图切面如图 5.49 所示。将各测点的数值计算值和模型箱实测值进行整理，结果如图 5.50 所示。

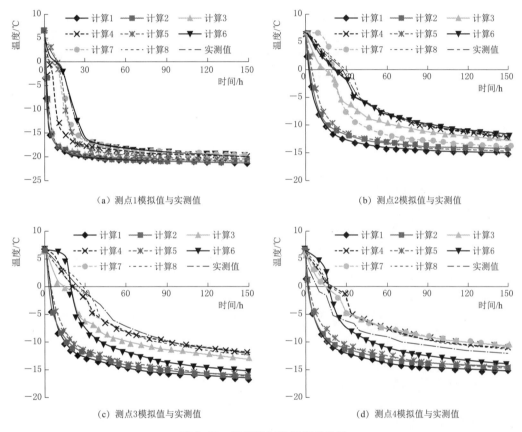

图 5.50　模拟值与实测值对比图

1. 模拟值交互分析

由图 5.50 可知，未考虑相变潜热的计算测点温度整体偏低，尤其计算 2 的数值最低；分析其原因是导热系数随着土中冰含量的增多而增大，相应的土体的导热性能逐渐提升，温度的传输速率相应得到增加。考虑潜热的情况下，计算 4 获取的温度场发展较慢，分析其原因是计算 4 采用定值的导热系数和比热，导热系数增大带来的传输速率变快和比热值降低带来的供热量减小均未使计算 4 获益。

计算 6 和计算 8 对比可知，采用定值的比热进行冻土温度场的计算，获取的测点温度较低。计算 7 和计算 8 对比可知，采用定值的导热系数进行冻土温度场计算，获取的测点温度也较低，这与一些传统认知是不相符的。为进一步验证热参数取值与温度场演变之间

的关系，采用不同温度下的热参数按照表 5.13 中计算 4 的热参数代入方式进行土体冻结
温度场的数值计算，即将 0℃、−5℃等负温下的热参数和［0℃～−20℃］阶段的热参数
平均值分别代入计算软件 ABAQUS，获取冻结 150h 的温度场计算值。测点 1 和测点 2 的
计算结果如图 5.51 所示。

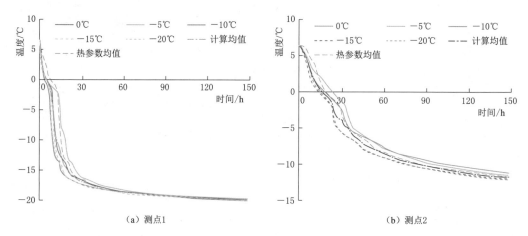

图 5.51　基于不同负温下的热参数获取的测点温度演变（计算方法 4）

由图 5.51（a）可知，测点 1 初期温度走向并不呈现理想的比例关系；结合图 5.50（a）
可知，该温度场计算方法在冻结初期存在较大误差，依据各温度下的热参数计算获取的温
度场均值与热参数平均值计算的温度场并不一致，且存在较大的非相关性。表明了采用一
定负温阶段的平均热参数作为恒定热参数进行数值计算，其结果的规律性不够鲜明，从微
观上来看不能满足精度要求。温度场计算过程中不能精确获取冻结温度终值，依据假定终
值获取平均热参数所产生的实际误差更难以有效评估。加之，依据线性理论叠加计算的冻
土温度场与实际土体的非线性冻结有一定差距[1]，因而冻土温度场预测过程中应充分考虑
热参数随负温的变化。

2. 模拟值与实测值对比分析

由图 5.50 可知，随着冻结时间的持续，各计算值与实测值之间的误差逐渐减小，各
测点计算值与实测值的平均误差见表 5.15。未考虑相变潜热计算获取的温度场温度较低，
冻结 150h 后与实测值相差约 5℃。

表 5.15　　　　　　　　　　　　　　各测点计算值与实测值平均误差

计算误差	计算 1	计算 2	计算 3	计算 4	计算 5	计算 6	计算 7	计算 8
过程平均误差/℃	5.30	5.67	2.73	0.56	4.90	1.87	0.61	0.47
终值误差/℃	6.81	2.89	1.84	0.63	2.56	0.43	0.65	0.33

由图 5.50 和表 5.15 可知，考虑相变潜热的冻土温度场计算精度较高，其误差总体小
于 1℃；接近于冻结源的测点 1 相对误差较小，其冻结终值误差小于 1℃。在一定冻结阶
段实测值与计算 7 和计算 8 呈现一定的交叉关系，整体上与计算 8 更为接近。因此，考虑
热参数随负温变化的冻土温度场计算方法更为准确。实测值与计算 8 在一定区间内存在一

定温度点离散现象，但随着冻结的持续，两者趋于一致。冻结初期实测值与计算 8 存在较大误差的原因可从以下方面分析：①冻结管提供的冷端温度并不恒定；②地面温度和室内温度的变动引起了一定热量散失，冻结过程中保温材料性能欠佳；③土体内部初温分布并不均匀，土体碎散等结构特性在冻结初期尤为明显；④基于线性理论叠加计算的冻土温度场与实际土体的非线性冻结有一定差距。

5.6.5 潜热释放区间假设对冻土温度场的影响分析

现有的研究指出，土中水的冻结是非线性的，在 0℃ 以下相当大的负温区段内，土中不断有液态水凝结为固态冰并释放潜热。伴随土中潜热的释放，导致需要更多的冷媒用以携带土中的热量，以达到预定负温。现有的考虑冻土相变潜热的温度场研究成果，均是将冻土的相变潜热释放区间假定为 [0℃～−1.5℃/−2℃][1]，该假定将土中水的冻结区段集中于一定温度区间，忽略了土体在 −1.5℃/−2℃ 下的负温区间仍存在水的冻结现象。

1. 不同潜热释放区间的温度场计算

为确定潜热释放区间假设对温度场的影响，结合 5.5 节相关成果，采用导热系数、比热和考虑潜热的温度场计算方法（计算 8），将冻土的相变潜热代入不同的负温区段，以探究潜热对土体冻结温度的影响。采用计算软件 ABAQUS 对潜热影响下的温度场进行数值模拟。依据表 5.16 中的初始潜热总量 66.618kJ·m⁻³ 及其释放区间 [0℃～−2℃]，设计的潜热释放区间计算模型见表 5.16。

表 5.16 不同计算模型中的潜热释放区间

计算序号	潜热释放的温度区间	单位温度内的体积潜热量 /(kJ·m⁻³)	单位温度内的质量潜热量 /(kJ·kg⁻¹)
8−1	[0℃～−1℃]	66.618	31.159
8−2	[0℃～−1.5℃]	44.412	20.773
8−3	[0℃～−2℃]	33.309	15.5795
8−4	[0℃～−3℃]	22.206	10.3863
8−5	[0℃～−4℃]	16.6545	7.7898
8−6	[0℃～−5℃]	13.3236	6.2318
8−7	[0℃～−10℃]	6.6618	3.1159
8−8	[−1℃～−2℃]	66.618	31.159
8−9	[−1℃～−3℃]	33.309	15.5795
8−10	[−2℃～−3℃]	66.618	31.159

将表 5.16 中的各计算潜热代入数值计算软件 ABAQUS，所采用的计算模型与导热系数、比热和潜热值见图 5.47。经计算获取的冻土温度场云图如图 5.52 所示。不同计算中各测点的温度演变如图 5.53 所示。

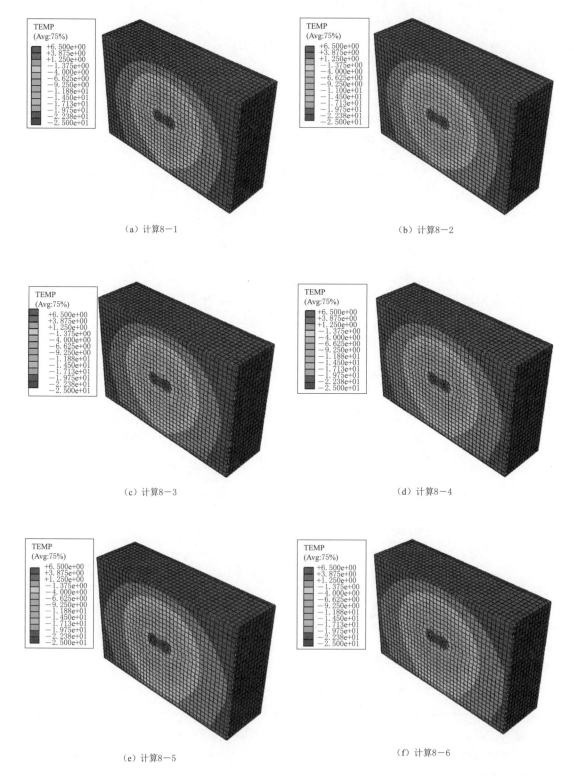

（a）计算8—1　　　　　　　　　　　　　　　（b）计算8—2

（c）计算8—3　　　　　　　　　　　　　　　（d）计算8—4

（e）计算8—5　　　　　　　　　　　　　　　（f）计算8—6

图 5.52（一）　不同潜热释放区间假设获取的冻土温度场分布

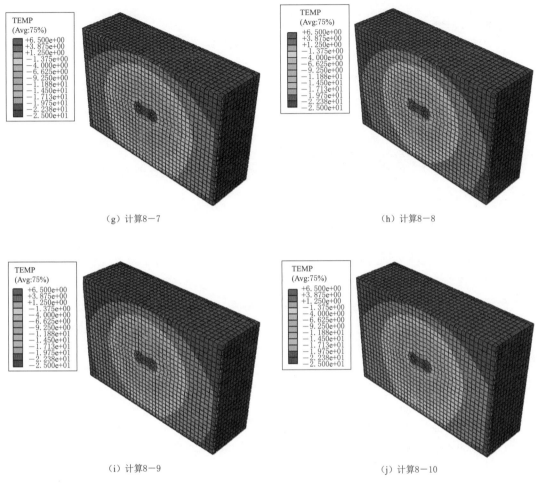

（g）计算8—7

（h）计算8—8

（i）计算8—9

（j）计算8—10

图 5.52（二）　不同潜热释放区间假设获取的冻土温度场分布

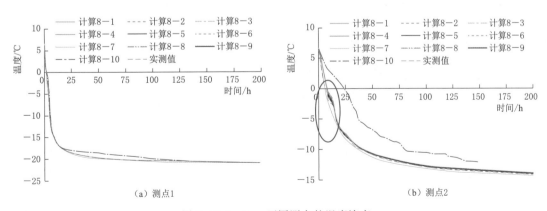

（a）测点1

（b）测点2

图 5.53（一）　不同测点的温度演变

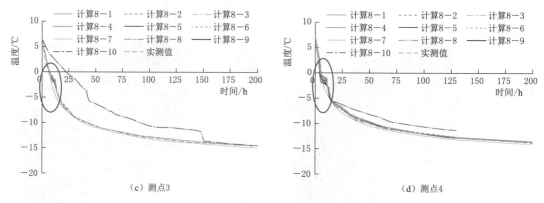

（c）测点3　　　　　　　　　　　　　　（d）测点4

图 5.53（二）　不同测点的温度演变

2. 潜热影响下的温度场分析

由图 5.53 可以看出，某负温区间潜热总量一定的情况下，潜热释放区间假设仅影响一定时间（25h）内的冻结点温度变化。潜热总量一定的情况下，潜热释放假定区间越大，其温度演变曲线越平缓；越远离冷源，测温点的温度波动幅度越大。同时发现，不同的潜热释放区间假设在土体冻结一定时段后的测温点并不一致，这与预期的设想是不相符的。究其原因体现在：模型边界存在的热交换，不同潜热释放区间造成的土体散热量并不相同。这也表明，存在潜热作用下的土体温度场演变研究，必须考虑第三类边界条件的影响，以更科学而合理。数值模拟获取的温度曲线与实际值并不相符，且随着与冷源间距的加大，误差也较大。

潜热释放区间假设仅对土体冻结阶段的初温影响较大（预测精度不高）。随着冻结的深入，潜热释放区间假设对温度点的影响逐渐变小，也就是说，不同的潜热释放区间假设得到的最终冻结温度理论上必然一致。图 5.53 中各个计算值最终并非趋于一致的原因是第三类边界条件（土体内部与外界环境之间的热量交换）的存在。为验证本论断的正确性，隔绝计算模型与外界环境之间的热交换，将模型边界设置为绝热，并进行数值计算。得到的测点 1 和测点 2 的计算结果如图 5.54 所示。由于温度场演变差别主要体现在冻结 25h 内，不同计算设定下获取的冻结 100h 的温度场云图整体一致，如图 5.55 所示。

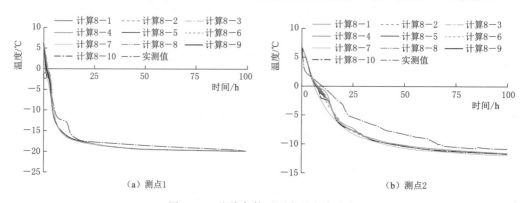

（a）测点1　　　　　　　　　　　　　　（b）测点2

图 5.54　绝热条件下测点的温度演变

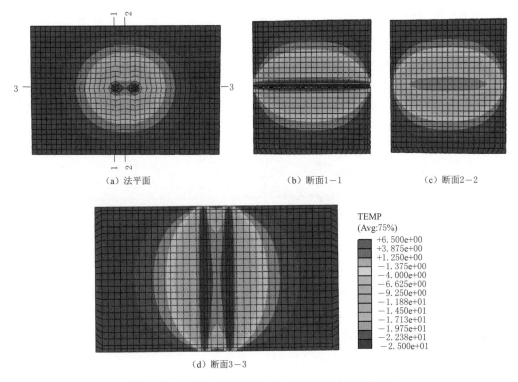

（a）法平面 （b）断面1—1 （c）断面2—2

（d）断面3—3

图 5.55 绝热条件下冻结 100h 后的温度场云图切面

由图 5.54 结合图 5.55 可知，数值模拟中，潜热是施加于土体的一个均质热源，等价于土体的一类内热源，也可从土体比热的非线性方面来考虑。对于绝热环境下的土体，潜热施加的温度区间对土体冻结过程中的温度变化影响较开放环境小，对土体的最终冻结平衡温度（冷源温度与土体温度一致）并无影响。对比图 5.54 和图 5.55 可知，存在第三类边界条件（土体与外界环境热交换）的情况下，潜热释放区间假设对土体温度场的演变结果影响更大。从相似准则的角度来看，土体冻结过程中的影响因素越多，潜热释放区间假设对温度场的预测精度影响越大。实际工程中，受冷源条件、土体与外界环境的热交换（第三类边界条件）、不同土层间的热交换（第四类边界条件），以及土体体积限制的无法瞬间冻结等因素的影响，有必要从相似准则和冻结实际的角度出发，对潜热释放区间的假设进行研究。

5.6.6 小结

本章将导热系数、比热、潜热作为冻土温度场的影响因素进行试验设计，并提出了考虑冻土未冻水含量的热参数修正算法。按照变参数和常参数形式代入计算软件 ABAQUS，分析了热参数对冻土温度场的影响和敏感性，得到了热参数代入方式对冻土温度场的影响。研究结果表明：未冻水是影响冻土热参数变化的主要因素，基于 Johansen 法提出的考虑冻土未冻水含量的热参数修正算法符合冻土温度场计算。热参数选取对土体冻结温度场的影响主要体现在冻结初期，随着冻结的深入，热参数对冻土温度场的敏感性逐渐降低，但仍不可忽略。采用一定负温阶段的平均热参数作为恒定热参数进行数值计算，从微观上来看不能满足精度要求。温度场计算过程中不能精确获取冻结温度终值，依据假定终值获取平均热参数所产生的实际误差更难以有效评估。因此，冻土温度场计算中的热参数选取应充分考虑最终冻结温度。土体冻结过程中，潜热是影响冻土温度场计算精度的主要因素，考虑热参数随负温变化的冻土温度场计算理论更接近于实际。基于线性理论叠加计算的冻土温度场与实际土体的非线性冻结仍有一定差距，因此，有必要对土体的非线性冻结理论进行深入研究。

　　本章通过计算软件 ABAQUS，研究了潜热的释放区间假设，对冻土温度场的影响。讨论了潜热与未冻水之间的关系，探明了相变潜热是土体一内热源的实质。在此基础上，依据面积平衡手段建立了某区间冻土潜热的积分算法，为热传导问题解析解的研究奠定了基础。同时，本章阐明了潜热释放区间假设研究中需要考虑的相似问题。考虑热参数随不同负温的非线性变化和边界条件的影响，阐述了冻土热传导问题的复杂性。

参 考 文 献

［1］　陈之祥.冻土导热系数模型和热参数非线性对温度场的影响研究［D］.天津：天津城建大学，2018.

［2］　徐敩祖，王家澄，张立新.冻土物理学［M］.北京：科学出版社，2010.

［3］　李顺群，王杏杏，夏锦红，等.基于混合量热原理的冻土比热测试方法［J］.岩土工程学报，2018，40（4）：501-505.

［4］　陈之祥，李顺群，夏锦红，等.基于未冻水含量的冻土热参数计算分析［J］.岩土力学，2017，38（S2）：67-74.

［5］　张楠，夏胜全，侯新宇，等.土热传导系数及模型的研究现状和展望［J］.岩土力学，2016，37（6）：1550-1562.

［6］　周家作，韦昌富，魏厚振，等.线热源法测量冻土热参数的适用性分析［J］.岩土工程学报，2016，38（4）：681-687.

［7］　马祖罗夫.冻土物理力学性质［M］.梁惠生，伍期建，等，译.北京：煤炭工业出版社，1980.

［8］　刘焕宝，张喜发，赵意民，等.冻土导热系数热流计法模拟试验及成果分析［J］.冰川冻土，2011，33（5）：1127-1131.

［9］　GB/T 50123—2019，土工试验方法标准［S］.北京：中国计划出版社，2019.

［10］　徐敩祖，陶兆祥，付素兰.典型融冻土的热学性质［C］.中国科学院兰州冰川冻土研究所集刊（第2号）.北京：科学出版社，1981：55-71.

［11］　JIN H，YU Q，LV L，et al. Degradation of permafrost in the Xing'anling Mountains，northeastern China［J］. Permafrost & Periglacial Processes，2007，18（3）：245-258.

［12］　申向梁.中俄原油管道多年冻土导热系数测试方法及比较研究［D］.长春：吉林大学，2015.

［13］　张喜发，杨风学，冷毅飞，等.冻土试验与冻害调查［M］.北京：科学出版社，2013.

［14］　尹飞.冻土导热系数的仪器研制和稳态法模拟试验研究［D］.长春：吉林大学，2008.

［15］　JGJ 118—2011，冻土地区建筑地基基础设计规范［S］.北京：中国建筑工业出版社，2011.

［16］　姜雄.多年冻土区高温冻土导热系数试验研究［D］.徐州：中国矿业大学，2015.

［17］　李顺群，于珊，张少峰，等.砂土、粉土和粉质黏土的导热系数确定方法［P］.中国：201510195398.3，2015-08-12.

[18] 李国玉，常斌，李宁. 用人工神经网络建立青藏高原高含冰量冻土的导热系数预测模型 [C]. 中国土木工程学会第九届土力学及岩土工程学术会议论文集（下册）. 北京：清华大学出版社，2003.

[19] JOHANSEN O. Thermal conductivity of soils [D]. Trondheim，Norway：University of Trondheim，1975.

[20] 原喜忠，李宁，赵秀云，等. 非饱和（冻）土导热系数预估模型研究 [J]. 岩土力学，2010，31（9）：2689 - 2694.

[21] ALEKSEY V. M，ANATOLY M. T. Considering temperature dependence of thermo - physical properties of sandy soils in two scenarios of oil pollution [J]. Sciences in Cold and Arid Regions，2014，6（4）：302 - 308.

[22] SASS J H，LACHENBRUCH A H，MUNROE R J. Thermal conductivity of rocks from measurements on fragments and its application to heat - flow determinations [J]. Journal of Geophysical Research，1971，76（14）：3391 - 3401.

[23] ZHU M. Modeling and simulation of frost heave in frost - susceptible soils [D]. Michigan：University of Michigan，2006.

[24] WIENER O. Abhandl math - phys [M]. Leipizig：Klasse. Sachs Akad. Wiss，1912：509.

[25] 夏锦红，陈之祥，夏元友，等. 不同负温条件下冻土导热系数的理论模型和试验验证 [J]. 工程力学，2018，35（5）：109 - 117.

[26] 谭贤君，褚以惇，陈卫忠，等. 考虑冻融影响的岩土类材料导热系数计算新方法 [J]. 岩土力学，2010，31（S2）：70 - 74.

[27] 陶兆祥，张景森，刘继民，等. 寒冷地区道路材料的热学性质 [C]. 第二届全国冻土学术会议论文集. 兰州：甘肃人民出版社，1983.

[28] 徐敩祖，邓友生. 冻土中水分迁移的实验研究 [M]. 北京：科学出版社，1991.

[29] з. д. 叶尔绍夫. 冻土学原理（第二册）[M]. 刘经仁，译. 兰州：兰州大学出版社，2015.

[30] 邴慧，马巍. 盐渍土冻结温度的试验研究 [J]. 冰川冻土，2011，33（5）：1106 - 1113.

[31] 汪承维. 人工冻结盐渍土导热系数试验研究及其应用 [D]. 淮南：安徽理工大学，2014.

[32] 程国栋，童伯良. 高山多年冻土下界处厚层地下冰地段路堤的试验研究 [C]. 第三届国际冻土会议论文集. 加拿大埃德蒙顿，1978.

[33] 刘宏伟，张喜发，冷毅飞. 大兴安岭多年冻土骨架比热测定及经验值 [J]. 低温建筑技术，2009，31（8）：96 - 97.

[34] 冷毅飞，张喜发，杨凤学，等. 冻土未冻水含量的量热法试验研究 [J]. 岩土力学，2010，31（12）：3758 - 3764.

[35] GOLD L W，LACHENBRUCH A H. Thermal conditions in permafrost：A Review of North American literature [C]. North American Contribution to the Second International Conference on Permafrost，Yakutsk：National Academy of Sciences，Publishing，1973：3 - 25.

[36] 陈之祥，李顺群，夏锦红，等. 冻土导热系数测试和计算现状分析 [J]. 建筑科学与工程学报，2019，36（2）：101 - 115.

[37] 李顺群，陈之祥，夏锦红，桂超. 冻土导热系数的聚合模型研究及试验验证 [J]. 中国公路学报，2018，31（8）：39 - 46.

[38] 栾茂田，李顺群，杨庆. 非饱和土的基质吸力和张力吸力 [J]. 岩土工程学报，2006，28（7）：863 - 868.

[39] DIETZE G F. On the Kapitza instability and the generation of capillary waves [J]. Journal of Fluid

Mechanics，2016，789：368 - 401.

［40］　з·д. 叶尔绍夫. 冻土学原理（第五册）［M］. 刘经仁，译. 兰州：兰州大学出版社，2015.

［41］　孙立强，任宇晓，闫澍旺，等. 人工冻土冻结过程中热 - 力耦合的数值模拟方法研究［J］. 岩土工程学报，2015，37（S2）：137 - 142.

［42］　胡俊，杨平. 大直径杯型冻土壁温度场数值分析［J］. 岩土力学，2015，36（2）：523 - 531.

［43］　蔡海兵，黄以春，庞涛. 地铁联络通道三维冻结温度场有限元分析［J］. 铁道科学与工程学报，2015，12（6）：1436 - 1443.

［44］　李宁，徐彬，陈飞熊. 冻土路基温度场、变形场和应力场的耦合分析［J］. 中国公路学报，2006，19（3）：1 - 7.

［45］　刘月，王正中，王羿，等. 考虑水分迁移及相变对温度场影响的渠道冻胀模型［J］. 农业工程学报，2016，32（17）：83 - 88.

［46］　汪仁和，徐士良. 冻结壁温度场模型试验及其导热系数反分析［J］. 安徽理工大学学报（自科版），2003，23（4）：18 - 22.

第6章 岩土地基三维土压力测试技术

为提升加筋盐渍土的应用稳定性和施工可靠性，需要对现有的部分试验装备和测试技术进行改造，以满足纤维加筋后盐渍土的现场测试和取样处理等工作。常见的土压力测试采用单向土压力盒来完成，预估主应力不准、测试角度偏离，都使得常规土压力测试难以满足道路碾压、护坡基础填筑等工程施工和长期监测。天津城建大学[1]提出了三维土压力盒测试技术，实现了岩土材料的施工监测和运行监测。盐渍土与常规岩土材料在测试方面并无不同，因此，本章主要从土工测试的角度对三维土压力测试技术进行介绍，并给出相关的力学参数计算方法。

6.1 应力状态

土体是由土、水、气组成的多相多孔介质，土的应力状态是指土体某个代表体元的应力状态。按照应力状态表述维度的不同，土的应力状态可以分为一维、二维和三维的形式（图 6.1）[1]。一维应力状态表示为 $\{\sigma_y\}$，二维应力状态或平面应力状态表示为 $\{\sigma_x, \sigma_y, \tau_{xy}\}$，三维应力状态表示为 $\{\sigma_x, \sigma_y, \sigma_z, \sigma_{xy}, \sigma_{yz}, \sigma_{zx}\}$。

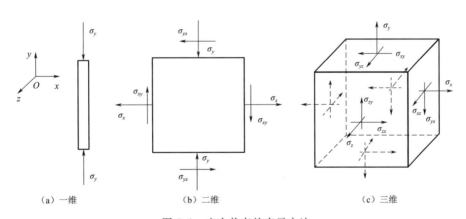

（a）一维　　　　　　　　（b）二维　　　　　　　　（c）三维

图 6.1　应力状态的表示方法

应该说明的是，上述采用维度表示的仅是一种主观方法，土的应力状态还可以采用主应力、八面体应力等方法表示[2]。一般情况下，各应力状态表示方法之间可以相互转换。常规情况下，土体的受力状态很难是一维或者二维的形式，现场测试表明，即使是很长的路基，在填土碾压过程中仍表现出三维应力状态的形式。可见，土体的特殊性也表现在土体受力后其内部应力状态演变的复杂性。正因如此，应力状态测定的可靠性和科学测试技术，对于保障土工结构的稳定性和耐久性具有重要的价值。

6.2　应力状态测试

　　一般情况下，荷载和温度作用下土体的应力状况可采用应力计获取。现有的应力采集设备如土压力盒、钢筋应力计、拉力计、称重传感器等都仅能测试某一固定方向的力。外荷载和温度作用下，土体会发生不均匀沉降或不均匀膨胀，使得后期的测试方向并不再是既定的埋设方向。同时，土体的受力型式和破坏型式都表明，土的最大主应力发展方向具有非共轴性质，也就是说，最大主应力并不一定是最大受力方向。因此，测定能够表征空间一点整体应力状态的技术就显得尤为重要。

　　三维应力状态通过一点的 3 个正应力和 3 个剪应力来表示，在三维应力空间中，设点 O 的应力状态为 $\sigma_o = \{\sigma_x，\sigma_y，\sigma_z，\sigma_{xy}，\sigma_{yz}，\sigma_{zx}\}$ [3]。则平面 π 上的正应力 σ 为

$$\sigma = \sigma_x l^2 + \sigma_y m^2 + \sigma_z n^2 + 2\tau_{xy} lm + 2\tau_{yz} mn + 2\tau_{zx} nl \tag{6.1}$$

　　所以，知道了一点的应力状态，则该点在任意方向上的正应力均可通过式（6.1）得到。不难想象，如果已知某点在 6 个不同方向上的正应力，则可由式（6.1）得到 6 个不同的关于 σ_x、σ_y、σ_z、σ_{xy}、σ_{yz}、σ_{zx} 的线性方程。根据这 6 个线性方程的求逆和矩阵乘积，就可以得到该点的应力状态。设 6 个不同方向上的正应力分别是 $\sigma_i(i=1，2，3，4，5，6)$，则根据式（6.1）可以得到

$$\sigma_i = \sigma_x l_i^2 + \sigma_y m_i^2 + \sigma_z n_i^2 + 2\tau_{xy} l_i m_i + 2\tau_{yz} m_i n_i + 2\tau_{zx} n_i l_i \tag{6.2}$$

式中：l_i、m_i、n_i 分别为第 i 个正应力的方向向量。将式（6.2）展开后可以得到

$$\begin{Bmatrix} \sigma_1 \\ \sigma_2 \\ \sigma_3 \\ \sigma_4 \\ \sigma_5 \\ \sigma_6 \end{Bmatrix} = \begin{Bmatrix} l_1^2 & m_1^2 & n_1^2 & 2l_1 m_1 & 2m_1 n_1 & 2n_1 l_1 \\ l_2^2 & m_2^2 & n_2^2 & 2l_2 m_2 & 2m_2 n_2 & 2n_2 l_2 \\ l_3^2 & m_3^2 & n_3^2 & 2l_3 m_3 & 2m_3 n_3 & 2n_3 l_3 \\ l_4^2 & m_4^2 & n_4^2 & 2l_4 m_4 & 2m_4 n_4 & 2n_4 l_4 \\ l_5^2 & m_5^2 & n_5^2 & 2l_5 m_5 & 2m_5 n_5 & 2n_5 l_5 \\ l_6^2 & m_6^2 & n_6^2 & 2l_6 m_6 & 2m_6 n_6 & 2n_6 l_6 \end{Bmatrix} \begin{Bmatrix} \sigma_x \\ \sigma_y \\ \sigma_z \\ \sigma_{xy} \\ \sigma_{yz} \\ \sigma_{zx} \end{Bmatrix} \tag{6.3}$$

　　若

$$\boldsymbol{T} = \begin{Bmatrix} l_1^2 & m_1^2 & n_1^2 & 2l_1 m_1 & 2m_1 n_1 & 2n_1 l_1 \\ l_2^2 & m_2^2 & n_2^2 & 2l_2 m_2 & 2m_2 n_2 & 2n_2 l_2 \\ l_3^2 & m_3^2 & n_3^2 & 2l_3 m_3 & 2m_3 n_3 & 2n_3 l_3 \\ l_4^2 & m_4^2 & n_4^2 & 2l_4 m_4 & 2m_4 n_4 & 2n_4 l_4 \\ l_5^2 & m_5^2 & n_5^2 & 2l_5 m_5 & 2m_5 n_5 & 2n_5 l_5 \\ l_6^2 & m_6^2 & n_6^2 & 2l_6 m_6 & 2m_6 n_6 & 2n_6 l_6 \end{Bmatrix} \tag{6.4}$$

则式（6.3）可表述为

$$\{\sigma_i\} = \boldsymbol{T} \{\sigma_j\} \tag{6.5}$$

式中：$j = x，y，z，xy，yz，zx$。这里 $\boldsymbol{T}$ 定义为转换矩阵。如果转换矩阵 $\boldsymbol{T}$ 可逆且其逆阵为 $\boldsymbol{T}^{-1}$，则

$$\{\sigma_j\} = \boldsymbol{T}^{-1} \{\sigma_i\} \tag{6.6}$$

矩阵 T 可逆的充分必要条件是该矩阵满秩。因此，只要合理设置 6 个土压力盒的法线方向，使其满足矩阵 T 的可逆条件，就可以利用这 6 个土压力盒的测试结果确定土体中的三维应力状态。可见，三维土压力盒可以有很多种设计方案，只要满足 T 可逆即可。

6.3　三维应力状态的动态测试方法

土体是由土颗粒、孔隙、气等组成的多相多孔介质，环境因素和荷载因素作用下引起的骨架变动都会引起土中某代表单元角度和方向的变化。因此，埋设于土体内部的三维应力测试装置也会受到土体变形影响，从而导致其余弦埋设角度与测试角度并不一致。可见，实现上述三维应力测试装置的动态测试，即能够确定装置在埋设之后的旋转角度，对于解读土体的真实应力状态，具有重要的科学意义和实践价值。

受加载过程中非均匀沉降变形影响，待测装置会在待测点产生一定的角度变化（旋转），从而影响测试结果的真实性。

$o_0 - x_0 y_0 z_0$ 为不随测试过程变化的绝对坐标系（图 6.2），$o - xyz$、$o' - x'y'z'$ 分别为三维土压力盒的初始坐标系和当前坐标系，其中绝对坐标系与初始坐标系的坐标方向平行。土压力测试过程中，若确保三维土压力盒的坐标系与初始坐标系相一致，通过式（6.6）确定的 σ_j 即为真实的应力状态。若初始坐标系旋转至当前坐标系，则通过式（6.6）确定的 σ_j 便不是空间绝对坐标系下的真实应力状态。

不难想象，尽管试验前后三维土压力盒的坐标系与空间绝对坐标系之间产生了角度差，但各个测试方

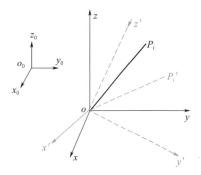

图 6.2　空间坐标系与测试坐标系

向 $i(i=1, 2, 3, 4, 5, 6)$ 之间的相对角度并未发生变化，测试误差仍是由三维土压力盒坐标系与空间绝对坐标系之间的旋转角度差引起的。将三维土压力盒由初始坐标系旋转至当前坐标系的过程分解为绕 z、y、x 轴的三个欧拉角，并分别记为 θ、η、ζ。依据当前坐标系下的应力状态测试值，可通过 θ、η、ζ 反推确定绝对坐标系下的真实应力状态。

为满足大量数据构造矩阵和矩阵求逆要求，采用方向向量旋转替代矩阵整体旋转的复杂性。将 6 个测试方向 $i(i=1, 2, 3, 4, 5, 6)$ 分别用过原点 O $(0, 0, 0)$ 的单位向量来表示，则绕 z、y、x 轴旋转后的测试方向 $i'(x'_i, y'_i, z'_i)$ 可由式（6.7）表示出来[4]，即

$$\begin{bmatrix} x'_i \\ y'_i \\ z'_i \end{bmatrix} = \begin{bmatrix} \cos(\xi)\cos(\eta) & \sin(\xi)\cos(\eta) & -\sin(\eta) \\ \cos(\xi)\sin(\eta)\sin(\theta)-\sin\xi\cos\theta & \sin(\xi)\sin\eta\sin\theta+\cos(\xi)\cos(\theta) & \cos(\eta)\sin(\theta) \\ \cos(\xi)\sin(\eta)\cos(\theta)+\sin\xi\sin\theta & \sin(\xi)\sin\eta\cos\theta-\cos(\xi)\sin(\theta) & \cos(\eta)\cos(\theta) \end{bmatrix} \begin{bmatrix} x_i \\ y_i \\ z_i \end{bmatrix}$$

$$(6.7)$$

进一步，旋转后测试方向 i' 在绝对坐标系下的方向余弦可通过下式计算出来，即

$$l'_i = \frac{\vec{i'} \cdot \vec{E}_x}{|\vec{i'}| \cdot |\vec{E}_x|}$$

$$(6.8)$$

$$m'_i = \frac{\vec{i'} \cdot \vec{E}_y}{|\vec{i'}| \cdot |\vec{E}_y|} \tag{6.9}$$

$$n'_i = \frac{\vec{i'} \cdot \vec{E}_z}{|\vec{i'}| \cdot |\vec{E}_z|} \tag{6.10}$$

将获取的 $i'(i' = a', b', c', d', e', f')$ 的方向余弦 $\{l_i', m_i', n_i'\}$ 代入式（6.4）中的方阵并求逆，结合 6 个测试方向的正应力值 σ_i，即可计算一点的真实三维应力状态。

6.4　三维应力状态测试装置与应用

基于上述理论研究，设计了一系列能够测定 6 个方向应力和测试装置三维旋转角度的试验装置。考虑其测试量的不同，分为三维土压力盒和三维有效应力盒，如图 6.3 所示。三维土压力盒能够测定埋设点 6 个方向的正应力和 3 个绕轴角度（欧拉角）。对于三维有效应力盒，还能够测定各向等压的孔隙水压力。对于非饱和土的测试中，还配备有基质吸力的量测装置以及含水率测试装置。

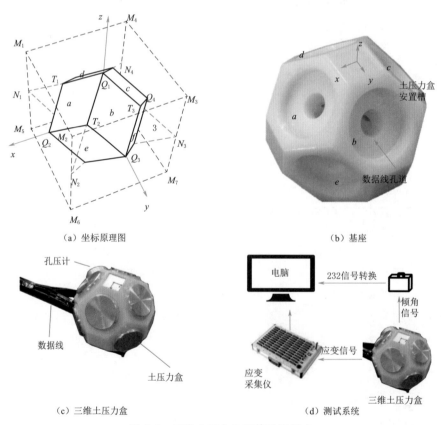

(a) 坐标原理图　　　　　　　　　　(b) 基座

(c) 三维土压力盒　　　　　　　　　(d) 测试系统

图 6.3　三维土压力盒及其系统组成

6.4.1　三维土压力盒

在图 6.3 中，Q_1、Q_2、Q_3、Q_4 分别为正方体各个面的几何中点，N_1、N_2、N_3、N_4

分别为正方体边 M_1M_5、M_2M_6、M_3M_7、M_4M_8 的中点，T_1、T_2 分别为线段 Q_1N_1、Q_1N_2 的中点，则形成了菱形 $Q_1T_1Q_2T_2$。重复上述步骤，即可以形成 12 个表面与 $Q_1T_1Q_2T_2$ 等大的多面体（菱形十二面体）。对该多面体的所有尖角和边线进行倒角，并切除底面的 4 个菱形面，并消减突出尖角可能引起的应力集中问题，在各个菱形面上开土压力盒槽和穿线孔，即形成了图 6.3（b）所示的基座结构。

将 6 个微型土压力盒、1 个微型孔压计、1 个微型倾角传感器元件置于图 6.3（b）所示的基座安置槽内，并对测试元件进行必要的防水处理，即形成图 6.3（c）所示的三维真土压力盒。结合土压力盒配套采集设备和倾角采集程序，即形成了三维真土压力盒试验系统［图 6.3（d）］。建立的三维真土压力盒埋设坐标系如图 6.3（a）所示，计算 6 个测试方向的方向余弦，结果见表 6.1。若选取的 6 个测试方向 i 之间既不平行也不重合，则旋转前后其逆矩阵都必然存在。选取表 6.1 中 6 个相互独立的测试方向 a、b、c、d、e、f，并将其测试方向用表 6.2 所列的向量表示出来。

表 6.1 三维真土压力盒测试方向余弦

方向余弦	a	b	c	d	e	f	g	h
l	$-\frac{\sqrt{2}}{2}$	0	$\frac{\sqrt{2}}{2}$	0	$-\frac{\sqrt{2}}{2}$	$\frac{\sqrt{2}}{2}$	$\frac{\sqrt{2}}{2}$	$-\frac{\sqrt{2}}{2}$
m	0	$-\frac{\sqrt{2}}{2}$	0	$\frac{\sqrt{2}}{2}$	$-\frac{\sqrt{2}}{2}$	$-\frac{\sqrt{2}}{2}$	$\frac{\sqrt{2}}{2}$	$\frac{\sqrt{2}}{2}$
n	$-\frac{\sqrt{2}}{2}$	$-\frac{\sqrt{2}}{2}$	$-\frac{\sqrt{2}}{2}$	$-\frac{\sqrt{2}}{2}$	0	0	0	0

表 6.2 测试方向余弦的向量表示

方向	起点 $O(x, y, z)$	终点 $P_i(x_i, y_i, z_i)$	向量 $i(x_i, y_i, z_i)$
a	$O(0, 0, 0)$	$P_a(-1, 0, -1)$	$\vec{i}(-1, 0, -1)$
b	$O(0, 0, 0)$	$P_b(0, -1, -1)$	$\vec{b}(0, -1, -1)$
c	$O(0, 0, 0)$	$P_c(1, 0, -1)$	$\vec{c}(1, 0, -1)$
d	$O(0, 0, 0)$	$P_d(0, 1, -1)$	$\vec{d}(0, 1, -1)$
e	$O(0, 0, 0)$	$P_e(-1, -1, 0)$	$\vec{e}(-1, -1, 0)$
f	$O(0, 0, 0)$	$P_f(1, -1, 0)$	$\vec{f}(1, -1, 0)$

在获取三维土压力盒绕 z、y、x 轴的 3 个欧拉角 θ、η、ζ 后，结合式（6.7）～式（6.10）即可确定旋转之后 a、b、c、d、e、f 的方向余弦。依据该 6 组方向余弦构造方阵 $\boldsymbol{T}$ 并求逆矩阵 $\boldsymbol{T}^{-1}$。则通过 6 个方向的测试压力和逆矩阵 $\boldsymbol{T}^{-1}$，即可确定测试装置旋转后的应力状态。

6.4.2 三维土压力盒的应用

常规土压力测试过程中，首先需要对埋设位置、埋设角度、传感器量程等信息进行预设和预估。传感器的量程范围过大，会导致力较小的工况下产生极大的误差，甚至失真；传感器的量程较小，则会因荷载过大而致使传感器损坏。三维土压力测试过程中，除了需要考虑上述问题之外，还需要考虑测试装置基座刚度对测试结果的影响。以应变式传感器为例，对三维土压力盒的应用步骤进行说明，具体如下：

（1）确定三维土压力测点位置和测点深度，并依据地基的自重应力 σ_{zz} 和竖向附加应力 σ'_z 预估三维土压力传感器的量程，其中传感器量程范围为 $[1.0 \sim 1.25]$ 倍的 $\sigma_{zz} + \sigma'_z$ 值。

（2）检查三维土压力盒外观及传感器有效性。传感器有效性检查方式如下：采用万用表测量传感器的两对电阻，分别为 E+（红）和 E−（黑）、V+（黄）和 V−（白），若两组传感器在不受力情况下的阻值一致（一般为 350Ω），则表明传感器有效。

（3）力传感器标定。三维土压力盒的传感器至少有两种类型，即应变式力传感器和倾角传感器，不同传感器的标定（或称平衡方式）存在不同。一般情况下，购入的应变式传感器均已完成标定。若购置的传感器长期未使用或二次重复使用，宜进行二次标定。标定基本原理是将传感器夹持或置于恒压装置内，记录恒压大小与传感器读数，拟合恒压与传感器读数之间的转换系数。使用过程中通过传感器读数与转换系数计算获取压力值。

（4）倾角传感器方向平衡（坐标方向）。如前文所述，三维土压力测试需要将待测方向与工程实际要求方向相一致（三个坐标轴方向对应）。埋设过程中很难将传感器坐标与待测方向坐标相一致，特别是用于开孔埋设工程中时。作者联合天津三为科技有限公司研制的倾角传感器增加了方位记忆功能，使用前在理想工作平台（与现场待测方向平行）对倾角传感器方向进行平衡（将 x、y、z 轴归 0），之后将传感器断电并在现场直接埋设，或调整传感器姿态使得 x、y、z 轴读数为 0。由于倾角传感器能够记录断点前的绝对坐标，任一时刻的传感器所测定的实际角度均可通过倾角传感器获取。结合式（6.7）～式（6.10）即可计算有一定转角下的三维应力状态。

（5）现场埋设。将完成上述标定的传感器断电，并运送至测点位置，若埋设点工作面易于处理，则将工作面找平并根据预设坐标系埋设三维土压力盒（此状态下可不进行上一步骤的倾角传感器方向平衡，直接在现场平衡即可）。若采用开孔埋设等工艺时，在上一步骤的倾角传感器方向平衡基础上方可直接埋设，步骤为：现场机械或人工开孔，将传感器放入开孔，填筑开孔弃土并夯筑密实，使得当前土体达到开挖前密度或者适当超固结。若弃土黏性或湿度较大时，可采用细砂土填筑。

（6）埋设可靠性监测。埋设完成后将传感器线路与采集设备相连接，记录通道编号所对应的传感器编号，便于后期数据的导出。新建采集项目并设定力传感器的采集频率和倾角传感器的采集频率、采集次数等信息，检查力传感器所用应变式采集设备的通道信息是否正确（电阻、通道是否打开等）。为保障传感器能够反映工程实际，埋设后的传感器不宜直接使用，应该待周围压力与开孔压力达到平衡后再应用。平衡时间一般为 24～48h，传感器平衡过程中可通过力传感器和倾角传感器的读数变化来量化评定，当力传感器的读数出现明显拐点或者达到平稳后，可以确定传感器已经完成平衡。出现拐点表明传感器埋设后的受力状态发生变化，一般存在外部荷载的影响；当传感器读数稳定则表明周围无其他荷载影响，传感器读数受力状态逐渐消散并与周围土体受力状态达到平衡。

（7）应用过程。完成上述埋设可靠性监测后，三维土压力盒即进入使用状态，新建采集项目并设定力传感器的采集频率和倾角传感器的采集频率、采集次数等信息，检查力传感器所用应变式采集设备的通道信息是否正确（电阻、通道是否打开等），检查周围供电设施的稳定性，之后开始采集。

（8）数据处理。试验过程中或测试完成后，均可对试验数据进行计算。为防止计算量巨大引起的设备停机，试验过程中的计算宜采用不考虑测试过程中倾角读数的变化，但可以考虑倾角对结果的影响。接通倾角传感器电源，确定使用前三维土压力盒绕 z、y、x 轴的 3 个欧拉角 θ、η、ζ，结合式（6.7）～式（6.10）即可确定旋转之后 a、b、c、d、e、f 的方向余弦，依据 6 组方向余弦构造方阵 T 并求逆矩阵 T^{-1}。根据 T^{-1} 计算输入各力传感器的应力组合，就能够直观监测应力状态读数。数据采集结束后，依据测定的转角 θ、η、ζ，式（6.7）计算每一时刻对应的 $i'(x'_i，y'_i，z'_i)$，结合式（6.7）～式（6.10）计算方向余弦 $\{l'_i，m'_i，n'_i\}$，将 $\{l'_i，m'_i，n'_i\}$ 代入式（6.4）中的方阵并求逆，结合 6 个测试方向的正应力值 σ_i，计算该点的应力状态。

6.4.3 三维土压力盒测试数据分析

基于三维土压力盒，可以测定待测点的三维应力状态，即该点的 3 个正应力和 3 个剪应力。正如前文所述，表征一点应力状态的方法较多，且不同方法之间能够互相转换。现有的研究指出，一点的应力状态可以用该点的 3 个主应力来表示，在这 3 个主应力方向上只有正应力，没有剪应力。

依据确定的应力状态的 6 个分量，计算应力张量不变量 I_1、I_2、$I_3^{[2]}$，即

$$\begin{cases} I_1 = \sigma_x + \sigma_y + \sigma_z \\ I_2 = \sigma_x\sigma_y + \sigma_y\sigma_z + \sigma_z\sigma_x - \sigma_{xy}^2 - \sigma_{yz}^2 - \sigma_{zx}^2 \\ I_3 = \sigma_x\sigma_y\sigma_z + 2\sigma_{xy}\sigma_{yz}\sigma_{yz} - \sigma_x\sigma_{yz}^2 - \sigma_y\sigma_{zx}^2 - \sigma_z\sigma_{xy}^2 \end{cases} \quad (6.11)$$

将 I_1、I_2、I_3 代入式（6.12）的应力状态特征方程，即

$$\sigma^3 - I_1\sigma^2 + I_2\sigma - I_3 = 0 \quad (6.12)$$

依据式（6.12）可获取 σ 的 3 个根，按大小排序记为 σ_1、σ_2、σ_3。将 σ_1、σ_2、σ_3 分别代入式（6.13）的线性方程组，结合 $l^2 + m^2 + n^2 = 1$ 即可分别获取 3 个主应力的方向：

$$\begin{cases} (\sigma_x - \sigma)l + \sigma_{xy}m + \sigma_{xz}n = 0 \\ \sigma_{xy}l + (\sigma_y - \sigma)m + \sigma_{yz}n = 0 \\ \sigma_{xz}l + \sigma_{yz}m + (\sigma_z - \sigma)n = 0 \end{cases} \quad (6.13)$$

在此基础上，即可获取确定球应力张量 σ_m 和偏应力张量 s_{ij}，以及八面体正应力 σ_{oct} 和八面体剪应力 τ_{oct}。同时，还可以确定平均主应力 p 和广义剪应力 q（等效剪应力），公式分别为

$$\sigma_m = \frac{1}{3}(\sigma_1 + \sigma_2 + \sigma_3) \quad (6.14)$$

$$s_{ij} = \sigma_{ij} - \frac{1}{3}\sigma_{kk}\delta_{ij} \quad (6.15)$$

式中：$\delta_{ij} = \begin{cases} 0 & i \neq j \\ 1 & i = j \end{cases}$，$\delta$ 称为克罗内克（Kronecker delta）。

$$\sigma_{oct} = \frac{I_1}{3} \quad (6.16)$$

$$\tau_{oct} = \frac{1}{3}\sqrt{(\sigma_1 - \sigma_2)^2 + (\sigma_2 - \sigma_3)^2 + (\sigma_3 - \sigma_1)^2} \quad\quad (6.17)$$

$$p = \frac{1}{3}(\sigma_1 + \sigma_2 + \sigma_3) \quad\quad (6.18)$$

$$q = \frac{\sqrt{2}}{2}\sqrt{(\sigma_1 - \sigma_2)^2 + (\sigma_2 - \sigma_3)^2 + (\sigma_3 - \sigma_1)^2} \quad\quad (6.19)$$

此外，还可获取毕肖普常数 b 与应力罗德角 θ，即

$$b = \frac{\sigma_2 - \sigma_3}{\sigma_1 - \sigma_3} \quad\quad (6.20)$$

$$\theta = \arctan\frac{2b-1}{\sqrt{3}} \quad\quad (6.21)$$

由于三维土压力盒确定了不同方向的应力值，很容易直接依据 σ_x/σ_z 或者 σ_y/σ_z 即可确定土的静止土压力系数 K_0 值。对于砂性土可结合 Jaky 公式，确定砂土的内摩擦角 φ，通过 K_0 与泊松比 ν 之间的关系，还可确定测试土体的泊松比 ν，即

$$K_0 = 1 - \sin\varphi \quad\quad (6.22)$$

$$\nu = \frac{K_0}{1+K_0} \quad\quad (6.23)$$

6.4.4　三维土压力盒测试工程案例

试验土料取自珲春市鸭绿江畔的某粉煤灰坝体，该粉煤灰粒度较粗且颗粒比重极小，现场取样密度在 $0.81\sim1.11\text{g/cm}^3$，含水率在 $29\%\sim40\%$。其基本物理参数见表 6.3。

表 6.3　　　　　　　　　　　　　粉煤灰的基本物理参数

d_s	C_c	C_u	$\rho_{d\text{-}max}/(\text{g/cm}^3)$	$\rho_{d\text{-}min}/(\text{g/cm}^3)$
1.934	1.124	2.436	1.02	0.65

所采用的模型桶内直径为 280mm，高度为 380mm，采用分层密实的方法将初始干密度为 0.70g/cm^3 的粉煤灰夯筑于模型桶中，填土过程中，以模型桶加载方向为 z 轴，以水平面为 xoy 平面，将三维土压力盒埋设于模型桶中心。填筑完成后将固结桶底部的排水管与外部水头相连接，提升水头高度以实现粉煤灰的饱和。采用应变采集仪记录加载过程中三维土压力盒的 6 个应力读数和 1 个孔压读数，计算机读取并记录 3 个倾角读数。

依据获取的 6 个应力读数，即可通过式（6.6）确定加载过程中粉煤灰内部的三维应力状态演变。将获取的 6 个应力读数均减去各向等值的孔隙水压力读数，并将其代入式（6.6）即可确定加载过程中的三维有效应力状态演变。将获取的 3 个绕轴角度代入式（6.7），结合式（6.8）～式（6.10）确定方向余弦，并代入式（6.4）～式（6.6），即可确定考虑倾角影响的三维应力状态和三维有效应力状态，如图 6.4 所示。同样的，将确定的各三维应力状态和三维有效应力状态进行交叉对比，并将测试过程中误差的平均值和标准差进行了分析。

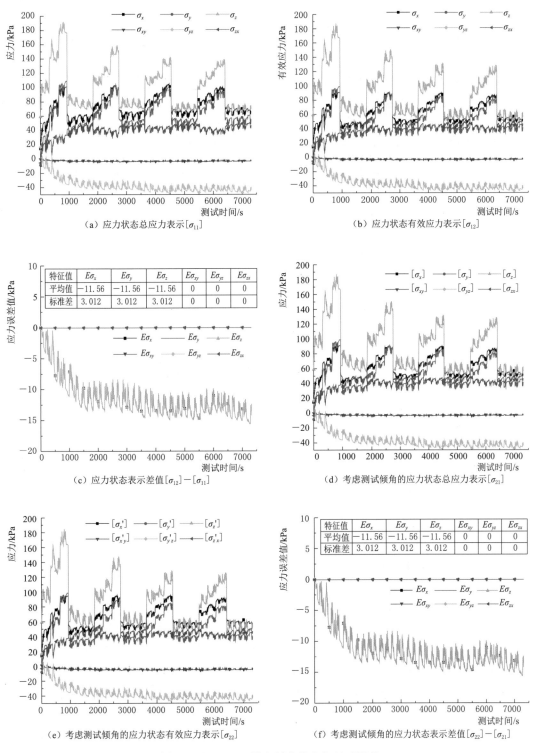

图 6.4（一）　三维土压力状态与相对误差

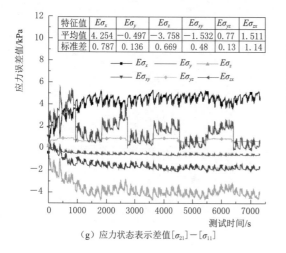

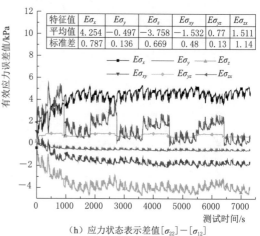

（g）应力状态表示差值[σ_{21}]−[σ_{11}]　　　　　　　（h）应力状态表示差值[σ_{22}]−[σ_{12}]

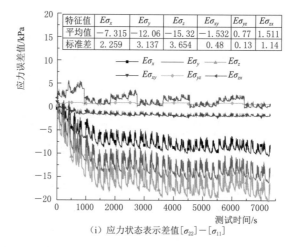

（i）应力状态表示差值[σ_{22}]−[σ_{11}]

图 6.4（二）　三维土压力状态与相对误差

　　由图 6.4（a）可知，加-卸载过程中竖向力 σ_z 最大，水平方向的应力 σ_x、σ_y 大小相当但并不一致；加载引起的 xy 水平面上的剪应力 σ_{xy} 数值较小，σ_{yz}、σ_{zx} 数值大小相近。随着加载次数的增加，加-卸载后 σ_z 与 σ_x、σ_y 数值逐渐接近，第 3 次和第 4 次加载后的竖向力大小和变化趋势较为接近，第 4 次卸载后，σ_z 与 σ_x、σ_y 的数值范围基本一致。可以推测，随着加载次数的增多，土体的承载结构会趋于稳定，其力学响应也逐渐稳定。考虑孔隙水压强对测试结果的影响，也能够得到上述规律［见图 6.4（b）］。由图 6.4（c）可知，孔隙水压力并不引起土中剪应力的变化，且 3 个正应力受孔隙水压力影响的差值是一致的，且该差值的大小与测定的孔隙水压力大小一致。由图 6.4（d）～（h）可知，装置放置角度与埋设扰动引起的初始误差，以及测试过程中土体非均匀变形引起的测试角度误差，都会引起测试结果的误差，且这种误差随测试数值的变大而逐渐变大。结合图 6.4 可知，装置埋设和测试角度对测试结果的影响与转角大小和转动方向存在相关性，即转动角度较大的方向，其测试误差也就越大。图 6.4（i）给出了孔隙水压力和转角对测试结果的影响，结合图 6.4（a）可看出，该误差与测试值的大小存在相关性，即正应力数值越大其误差也越大，剪应力的绝对值越大其误差也越大。可见，三维应力状态测试中有必要考虑埋设和测试过程中待测方向的变动，以提升三维应力状态测试精度。

依据布辛奈斯克问题的解答[2]，圆形荷载作用下土中某深度处的竖向力 σ_z' 可通过附加应力计算确定，侧向力（σ_x'、σ_y'）可通过侧压力系数与竖向力乘积计算。利用规范法测定的该粉煤灰料的侧压力系数 K_0 为 0.615，依据试验条件查表确定的附加应力系数 α 为 0.501。将土中竖向力 σ_z' 与侧向力（$\sigma_x' = \sigma_y' = K_0\sigma_z$）的理论值与实测值进行对比，结果如图 6.5 所示。

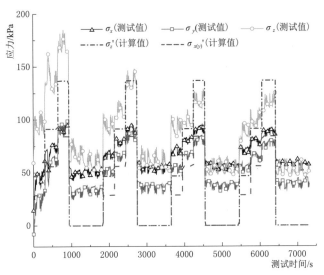

图 6.5 土压力的理论值与测试值对比

由图 6.5 可知，小荷载作用下测试值与计算值之间的误差相对较大，随着加载次数的增加，测试值与计算值间的误差变小。土体卸载阶段的测试土压力并不为 0，这也说明了土体并非理论假设的理想弹性材料。同时，地基附加应力计算的半无限空间假设与模型桶侧限条件不同，因而测定的 σ_x、σ_y 较理论值大。从测试值与计算值均随着加载力变大而变大，以及两者之间的数值大小相当可以表明本测试装置是可行的。

获取的主应力和主应力的方向余弦如图 6.6 所示。

由图 6.6 可知，3 个主应力的变化与加载过程相关，加载过程中能够明显看到"台阶式"增长的发展规律。同时，可以发现存在最小主应力为负值的情况，即加载过程中代表区域内可能同时存在拉（反向压）压共同作用。最大主应力 σ_1 并不与垂直加载方向重合，而是与加载方向存在一个动态的夹角。尽管加-卸载转换阶段存在方向余弦的波动，但随着加载过程和加载循环次数的增加，各主应力的方向余弦总体趋于稳定。

毕肖普常数反映中主应力与大/小主应力的关系，由图 6.7 可以看出，一维加-卸载过程中的中主应力与小主应力 σ_3 更为接近。应力罗德角数值处于 $0° \sim -30°$ 之间，与现有的本构理论相符合[2]，属于压缩试验范畴。同时也能看出，土的力学过程是动态变化的，几乎不存在保持不变的加载路径和受力情况。采用原位测试技术，动态监测并衡量土体的受力状态，对于提升土工结构稳定性和进行防灾减灾具有重要的科学意义与工程价值。

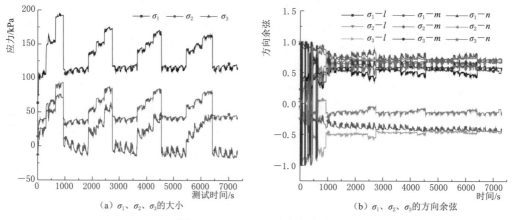

（a）σ_1、σ_2、σ_3 的大小　　　　　　　　　　　　　　（b）σ_1、σ_2、σ_3 的方向余弦

图 6.6　σ_1、σ_2、σ_3 大小与方向

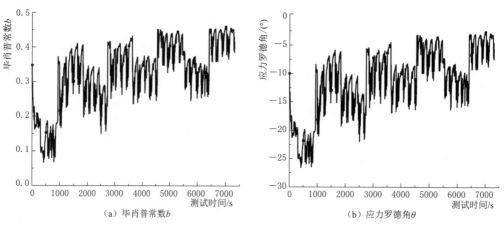

（a）毕肖普常数 b　　　　　　　　　　　　　　（b）应力罗德角 θ

图 6.7　毕肖普常数 b 与应力罗德角 θ

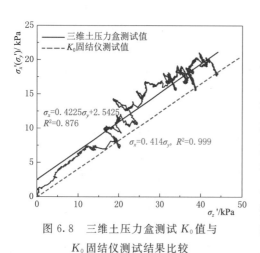

图 6.8　三维土压力盒测试 K_0 值与
K_0 固结仪测试结果比较

欲获取待测材料的 K_0 值，需要对测试加载条件进行限定，即施加的荷载需要连续，且能够得到竖向力与侧向力的数值大小。考虑应力响应与加载时效之间存在的滞后性，测试过程中加载应该单调变化，即单调升高或者单调降低。采用三维土压力盒监测了卧龙沟尾矿库的筑坝过程，筑坝过程类似于在待测点上部施加连续的附加荷载，具有荷载单调增加的基本条件。测定的静止土压力系数如图 6.8 所示。对比可知，两种测试方式获取的 K_0 值分别为 0.4225 和 0.414，误差较小且拟合度较高。由于测试所用尾矿料为砂

性土，通过式（6.25）确定的内摩擦角 φ（35.275°）与三轴试验获取的内摩擦角结果（34.54°）也较为相近。可见，采用三维土压力盒预测材料的静止土压力系数和内摩擦角

等具有可行性。

现有的研究根据对材料破坏现象的分析，提出了一些破坏准则或强度理论。比较常见的有：最大剪应力理论（单剪）、双剪理论、Mises 理论、Drucker - Prager 理论等。基于三维土压力测试结果获取的主应力，能够获取上述材料的参数，并将之用于土体抗剪强度的评价。

基于最大剪应力理论（Tresca criterion）的一般表达式，材料破坏时的纯抗剪强度 τ_{max} 可通过式（6.24）计算出来，即

$$\tau_{max} = \frac{\sigma_1 - \sigma_3}{2} \tag{6.24}$$

一般认为，这一准则对于饱和黏土的不排水强度指标计算适用（$\tau_{max} = C_u$）。依据图 6.6 中的 3 个主应力，计算获取的粉煤灰的纯抗剪强度 τ_{max}，如图 6.9 所示。对比图 6.6 可知，初始循环状态下，粉煤灰的最大抗剪强度较小，随着加卸载次数的增加，粉煤灰的纯抗剪强度趋于稳定在一定范围内。

此外，还可结合其他相关强度准则，对待测土体的强度和变形等问题进行量化分析，此处不再赘述。

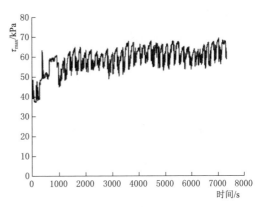

图 6.9　加卸载循环状态下粉煤灰的最大剪应力

参 考 文 献

[1]　李广信 . 高等土力学 [M]. 北京：清华大学出版社，2002.

[2]　李顺群，陈之祥，桂超，等 . 一类三维土压力盒的设计及试验验证 [J]. 中国公路学报，2018，31（1）：11 - 19.

[3]　陈之祥，邵龙潭，李顺群，等 . 三维真土压力盒的设计与应力参数的计算 [J]. 岩土工程学报，2020，42（11）：2138 - 2145.

[4]　钟万勰 . 应用力学的辛数学方法 [M]. 北京：高等教育出版社，2006.